普通高等教育"十一五"规划教材

21世纪大学计算机基础教学"面向应用"丛书

# Office 高级应用

## 马 宁 马才学 主编

科学出版社

北 京

## 内 容 简 介

本书是 21 世纪大学计算机基础教学"面向应用"丛书其中一本，全书分十章讲解 Microsoft Office 2003 的高级应用。主要内容包括 Microsoft Office 2003 概述、Word 2003 规范化公文处理、Word 2003 图文表公式的混排、Excel 2003 中公式和函数的使用、Excel 2003 中数据分析功能及图表的生成、PowerPoint 2003 中的高级功能、Office 2003 中宏的使用、Office 2003 VBA、Office 2003 的综合应用、文档与信息的安全保护。每章后面配有习题。

本书内容丰富，语言精练，通俗易懂，是 Office 基本功能的补充。不仅可以作为高等院校计算机基础课程的教材，也可以作为计算机培训教材以及各类考试的参考书。

**图书在版编目(CIP)数据**

Office 高级应用/马宁，马才学主编. —北京：科学出版社，2010
（21 世纪大学计算机基础教学"面向应用"丛书）
普通高等教育"十一五"规划教材
ISBN 978-7-03-026269-1

Ⅰ.O… Ⅱ.①马…②马… Ⅲ.办公室—自动化—应用软件，Office—高等学校—教材 Ⅳ.TP317.1

中国版本图书馆 CIP 数据核字(2009)第 235029 号

责任编辑：翟 菁/责任校对：程 欣
责任印制：彭 超/封面设计：苏 波

**斜 学 出 版 社** 出版

北京东黄城根北街 16 号
邮政编码：100717
http://www.sciencep.com

**武汉市新华印刷有限责任公司印刷**

科学出版社发行 各地新华书店经销

\*

2010 年 1 月第 一 版　　开本：787×1092　1/16
2010 年 1 月第一次印刷　　印张：17 1/2
印数：1—3 000　　　　　　字数：415 000

**定价：29.80 元**

（如有印装质量问题，我社负责调换）

# 前 言
## Foreword

  Microsoft Office 是在行政部门、企事业单位广泛使用的办公软件。以提高办公效率为目标的电脑办公自动化技术已被广泛应用于各类办公领域，发挥着愈来愈大的作用。从大学生信息素养培养的现实出发，本教材阐述的内容既具有普遍适用性，又突出了高级进阶的特色。

  本教材面向已经学习过"计算机基础"并基本会使 Microsoft Office 系列软件的学生。通过行政部门、企事业单位的典型案例，主要讲解 Word，Excel 和 PowerPoint 三个应用软件的高级功能。Word 部分包括长文档的编辑、图文表公式的混排、邮件合并、审阅修订文档等内容。Excel 部分包括各类函数的功能、较复杂公式的编辑、各种数据分析功能、图表的使用以及绘制函数曲线图等内容。PowerPoint 部分包括演示文稿的编辑放映与打包、多媒体对象的插入与播放、美化幻灯片设计与放映等内容。综合部分包括 Office 中宏的使用、简单的 VBA 编程、Office 组件的协同合作，以及文档的安全性等内容。

  通过对本教材的学习，可以使学生掌握办公软件的部分高级功能，了解进一步提高使用办公软件的学习方法，提高大学生使用 Microsoft Office 办公软件的综合能力，以适应行政部门、企事业单位对大学毕业生在办公自动化方面的需求。

  本书是高等院校本科生"Office 高级应用"选修课程的教材，也是本、专科学生学习办公自动化的进阶教材，本书也可以作为公司办公人员、相关专业学生学习电脑办公的参考书和培训教材，同时也是 Word，Excel 和 PowerPoint 软件的中、高级学习者的工具书。

  本书由马宁、马才学主编，刘浩、张舒、何峰、张良等人参与了资料整理工作。

  由于作者水平有限，本书不足之处在所难免，欢迎广大读者批评指正。我们的电子邮箱是mn@wuse.edu.cn。

编 者

2009 年 10 月

# 目 录
# Contents

# 第1章

# Microsoft Office 2003 概述

自 1993 年，Microsoft 公司把 Word 6.0 和 Excel 5.0 集成在 Office 4.0 套装软件内以后，又相继发布了涵盖更多功能的 Office 95，Office 97 办公软件。1999 年 8 月 30 日，Microsoft Office 2003 中文版正式发布。2003 年 11 月 13 日，Microsoft Office 2003 中文版在北京正式发布。2007 年 1 月 30 日，微软在中国北京全球同步发售 Windows Vista 和 2007 Office System 这两款最新产品。

本书将介绍 Word 2003，Excel 2003 和 PowerPoint 2003 的一些较高级使用方法。

## 1.1  Microsoft Office 2003 的版本

Microsoft Office 2003 版包含许多具有新增和增强功能的效能工具，有助于用户之间进行协作、更好地使用信息和改进业务流程，从而轻松提高生产效率并获得更好的效果。所提供的 Office 程序的种类和数量取决于用户购买和安装的 Office 2003 版本，常用的有以下几个版本。

（1）Microsoft Office Student and Teacher Edition 2003
- Microsoft Office Word 2003
- Microsoft Office Excel 2003
- Microsoft Office PowerPoint 2003
- Microsoft Office Outlook 2003

（2）Microsoft Office Standard Edition 2003
- Microsoft Office Word 2003
- Microsoft Office Excel 2003
- Microsoft Office PowerPoint 2003
- Microsoft Office Outlook 2003

（3）Microsoft Office Small Business Edition 2003
- Microsoft Office Word 2003
- Microsoft Office Excel 2003

- Microsoft Office PowerPoint 2003
- Microsoft Office Outlook 2003
- Microsoft Office Publisher 2003

(4) Microsoft Office Professional Edition 2003

- Microsoft Office Word 2003
- Microsoft Office Excel 2003
- Microsoft Office PowerPoint 2003
- Microsoft Office Outlook 2003
- Microsoft Office Publisher 2003
- Microsoft Office Access 2003

此外，Microsoft Office System 还包括以下独立产品：

- Microsoft Office FrontPage 2003
- Microsoft Office InfoPath 2003（在批量许可的专业版中也提供该产品）
- Microsoft Office Project 2003
- Microsoft Office OneNote 2003
- Microsoft Office Visio 2003

## 1.2 Microsoft Office 2003 的新特性

Microsoft Office 2003 主要在 4 个方面作了改进：

① 本地以及远程信息的管理和控制；

② 业务处理能力的增强；

③ 团体的沟通与协作；

④ 增加个人工作效率。

### 1.2.1 Word 2003 新特性

① 增加新功能的 XML 编辑器，全面支持 XML 操作。

② 增加了"阅读版式"，阅读屏幕上的文档更清晰、更方便，而且不需要打印出来。

③ 多用户协调工作系统，能够多人同步编辑同一文件，并可分享文档和查看各人的更改情况。

④ 文件锁功能在不对文档作改变的情况下，暂时改变文档的显示风格并将日期和邮件地址锁定，以保护文档不被任意修改。

⑤ 快速查看文档的注解和方便的管理注释功能。

### 1.2.2 Excel 2003 新特性

① 增强的统计功能：使用增强的统计功能更有效地分析 Excel 统计信息。

② 列出范围和与 Windows SharePoint 服务的集成：与其他人更轻松地共享信息。用户可以将电子表格的一部分定义为列表，并将该列表轻松导出到 SharePoint Web

站点。

③ 增强的智能标记：将智能标记操作与部分电子表格的特定内容关联，在用户将鼠标悬停在关联的单元格区域上时使用智能标记操作。

④ XML 支持：使用 Excel 2003 在任何客户定义的 XML 架构中都能读取数据。还可以使用 Excel 2003 中的 XML 支持，在基础 XML 数据存储发生更改时更新图表、表格和曲线图。这为任何 Excel 格式提供了动态的实时信息以用于分析。

⑤ 数据深入分析：增强了共线性检测、方差汇总计算、正态分布和连续概率分布函数。

### 1.2.3　PowerPoint 2003 新特性

① 刻录 CD：将 Microsoft Office PowerPoint 2003 文件和任何链接的信息打包，以便从 PowerPoint 2003 中直接保存到 CD 上，CD 可以制作成自动播放。

② 升级的媒体播放：与 Microsoft Windows Media Player 集成，以全屏播放视频、播放流式音频和视频，或从幻灯片内显示视频播放控件。

③ 改进的幻灯片放映界面：导航演示文稿更加轻松。

④ 智能标记：使用 PowerPoint 2003 中的智能标记。

## 1.3　Microsoft Office 2003 的安装与运行环境

### 1.3.1　Office 2003 对系统的要求

**1. 对硬件环境的要求**

① 推荐 Intel Pentium Ⅲ 或同等的处理器；最低要求 233 MHz。

② 推荐 128 MB 内存或更大内存。

③ 安装具有 Business Contact Manager 的 Microsoft Office Outlook 2003 需要 190 MB的硬盘空间。

④ 显示器需要使用 VGA 或更高的显示器（推荐使用 SVGA，256 色）。

**2. 对软件环境的要求**

安装了 Windows XP Service Pack 3 (SP3) 或更高版本的操作系统。

### 1.3.2　Office 2003 的安装

具备了如上的软硬件环境就可以安装 Office 2003 了，其安装步骤如下。

① 最好将其他正在运行的应用程序关闭；

② 在 CD－ROM 驱动器中插入中文 Office 2003 安装光盘；

③ 运行光盘上的 SETUP．EXE 程序；

④ 根据安装向导的提示，进行相应的简单操作，即可完成安装过程。

选择了 Office 2003 以后，如图 1－1 所示。接下来，安装向导开始工作，在输入产品密钥之后，需要输入用户信息，如图 1－2 所示。在接受了软件协议以后，进入选择软件安

**Office 高级应用**

装路径与安装方式对话框,如图1-3所示。在确认空间与软件以后,开始从光盘中向计算机中拷贝文档,并提示安装进度,安装程序运行结束时候显示安装结束对话框,如图1-4所示。

图1-1  安装 Office 2003 界面

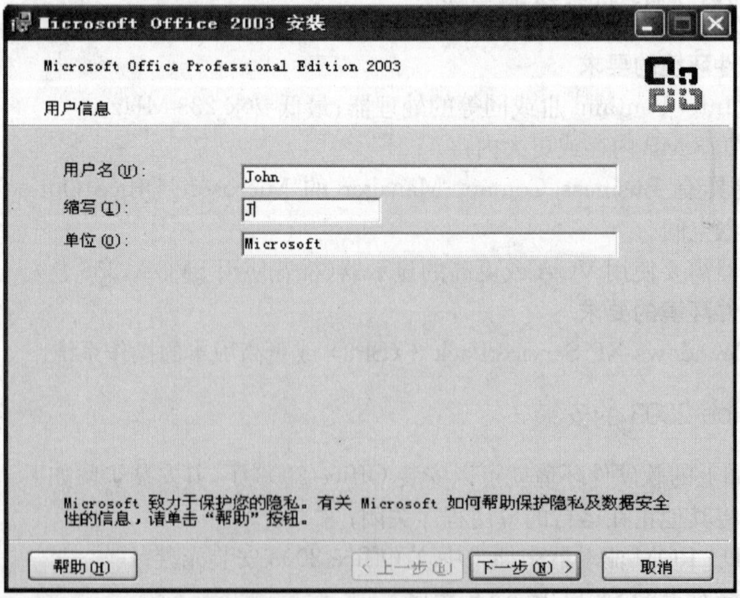

图1-2  输入用户信息

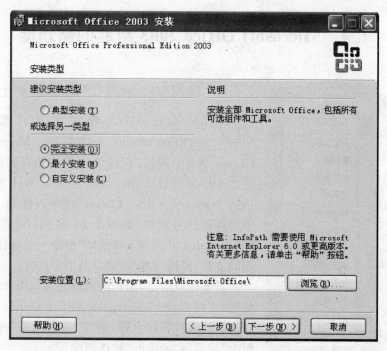

图 1-3　选择软件安装目录和安装方式

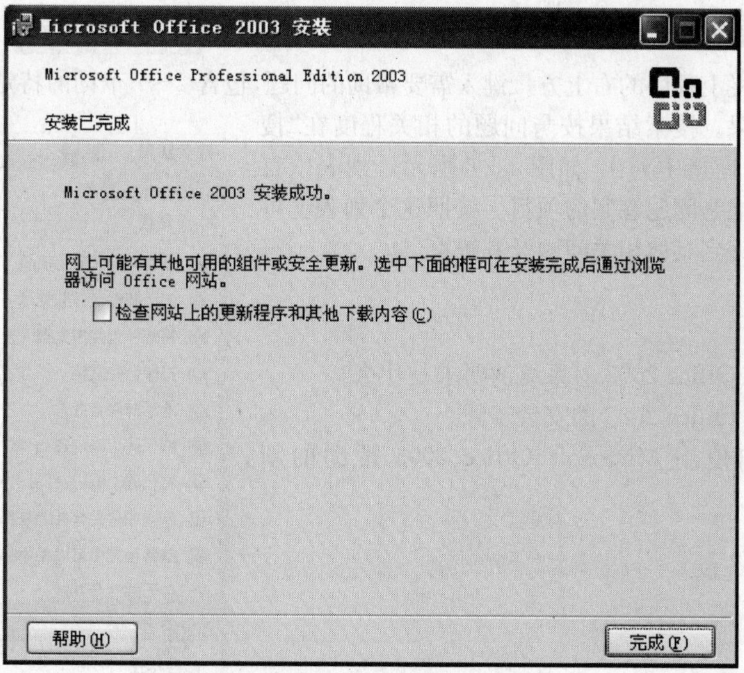

图 1-4　安装结束

# 1.4 Microsoft Office 2003 帮助的新功能

图 1-5 任务窗格中连接帮助

## 1.4.1 使用 Microsoft Office Online 上的帮助

在任何 Office 2003 程序中，用户都可以搜索 Microsoft Office Online 上的帮助。Microsoft Office Online 是一个网站，它提供许多其他资源以帮助用户使用 Office 完成工作。可以直接从 Web 浏览器内部访问 Microsoft Office Online，也可以使用 Office 程序中的各种任务窗格（如图 1-5 所示）和"帮助"菜单的"Microsoft Office Word 帮助"命令上的链接，来查找有用的文章、模板、在线培训以及更多内容。

需要注意的是，用户的机器必须与 Internet 保持连接时，才可以使用 Microsoft Office Online 上的帮助。若只返回脱机帮助主题，请在"搜索结果"任务窗格中，单击"搜索"列表中的"脱机帮助"。

## 1.4.2 即时问答获取帮助

最快的方式是使用 键入需要帮助的问题 框，它位于菜单栏上程序的右上方。键入需要帮助的问题，包含 2～7 个词的特定搜索将返回最精确的结果。搜索结果按与问题的相关程度在"搜索结果"任务窗格中列出，如图 1-6 所示。列表中首先出现最可能是问题答案的项目。按照这个列表就可以轻松地查阅到具体相关问题及其解答。

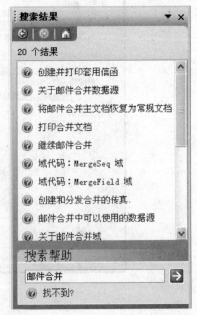

图 1-6 问答提示的解答列表

## 习题一

1. 安装 Office 2003 对系统的要求是什么？
2. 简述 Office 2003 的安装步骤。
3. 如何使用 Microsoft Office 2003 帮助的新功能？

# 第章

# Word 2003 规范化公文处理

Word 不仅可以做简单的文字处理,还是一个可以与专业排版软件相媲美的创作平台。样式是 Word 排版中的精髓。样式是一系列格式设置的集合,应用样式时,系统会自动完成该样式中所包含的所有格式设置,它可以成倍地提高排版的工作效率。模板提供了一套样式的组合,可以避免大量重复的劳动。本章将通过详细介绍样式与模板、公文大纲结构、引用对象、审阅好修订文档的使用,讲解对长文档的编辑与处理的方法。

## 2.1 段落与样式格式化功能

段落是指文字、图形、对象或其他项目组成的集合。每个段落末尾都有一个段落标记,即一个回车键。段落标记不仅标识一个段落的结束,还存储了该段的格式信息。

段落的格式化操作方式是:单击"格式"菜单"段落"命令,弹出"段落"对话框,如图2-1所示。通过该对话框,用户可以设置段落缩进、段间距、行距及对齐方式等属性。

对已经设置好的段落格式,可以使用"格式刷"按钮进行复制。操作方式是:选中带格式的段落结束标记,单击"格式刷"按钮;用鼠标在需要设置该格式的段落标记上拖动即可。这种方法对简单文档十分有效,但如果处理长文档,就比较费时费力

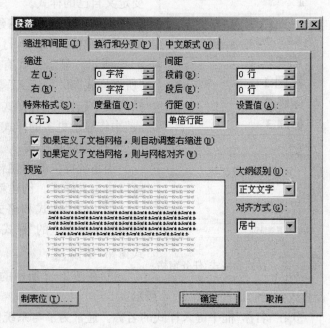

图2-1 "段落"对话框

了。需要使用 Word 提供的样式功能,样式是进行长文档排版的有力工具。

### 2.1.1 样式的常规使用方法

**1. 样式**

样式就是应用于文档中的文本、表格和列表的一套格式特征,它能迅速改变文档的外观。应用样式时,可以在一个简单的任务中应用一组格式。例如,无需采用 3 个独立的步骤来将标题样式定为宋体字体、二号字号、居中对齐,只需应用"标题 1"样式即可获得相同效果。

通过"样式和格式"任务窗格可以创建、查看和应用样式,直接应用的格式也显示在该窗格中。用户可以创建或应用下列类型的样式:

(1) 段落样式

段落样式控制段落外观的所有方面,如文本对齐、制表位、行间距和边框等,也可能包括字符格式。

(2) 字符样式

字符样式影响段落内选定文字的外观,例如文字的字体、字号、加粗及倾斜格式。

(3) 表格样式

表格样式可为表格的边框、阴影、对齐方式和字体提供一致的外观。

(4) 列表样式

列表样式可为列表应用相似的对齐方式、编号或项目符号字符以及字体。

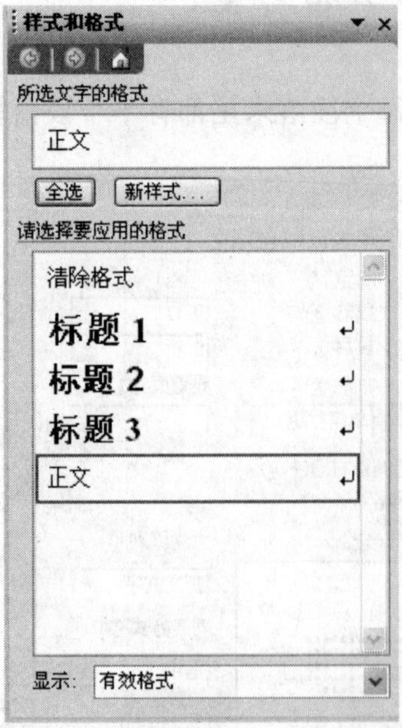

**2. 新建和修改样式**

Word 为用户提供了大量的内建样式,用户可以根据需要应用这些内建样式;同时 Word 还允许用户根据需要定义自己的样式。

当用户需要使用内建样式时,可以选择"格式"菜单的"样式和格式"命令,打开"样式和格式"任务窗格,如图 2-2 所示。显示方式有"有效格式"、"使用中的格式"、"所有样式"和"自定义"等。在任务窗格底部的"显示"下拉列表中选择"所有样式"选项,"请选择要应用的格式列表"中将显示更多的样式,如图 2-3 所示。

(1) 创建新样式

当系统提供的内建样式不能满足用户要求时,用户可以自定义样式。创建新样式的步骤如下。

① 如果"样式和格式"任务窗格没有打开,请单击"格式"工具栏上的"样式和格式"命令,或者工具栏的"格式窗格"按钮 44。

② 在图 2-2 所示的"样式和格式"任务窗格中,单击"新样式"按钮,出现如图 2-4 所示。

图 2-2 "样式和格式"任务窗格

③ 在"名称"框中键入样式的名称。通常为了与系统内建样式区别开来,自定义样式名常以符号"!"开头。而且为了便于重复使用样式,定义的名称最好能见名知意。

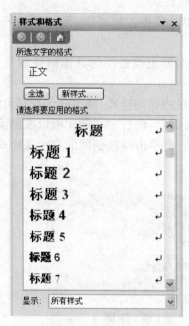

图 2-3　显示所有样式

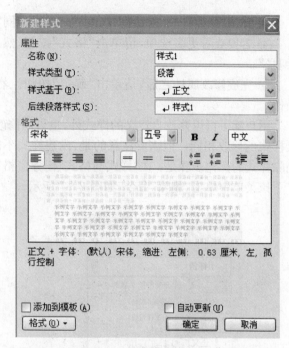

图 2-4　"新建样式"对话框

④ 在"样式类型"框中，单击"段落"、"字符"、"表格"或"列表"指定所创建的样式类型。

⑤ 在"样式基于"框中，选择已有的样式作为新样式的基础，新样式继承原有样式的全部特点，在此基础上再做修改，比如新建的样式"！小标题"，样式基于"正文"。

⑥ 在"后续段落样式"框中，定义该自定义样式后面的段落的样式。通常情况下为"正文"或用户自定义的"！正文"。

⑦ 选择所需的选项，或者单击"格式"以便看到更多的选项，如图 2-5所示。

（2）修改样式

如果对已经存在的样式不太满意，可以直接修改样式，修改样式的步骤如下。

① 如果"样式和格式"任务窗格没有打开，请单击"格式"工具栏上的"样式和格式"命令，或者工具栏的"格式窗格"按钮。

② 用鼠标右键单击要修改的样式，然后单击"修改"命令，如图 2-6所示。

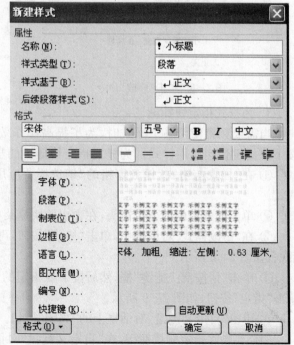

图 2-5　设置新样式的格式

③ 弹出"修改样式"对话框，修改样式的操作同"新建样式"。

④ 若要查看更多选项，请单击"格式"按钮，然后单击要更改的属性，例如"字体"或"编号"。

⑤ 完成修改属性之后，请单击"确定"按钮。然后对要更改的任何其他属性重复该操作。

用户除了可以修改自定义的样式外，也可以修改系统内建的样式，修改操作与对自定义样式的修改相同。但需要注意的是，内建样式不能被删除，而自定义样式可以被删除。删除样式的操作步骤是：在"样式与格式"任务窗格中，右键单击待被删除的自定义样式，在下拉菜单中单击"删除"命令，如图 2-7 所示。

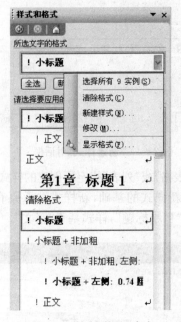

图 2-6　单击"修改"命令

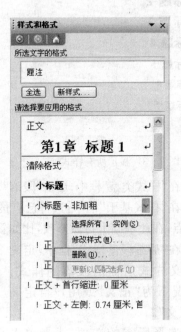

图 2-7　单击"删除"命令

### 3. 为样式指定快捷键

当需要频繁使用某个样式时，为了提高操作效率，可以为该样式指定快捷键，通过按下快捷键快速应用样式。为样式指定快捷键的步骤如下。

① 在"样式与格式"任务窗格的"请选择要应用的格式"框中，单击要添加快捷键的样式。

② 单击样式右侧的下拉箭头，在弹出的快捷菜单中，单击"修改"或"修改样式"命令。

③ 在"修改样式"对话框中，单击"格式"按钮，再单击"快捷键"，弹出"自定义键盘"对话框，如图 2-8 所示。

④ 单击"请按新快捷键"框，然后按下要指定的快捷键组合，例如，按"<Ctrl>+4"，单击"指定"按钮，如图 2-9 所示。

⑤ 单击"自定义键盘"对话框上的"关闭"按钮。

如果要删除指定的快捷键，在"自定义键盘"对话框中的"当前快捷键"列表中选中快捷键，然后单击"删除"按钮即可。

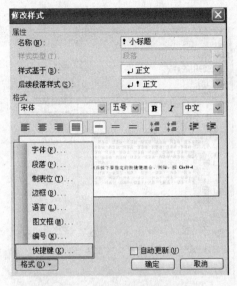

图 2-8　单击"快捷键"命令

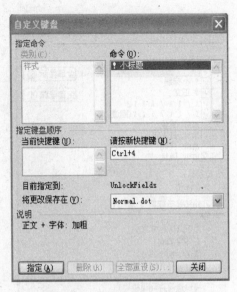

图 2-9　单击"指定"按钮

**4. 样式的使用**

内建样式和用户自定义的样式都可以被用户使用,使用的方法相同。

对已有对象使用样式有如下两种方法:① 选中已有对象,然后单击"样式与格式"任务窗格中相应的样式;② 选中已有对象,然后按下与样式相对应的快捷键。

对即将输入的对象使用样式的方法与对已有对象使用样式的方法基本相同,不同的是把选择已有对象改为插入点定位即可。

## 2.1.2　样式管理器

在 Word 中可以对样式进行重命名、删除操作,还可以在文档与文档之间,或文档与模板之间、模板与模板之间复制样式,使用样式管理器可以方便地实现这些操作。

**1. 打开样式管理器**

① 在"样式与格式"任务窗格下方"显示"下拉列表中单击"自定义"选项,如图 2-10 所示。弹出"格式设置"对话框,如图 2-11 所示。"格式设置"对话框可以选择可见格式,例如,勾选了复选框"始终显示标题 1 到 3",这就是内建样式"标题 1"至"标题 3"始终显示在"样式和格式"任务窗格中的原因。

② 在"格式设置"对话框中,单击"样式"按钮,弹出"样式"对话框,如图 2-12 所示。"样式"对话框中可以对样式进行删除、修改。

③ 单击"样式"对话框左下角的"管理器"按钮,弹出"管理器"对话框,如图 2-13 所示。

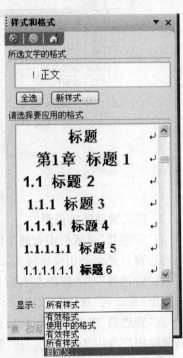

图 2-10　单击"自定义"选项

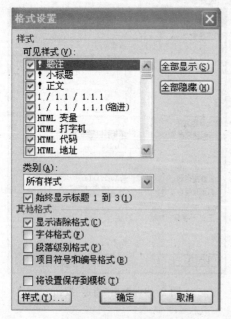

图 2-11 "格式设置"对话框

图 2-12 "样式"对话框

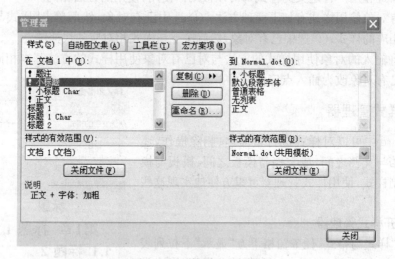

图 2-13 "管理器"对话框

### 2. 样式管理器的使用

在"管理器"对话框中有两个窗口,左边窗口是目前正在编辑的文档里应用的所有样式,右边窗口是个公用模板样式。

在"管理器"对话框的左右窗口中,选中用户自定义的样式,单击中间的"重命名"按钮,弹出"重命名"对话框,如图 2-14 所示。

在"管理器"对话框的左右窗口中,选中待删除的用户自定义的样式,单击"删除"按钮,删除用户自定义的样式。在"管理器"对话框中,还可以批量删除样式,按住<Ctrl>键选定所有不需要的样式后,单击"删除"按钮,弹出删除提示对话框,如图 2-15 所示。

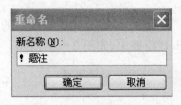

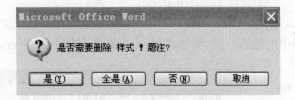

图 2-14  重命名对话框                  图 2-15  删除提示对话框

如果在图 2-13 中，要将"文档 1"中的样式复制到"Normal. dot"模板中，在左窗口中选中要复制的样式，例如"！小标题"单击"复制"按钮，这样"！小标题"就添加到了"Normal. dot"模板中。反过来也可以将"Normal. dot"模板中的样式复制到"文档 1"中。

## 2.1.3  样式的保存

样式的存储位置决定了样式的作用范围。样式的保存位置为如下 3 种情况。

(1) 储存于文档

储存于文档，作用范围为文档自身。默认状态下用户自定义的样式保存在相应的文档中，即，在某个文档中定义，就保存在这个文档中，只对这个文档起作用。

(2) 储存于模板

储存于文档赖以为据的模板，作用范围为同一模板衍生的所有文档。需要在"新建样式"对话框或"修改样式"对话框中勾选上"添加到模板"复选框，如图 2-16 所示。

图 2-16  "修改样式"对话框

（3）储存于"Normal. dot"

储存于"Normal. dot"，作用范围为所有 Word 文档。方法见 2.1.2，样式管理器的使用中的最后一段，将样式"！小标题"添加到了"Normal. dot"模板中，如图 2-17 所示。

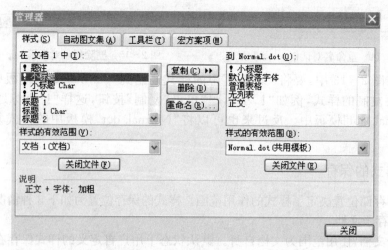

图 2-17　复制样式到"Normal. dot"

## 2.1.4　多级编号与标题样式绑定

在 Word 中，可以快速地给多个段落的文本添加项目符号和编号，使文档更具有层次感，易于阅读和理解。在处理长文档时，特别需要对章节的各级标题进行多级编号，从而达到章节编号自动化。长文档的章节编号自动化是靠"多级编号"与"样式"的绑定来实现的。

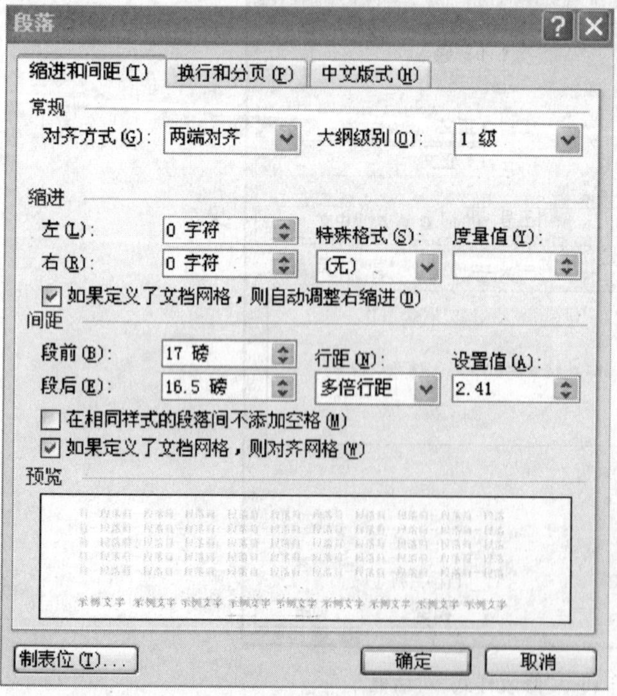

**1. 样式的准备**

如果需要章节编号自动化，那么在定义章标题、节标题及小节标题的样式时就要有所准备。以章标题的样式设置为例，样式的设置步骤如下。

① 章标题的样式选择"标题 1"（章标题最好不要改名字，就用"标题 1"，便于在制作页眉页脚的时候引用）。

② 右键单击，选择"修改"命令，在"修改对话框"中，单击"格式"按钮，选择"段落"选项，弹出"段落"对话框，在大纲级别选项框中选择 1 级，如图 2-18 所示。

图 2-18　"段落"对话框

同上设置节标题和小节标题的样式分别选择标题 2,标题 3,再修改,名称也可以相应修改。但注意大纲级别应该分别是 2 级和 3 级。

**2. 多级编号**

定义好各个章节标题的样式以后,来把章节标题的样式与多级编号相关联,操作步骤如下。

① 单击"格式"菜单中的"项目符号和编号"命令,再单击"多级符号"选项卡,如图2-19所示。

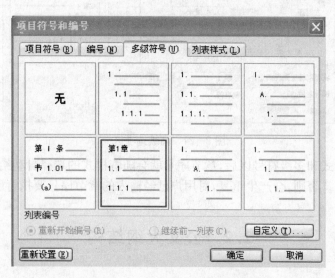

图 2-19　"多级符号"选项卡

② 选中一种数字多级数字编号,单击"自定义"按钮,弹出"自定义多级符号列表"对话框,如图 2-20 所示。在其中选择级别,设置编号格式(在编号前后分别加汉字"第"、"章")等。

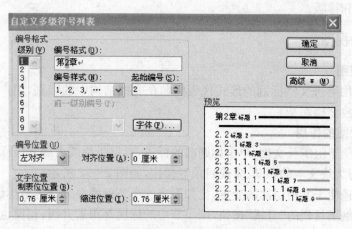

图 2-20　"自定义多级符号列表"对话框

③ 单击"高级"按钮,在扩充的对话框中,选择将级别连接到样式一栏,选择相应的样式名称(1级的样式名称为"标题 1"),如图 2-21 所示。

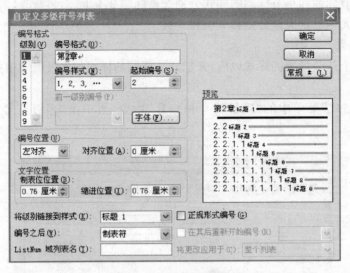

图 2-21　高级选项区

　　在设置了样式和多级符号以后,章节序号就会随着样式的选择自动给出,用户不必再输入章节序号了。否则,会产生重复,对用户已经输入的章节序号要执行删除操作。

# 2.2　公文大纲结构

　　Word 提供了多种视图,以方便用户在不同的条件下使用。在"视图"菜单中可选择"普通"、"Web 版式"、"页面"、"大纲"、"阅读版式"、"文档结构图"、"缩略图"来进行视图的切换。单击"文件"菜单,还可选取"网页预览"或"打印预览"视图。普通视图、页面视图或 Web 版式视图适合用来添加编辑详细的正文和图片;而大纲视图和文档结构图适合对长文档的编辑和排版。

## 2.2.1　大纲视图

**1. 大纲视图**

　　大纲视图用缩进文档标题的形式代表标题在文档结构中的级别,用户也可以使用大纲视图处理主控文档。

**2. 大纲视图的作用**

　　大纲视图便于组织长文档,单击标题前的标志,可以折叠或者展开该标题下低级别的文档,便于进行大块文本的移动、生成目录等操作,如图 2-22 所示。

　　大纲视图还便于文档层次的变更,比如原本的小节标题要升级为节标题,就选中相应的小节单击大纲工具栏的"升级"按钮,则小节中的标题都跟着升级;相反也可以降级。若要将标题移动到不同的位置,请将插入点置于标题中,然后单击"大纲"工具栏上的"上移"按钮或"下移"按钮,将标题移动至所需位置。这些操作都可以方便地通过大纲工具栏的相应按钮来实现,如图 2-23 所示。

### 第1章 Microsoft Office 2003 概述

自 1993 年，Microsoft 公司把 Word 6.0 和 Excel 5.0 集成在 Office 4.0 套装软件内以后，又相继发布了涵盖更多功能的 Office 95、Office97 办公软件。1999 年 8 月 30 日，Microsoft Office 2000 中文版正式发布。2003 年 11 月 13 日，Microsoft Office 2003 中文版在北京正式发布。2007 年 1 月 30 日，微软在中国北京与全球同步向消费者发售 Windows Vista 和 2007 Office System 这两款最新产品。

本书将介绍 Word 2003、Excel 2003 和 PowerPoint 2003 的一些较高级使用方法。

#### 1.1 Microsoft Office 2003 的版本

#### 1.2 Microsoft Office 2003 的新特性

Microsoft Office 2003 主要在四个方面作了改进：
1. 本地以及远程信息的管理和控制
2. 业务处理能力的增强
3. 团体的沟通与协作
4. 增加个人工作效率

##### 1.2.1 Word 2003 新特性

1. 增加新功能的 XML 编辑器，全面支持 XML 操作。
2. 增加"阅读版式"，阅读屏幕上的文档更清晰，更方便，而且不需要打印出来。
3. 多用户协调工作系统：能够多人同步编辑同一文件，并可分享文档和查看各人的更改情况。
4. 文件锁功能在不对文档作改变的情况下，暂时改变文档的显示风格并将日期和邮件地址锁定，以保护文档不被任意修改。
5. 快速查看文档的注解和方便的管理注释功能。

#### 1.2.2 Excel 2003 新特性

#### 1.2.3 PowerPoint 2003 新特性

图 2-22　大纲视图的文档

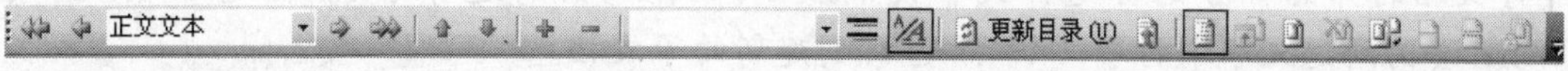

图 2-23　大纲工具栏

## 2.2.2　主控文档和子文档

主控文档是一组单独文件的容器，这一组单独的文件称之为子文档，而主控文档是这些相关子文档关联的链接。使用主控文档可以将长文档分成较小的、更易于管理的子文档，从而便于组织和维护。在工作组中，可以将主控文档保存在网络上，并将文档划分为独立的子文档，从而共享文档的所有权。创建主控文档，应从大纲视图开始，并创建新的子文档或添加原有文档。

**1. 确定文档的位置**

在"Microsoft Windows 资源管理器"中，指定一个用于保存主控文档和子文档的文件夹。如果要将原有的 Microsoft Word 文档用作子文档，请将原有文档转移到该文件夹。将主控文档和子文档都存放在这个指定的文件夹中，以便主控文档来链接这些子文档。

**2. 创建主控文档**

创建主控文档有两种方法。

**方法一：**创建新主控文档的大纲。

① 在"常用"工具栏上单击"新建空白文档"。

② 选择"视图"菜单的"大纲视图"命令。

③ 键入文档和各子文档的标题。确认在键入每个标题后按<Enter>，Word 将标题格式设为内置标题样式"标题 1"。

④ 给每个标题指定标题样式（例如,标题使用"标题 1",每个子文档的标题使用"标题 2"）。若要执行上述操作,单击"大纲工具栏"上的"提升"按钮,提升标题级别;单击"大纲工具栏"上的"降低"按钮,降低标题级别。

**方法二:** 将原有文档转换为主控文档。

① 打开需要用做主控文档的文档。

② 选择"视图"菜单的"大纲视图"命令。

③ 给每个标题指定标题样式（例如,标题使用"标题 1",每个子文档的标题使用"标题 2"）。若要执行上述操作,单击"大纲工具栏"上的"提升"按钮,提升标题级别;单击"大纲工具栏"上的"降低"按钮,降低标题级别。

④ 对于任何非标题内容,必须选中该内容并在"大纲"工具栏上,单击"降为'正文文本'"。

**3. 将子文档添加到主控文档**

将子文档添加到主控文档有两种方法。

**方法一:** 由大纲标题创建子文档。如果要由大纲标题创建子文档,必须先打开一份主控文档的大纲。

① 选择"视图"菜单的"大纲视图"命令。

② 在主控文档中,选择要独立作为子文档的标题和文字。

请确认: 所选部分的第一个标题设置了标题样式或大纲级别,并且是需要应用于每个子文档的开始部分的标题样式和大纲级别。例如,若所选部分以"标题 1"开始,则 Word 会为所选文字中的每一个"标题 1"创建新的子文档。

③ 在"大纲"工具栏上,单击"创建子文档"按钮,如图 2-24 所示。

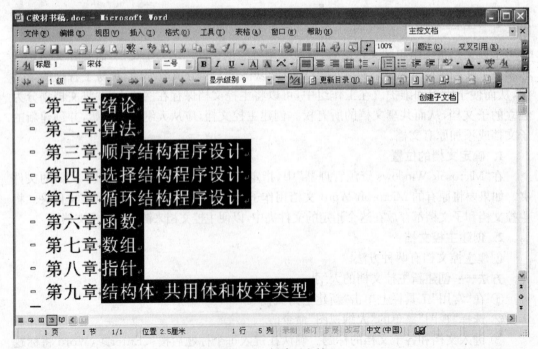

图 2-24 创建子文档

④ 保存主控文档,在主控文档所在的文件夹中产生相应的 Word 子文档,如图 2-25 所示。Word 在每个子文档之前和之后自动插入连续的分节符。

图 2-25　在同一文件夹中产生子文档

注意:

① 如果不能使用"创建子文档"按钮,需要先单击"展开子文档"按钮。

② 将子文档添加到主控文档后,若没有先在主控文档中将其删除,则不要移动或删除它。

③ 只能在主控文档中对子文档中进行重命名 。

**方法二**:在主控文档中插入一个原有的 Word 文档。

① 打开主控文档,选择"视图"菜单的"大纲视图"命令。

② 如果子文档处于折叠状态,在"大纲"工具栏上单击"展开子文档"按钮。

③ 单击要添加原有文档的位置。

④ 请确认单击的是原有子文档之间的空白行。

⑤ 单击"大纲"工具栏上的"插入子文档"按钮,如图 2-26 所示。

⑥ 在"插入子文档"对话框中,选中要添加的文件名称,单击"打开"按钮,如图 2-27 所示。

Microsoft Word 可在子文档前插入下一页的分节符,后随连续分节符。

**4. 保存主控文档**

① 单击"文件"菜单中的"另存为"命令。

② 保存位置选择在"确定文档位置"步骤指定的位置,为主控文档键入文件名,单击"保存"按钮。

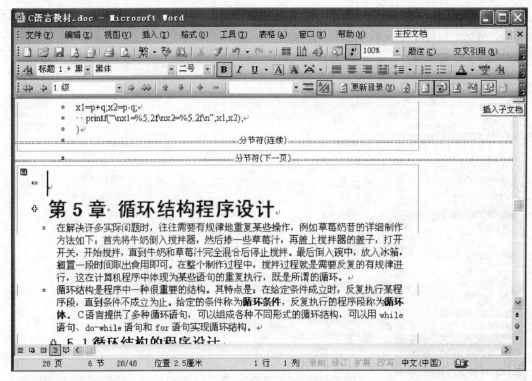

图 2-26　插入子文档

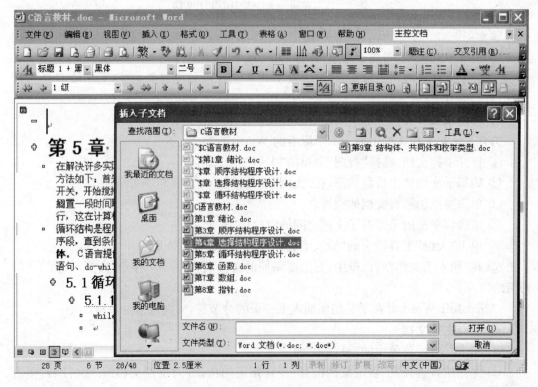

图 2-27　"插入子文档"对话框

保存了主控文档后，Word 将根据主控文档大纲中子文档标题的起始字符，自动为每个新的子文档指定文件名。例如，某个以大纲标题"第 1 章"开头的子文档可能会被命名为"第 1 章.doc"。

**5．删除子文档**

　　① 打开主控文档，选择"视图"菜单的"大纲视图"命令。

　　② 如果子文档处于折叠状态，在"大纲"工具栏上单击"展开子文档"按钮。

　　③ 如果要删除的是锁定的子文档，光标停留在要解除锁定的子文档中的任何位置，单击"大纲"工具栏上的"锁定文档"按钮 ，解除锁定。

　　④ 单击要删除的子文档的图标 （如果无法看到子文档图标，请在"大纲"工具栏上 "主控文档视图"按钮 ）。

　　⑤ 按<Delete>键，当从主控文档删除子文档，但子文档文件仍处于其原始位置。

　　如果光标停留在主控文档中的某个子文档的位置，单击"大纲"工具栏上"删除子文档"按钮 ，则只删除子文档和主控文档之间的链接，即不删除主控文档中的子文档内容，也不删除子文档文件本身。

　　此外，在"大纲视图"下，单击"大纲工具栏"上的"主控文档视图"工具栏上的相应按钮，还可以完成如下操作。为了便于显示，用户可以选择"展开子文档"或者"折叠子文档"；根据文档组织的需要，用户可以进行"合并子文档"、"拆分子文档"的操作。

## 2.2.3　文档结构图

**1．文档结构图**

　　"文档结构图"是一个位于独立的窗格，能够显示文档的标题列表。使用"文档结构图"可以对整个文档快速进行浏览，同时还能跟踪在文档中的位置。选择了文档结构图视图以后，如图 2-28 所示，文档的显示呈文档结构图窗口和文档窗口两部分。

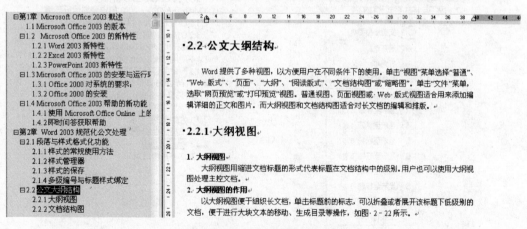

图 2-28　文档结构图的文档

**2．文档结构图的作用**

　　单击"文档结构图"中的标题后，Microsoft Word 就会跳转到文档中的相应标题，并将

其显示在文档窗口的顶部，同时在"文档结构图"中突出显示该标题。

利用"文档结构图"，可以选择"文档结构图"中所显示内容的详细程度。例如，可以显示所有标题，也可以只显示级别较高的标题，或者显示或隐藏某个标题的详细内容，操作类似大纲视图的折叠和展开操作。利用"文档结构图"，还可以设置"文档结构图"中标题的字体和字号，并更改突出显示活动标题时所使用的颜色。

"文档结构图"不同于用于网页的目录框架网页。如果需要让其他人在 Web 浏览器或 Word 中查看所发布的文档，请创建目录框架网页。

**3. 使用"文档结构图"浏览文档**

文档标题的格式必须设置为内置标题样式，以便在"文档结构图"中显示。使用"文档结构图"浏览文档的步骤如下。

① 在"视图"菜单上，单击"文档结构图"。

② 选择要显示的标题级别，执行下列操作之一即可。

• 若要显示特定级别或该级别以上的所有标题，可在"文档结构图"中用鼠标右键单击一个标题，然后单击快捷菜单中的一个数字，例如，单击"显示至标题 2"可显示标题级别 1 到 2。

• 如果要折叠某个标题下的次级标题，请单击该标题旁的减号(—)；如果要显示某个标题的下的次级标题，请单击标题旁的加号(＋)。如图 2 - 30 所示，标题 2.1 被折叠，其下的 3 级标题都不显示。

③ 在"文档结构图"中单击一个要浏览的标题。文档中的插入点将会移到选定的标题。

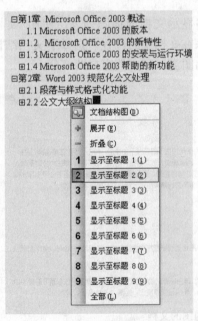

图 2 - 29　文档结构图的右键菜单　　　　图 2 - 30　折叠、显示标题

④ 不再查看"文档结构图"时，可单击"视图"菜单上的"文档结构图"来关闭窗格。也可以通过双击窗格右边的"调整大小"边框，来关闭"文档结构图"。

## 2.3　模　　板

### 2.3.1　模板作用

模板实际上是模板文件的简称,也就是说模板是一种特殊的文件,在其他文件创建时使用它。例如,用户在 Word 中单击"新建空白文档",创建一个空白的文档,这时候 Word 使用了 Normal 模板来创建一个新文档。用户也可以在选择了"文件"菜单"新建"命令后,在"新建文档"任务窗格中,通过单击"本机上的模板"或"网站上的模板",在弹出的对话框中,选择其他特殊的模板来创建文档。

实际上,每个模板都提供了一个样式集合,供用户格式化文档使用。除了样式之外,模板还包含其他元素,比如宏、自动图文集、自定义工具栏等。因此可以把模板形象地理解成一个容器,它包含上面提到的各种元素。不同功能的模板包含的元素当然也不尽相同,而一个模板中的这些元素,在处理同一类型的文档时是可以重复使用的,模板在避免重复劳动方面具有重要的意义。使用模板不仅可以提高工作效率,还可以达到让文档同一规范的目的。

模板分为共用模板和文档模板两种,共用模板包括 Normal 模板,所含设置适用于所有文档。文档模板(例如"模板"对话框中的备忘录和传真模板)所含设置仅适用于以该模板为基础的文档。

**1. 共用模板**

处理文档时,通常情况下只能使用保存在文档附加模板或 Normal 模板中的设置。要使用保存在其他模板中的设置,请将其他模板作为共用模板加载。加载模板后,以后运行 Word 时都可以使用保存在该模板中的内容。

加载项和加载的模板在 Word 关闭时卸载。如果要在每次启动 Word 时加载"加载项或模板",请将加载项或模板复制到"Microsoft Office Startup"文件夹中。

**2. 文档模板**

保存在"Templates"文件夹中的模板文件出现在"模板"对话框的"常用"选项卡中。如果要在"模板"对话框中为模板创建自定义的选项卡,请在"Templates"文件夹中创建新的子文件夹,然后将模板保存在该子文件夹中。这个子文件夹的名字将出现在新的选项卡上。

保存模板时,Word 会切换到"用户模板"位置(在"工具"菜单的"选项"命令的"文件位置"选项卡上进行设置),默认位置为"Templates"文件夹及其子文件夹。如果将模板保存在其他位置,该模板将不出现在"模板"对话框中。

保存在"Templates"文件下的任何文档(.dot)文件都可以起到模板的作用。

### 2.3.2　创建模板

Word 提供了很多内建的模板,如图 2-31 所示,用户可以根据这些模板直接生成文档。同时,系统还允许用户创建自定义的模板,模板文件的扩展名是".dot"。

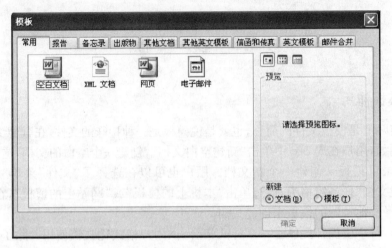

图 2-31 "模板"对话框

**1. 根据原有文档创建新模板**

① 打开所需的文档。

② 在"文件"菜单上,单击"另存为"。

③ 在"保存类型"框中,单击"文档模板(＊.dot)",如图 2-32 所示。如果保存的是已创建为模板的文件,则该文件类型已被选中。

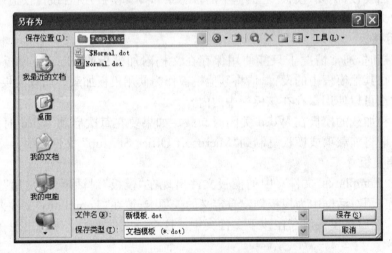

图 2-32 另存为文档模板

④ "模板"文件夹是"保存位置"框中的默认文件夹(C 盘上的 Templates 文件夹)。要使模板出现在"常用"选项卡以外的其他选项卡中,请切换到"模板"文件夹中的相应子文件夹或创建新文件夹。

⑤ 在"文件名"框中,键入新模板的名称,例如"新模板",然后单击"保存"按钮。

⑥ 在新模板中添加所需的文本和图形(添加的内容将出现在所有基于该模板的新文档中),并删除任何不需要的内容。

⑦ 更改页边距设置、页面大小和方向、样式及其他格式。

⑧ 在"常用"工具栏上,单击"保存",再单击"文件"菜单上的"关闭"。

选择"文件"菜单"新建"命令,在"新建文档"任务窗格的"模板"下,选择"本机上的模板",单击"常用"选项卡,就出现了上面定义的"新模板",如图 2-33 所示。可以基于这个用户自己定义的模板来创建新文件。

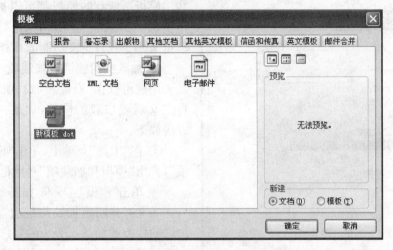

图 2-33　常用选项卡

**2. 根据原有模板创建新模板**

① 在"文件"菜单中,单击"新建"命令。

② 在"新建文档"任务窗格中,在"模板"下,单击"本机上的模板"。

③ 单击与要创建的模板相似的模板,例如"空白文档",再单击"新建"下的"模板"选项,然后单击"确定"按钮。Word 会创建一个名字为"模板 1"的模板,它现在具有选定的原有模板(如"空白文档")的全部特性。

④ 模板的保存、设置、关闭,同以上根据原有文档创建新模板操作步骤的③～⑧。

若要使自动图文集词条和宏只对基于该模板的文档有效,请将其存入该模板,而不要保存在 Normal 模板中。

Microsoft Office Online 网站,提供了更多的模板和向导。用户可以根据需要去下载相应的模板。

**3. 修改文档模板**

如果要更改模板,则会影响根据该模板创建的新文档。更改模板后,并不影响基于此模板的原有文档内容。修改文档模板的步骤如下。

① 单击"文件"菜单中的"打开"命令,然后找到并打开要修改的模板。

② 如果"打开"对话框中没有列出任何模板,请单击"文件类型"框中的"文档模板"。

③ 更改模板中的文本和图形、样式、格式、宏、自动图文集词条、工具栏、菜单设置和快捷键。

④ 单击"常用"工具栏上的"保存"按钮。

选中工具菜单模板和加载项命令,只有在选中"自动更新文档样式"复选框的情况下,打开已有文档时,Microsoft Word 才更新修改过的样式。在打开已有文档前在空白文档

中设置此选项,请在"工具"菜单上,单击"模板和加载项"并设置此选项。

### 2.3.3 模板和加载项

如果不想用另一个不同模板,又想使用其他模板上的一些项目,可将这个模板安装为共用模板。所有的模板都可以被加载为共用模板。加载项为 Microsoft Office 提供自定义命令或自定义功能的补充程序。

**1. 加载共用模板或加载项**

用户可以在"模板和加载项"对话框中自定义需要加载的模板,加载共用模板的方法如下。

① 在"工具"菜单上,单击"模板和加载项",弹出"模板和加载项"对话框。

② 单击"模板"选项卡,如图 2-34 所示。

③ 在"共用模板及加载项"下,选择要加载的模板或加载项旁边的复选框。

如果框内未列出需要的模板或加载项,可单击"添加",切换到包含所需模板或加载项的文件夹,单击该模板或加载项,再单击"确定",如图 2-35 所示。

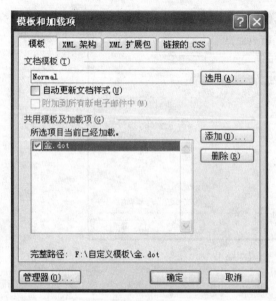

图 2-34 "模板和加载项"对话框

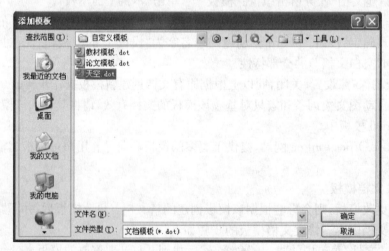

图 2-35 "添加模板"对话框

**2. 卸载共用模板或加载项**

如果一个共用模板不再需要时,为了提高系统的运行效率,可将共用模板卸载,方法如下。

① 在"工具"菜单上,单击"模板和加载项",弹出"模板或加载项"对话框,如图 2-36 所示。

② 单击"模板"选项卡。

③ 若要卸载一个模板或加载项,但仍将其保留在"共用模板及加载项"框中,可清除该项名称旁边的复选框。若要卸载一个模板或加载项并将其从"共用模板及加载项"框中删除,可在框内单击此项,然后单击"删除"。

装入模板后,保存在其中的项目在本次 Word 运行期间对任何文档就有效了。但是,用这种方法装入的加载项和模板会在关闭 Word 时自动卸载。下次再启动 Word 时,如果还要使用,还要重复以上的步骤。如果在每次使用 Word 时,都要将某一模板加载为共用模板,可以将这个模板复制到 Word 的 Startup 文件夹中,这样 Word 启动时就会自动加载这个模板了。

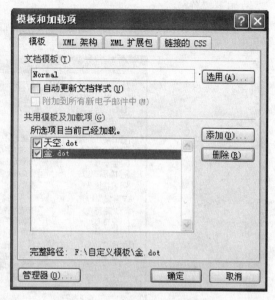

图 2-36　删除已加载的模板

# 2.4　引用对象与交叉引用

Word 的引用功能可以实现图表、脚注和尾注的自动编号,索引和目录的自动生成等操作,交叉引用功能可以实现这些编号的被引用,并能够自动更新。使用引用对象与交叉引用,能够增强排版的灵活性,减少许多烦琐的重复操作,提高工作效率。

## 2.4.1　书签

书签是加以标识和命名的位置或选择的文本,以便以后引用。例如,可以使用书签来标识需要日后修订的文本。使用"书签"对话框,就无需在文档中上下滚动来定位该文本。

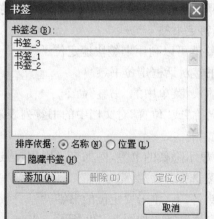

图 2-37　"书签"对话框

**1. 添加书签**

① 选择要为其指定书签的项目,或单击要插入书签的位置。

② 单击"插入"菜单中的"书签"命令,弹出"书签"对话框,如图 2-37 所示。

③ 在"书签名"下,键入或选择书签名。书签名必须以字母开头,可包含数字但不能有空格。可以用下划线字符来分隔文字,如"书签_1"。

④ 单击"添加"按钮。

**2. 显示书签**

添加的书签是非显示字符,要想看到书签,需

要做如下操作。

① 单击"工具"菜单中的"选项"命令,然后单击"视图"选项卡,如图 2-38 所示。

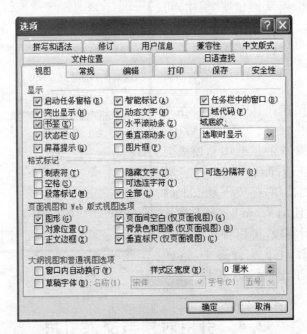

图 2-38 "选项"对话框

② 选中"书签"复选框。

如果已经为一项内容指定了书签,该书签会以括号([…])的形式出现(括号仅显示在屏幕上,不会打印出来)。如果是为一个位置指定的书签,则该书签会显示为 I 形标记。

**3. 删除书签**

① 单击"插入"菜单中的"书签"命令。

② 单击要删除的书签名,然后单击"删除"按钮。

图 2-39 利用书签对话框定位到书签

若要将书签与用书签标记的项目(如文本块或其他元素)一起删除,请选择该项目,再按<Delete>键。

**4. 定位到特定书签**

添加了书签就可以利用书签快速定位了。

(1) 利用书签对话框定位书签

① 单击"插入"菜单中的"书签"命令。

② 单击"名称"或"位置"对文档中的书签列表进行排序。

③ 如果要显示隐藏的书签,例如交叉引用,请选中"隐藏书签"复选框。

④ 在"书签名"下,单击要定位的书签。

⑤ 单击"定位"按钮,如图 2-39 所示。

(2) 利用查找和替换对话框定位书签

① 单击"编辑"菜单中的"查找"命令。

② 单击"定位"选项卡,如图 2-40 所示。

图 2-40　利用查找和替换对话框定位书签

③ 在"定位目标"列表中选择书签,在"请输入书签名称"列表中选择要定位的书签。

④ 单击"定位"按钮。

## 2.4.2　脚注和尾注

脚注和尾注是对文本的补充说明。脚注一般位于页面的底部,可以作为文档某处内容的注释;尾注一般位于文档的末尾,列出引文的出处等。

脚注和尾注由两个关联部分组成,包括注释引用标记和其对应的注释文本。用户可让 Word 自动为标记编号或创建自定义的标记。在添加、删除或移动自动编号的注释时,Word 将对注释引用标记重新编号。

**1. 插入脚注和尾注**

① 将插入光标移到要插入脚注和尾注的位置。

② 单击"插入"菜单中的"脚注和尾注"命令,出现如图 2-41 所示的"脚注和尾注"对话框。

③ 选择"脚注"选项,可以插入脚注;如果要插入尾注,则 选择"尾注"选项。

④ 在"编号格式"下拉列表中选择编号格式。如果要自定义脚注或尾注的引用标记,可以选择"自定义标记",然后在后面的文本框中输入作为脚注或尾注的引用符号。如果键盘上没有这种符号,可以单击"符号"按钮,从"符号"对话框中选择一个合适的符号作为脚注或尾注即可。

⑤ 在"起止编号"文本框中输入起止编号,比如"1"。编号方式有"连续"、"每节重新编号"、"每页重新编号"等选项。所有脚注或尾注连续编号,当添加、删除、移动脚注或尾注引用标记时重新编号。

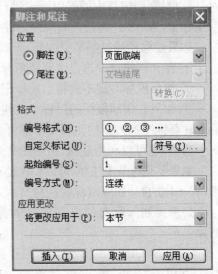

图 2-41　"脚注和尾注"对话框

⑥ 单击"插入"按钮后,就可以开始输入脚注或尾注文本。输入脚注或尾注文本的方式会因文档视图的不同而有所不同,图 2-42 所示是普通视图下的脚注显示方式。

汉江临眺

王维

楚塞三湘接，荆门九派通。

江流天地外，山色有无中。

郡邑浮前浦，波澜动远空。

襄阳好风日，留醉与山翁。

脚注 所有脚注 关闭

王维（699—759），字摩诘，盛唐时期的著名诗人。

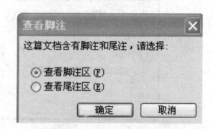

图 2-42  普通视图下的脚注显示方式          图 2-43  "查看脚注"对话框

### 2. 查看脚注和尾注

在 Word 中，查看脚注和尾注文本的方法很简单，可将鼠标指向文档中的注释引用标记，注释文本将出现在标记上。用户也可以双击注释引用标记，将焦点直接移到注释区，用户即可以查看该注释。用户还可以选择"视图"菜单中的"脚注"命令来查看注释。如果文档中同时含有脚注和尾注，会弹出如图 2-43 所示的"查看脚注"对话框。用户选择相应的选项后单击"确定"按钮即可查看相应的注释。如果文档只含有脚注或者尾注，将直接转到相应的注释区。

注意：只有在"工具"菜单"选项"命令对话框的"视图"选项卡中，选中了"屏幕提示"复选框，才可以利用上述方法在屏幕上看到脚注或尾注。

### 3. 修改脚注和尾注

注释包含两个相关联的部分：注释应用标记和注释文本。当用户要移动或复制注释时，可以对文档窗口中的引用标记进行相应的操作。如果移动或复制了自动编号的注释引用标记，Word 还将按照新顺序对注释重新编号。

如果要移动或复制某个注释，可以按下面的步骤进行。

① 在文档窗口中选定注释应用标记。

② 按住鼠标左键不放将引用标记拖动到文档中的新位置即可移动该注释。

③ 如果在拖动鼠标的过程中按住<Ctrl>键不放，即可将引用标记复制到新位置，然后在注释区中插入新的注释文本即可。

当然，也可以利用复制、粘贴的命令来实现复制引用标记。

如果要删除某个注释，可以在文档中选定相应的注释引用标记，然后直接按<Delete>键，Word 会自动删除对应的注释文本，并对文档后面的注释重新编号。

如果要删除所有的自动编号的脚注和尾注，可以按照下述方法进行而不用逐个删除：

① 按"<Ctrl>＋H"键，会打开"查找和替换"对话框并会自动选中"替换"选项卡。

② 单击"高级"按钮，然后单击"特殊字符"按钮，出现"特殊字符"列表，如图 2-44 所示。

③ 选定"脚注标记"或者"尾注标记"。

④ 不要在"替换为"后面输入任何内容，然后单击"全部替换"按钮即可。

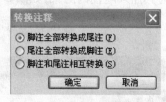

图 2-44　利用查找和替换对话框删除全部尾注

**4. 脚注和尾注互相转换**

如果当前文档中已经存在脚注或者尾注，单击如图 2-41所示的"脚注和尾注"对话框中的"转换"按钮可以将脚注和尾注互相转换，也可以统一转换为一种注释。单击"转换"按钮后弹出如图 2-45 所示的"转换注释"对话框。设置完毕后，单击"确定"按钮即可。

图 2-45　"转换注释"对话框

有时为了只将个别的注释转换为脚注或尾注，可以按如下步骤进行。

① 选择"视图"菜单中的"脚注"命令，切换到注释编辑区。

② 将鼠标指针指向选定的注释，然后单击鼠标右键，从弹出的快捷菜单中选择"转换为脚注"或者"转换为尾注"菜单项即可。

**5. 自定义注释分隔符**

一般情况下，Word 用一条水平线段将文档正文与脚注或尾注分开，这就是注释分隔符。如果注释太长或者太多，一页的底部放不下，Word 将自动把放不下的部分放到下一页。为了说明两页中的这些注释是连续的，Word 将水平线加长。

修改注释分隔符类型的步骤如下。

① 选中"视图"菜单中的"普通"命令，切换到普通视图。

② 选择"视图"菜单中的"脚注"命令，打开注释编辑区窗口。

③ 在注释区窗口顶部的下拉列表框中包含了 3 个可以改变的分隔符，如图 2-46 所示。用户可以根据需要选定合适的分隔符，如果不需要分隔符，可以选中该分隔符，按 <Delete> 键删除即可。

④ 如果单击"默认设置"按钮，可以将选项的分隔符设定为默认的分隔符。

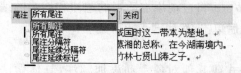

图 2-46　注视编辑区窗口

⑤ 单击"关闭"按钮,即可以返回文档正文编辑状态。

### 2.4.3　题注和交叉引用

题注是可以添加到表格、图表、公式或其他项目上的编号标签,例如"图 2-1",其中,"图"为标签,"2-1"为 Word 插入的数字。

在文档中插入表格、图表或其他项目时,可以让 Word 自动添加题注;对已经插入了项目,可以手动添加题注。可以为不同类型的项目设置不同的题注标签和编号格式,例如,"表格 Ⅱ"和"公式 1-A",或者更改一个或多个题注的标签,例如,将"表 6"改为"图表 6"。可以创建新的题注标签,如"照片"。如果后来添加、删除或移动了题注,可以方便地更新所有题注的编号。

**1. 自动添加题注**

插入表格、图表、公式或其他对象时,可以自动添加题注。创建自动添加题注的步骤如下。

① 在"插入"菜单上指向"引用",再单击"题注",弹出"题注"对话框,如图 2-47 所示。

② 单击"自动插入题注"按钮,在"插入时添加题注"列表中,选择要 Microsoft Word 为其插入题注的对象,如图 2-48 所示。

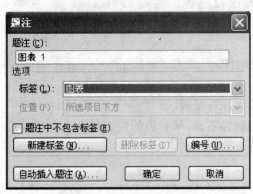

图 2-47　"题注"对话框　　　　图 2-48　"自动插入题注"对话框

③ 在"使用标签"列表中,选择一个现有的标签。如果列表未提供正确的标签,单击"新建标签",在"标签"框中键入新的标签,例如"图",再单击"确定",如图 2-49 所示。

④ 单击"编号"标签,弹出"题注编号"对话框,如图 2-50 所示,选择"包含章节号",则产生的题注编号将是"图 2-50"的式样。

⑤ 在文档中,插入对象。单击"插入"菜单中的"对象"命令。

⑥ 每当插入在步骤③选中的某个对象时,Word 将自动添加适当的题注和连续的编号。如果要为题注添加更多的文字,请在题注之后单击,然后键入所需文字。

**2. 手动添加题注**

Word 还允许用户为已有的表格、图表、公式或其他对象手动添加题注,具体做法如下。

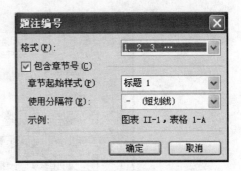

图 2-50  "题注编号"对话框

图 2-49  "新建标签"对话框

选择要为其添加题注的项目，比如图，在"插入"菜单上，指向"引用"，再单击"题注"。在"标签"列表中，选择最能准确描述对象的标签，例如图表或公式。如果列表未能提供正确的标签，单击"新建标签"，在"标签"框中键入新的标签，再单击"确定"。

如果在每次添加插入对象时，需要手动添加题注，可以把"题注"按钮添加到工具栏：首先，选择工具菜单自定义命令，在弹出的"自定义"对话框中选择"命令"选项卡；然后，在类别列表中选择"插入"，在命令列表中找到"题注"，最后，用鼠标拖动"题注按钮到工具栏"。这样再需要手动插入题注时，就可以单击工具栏上的"题注..."按钮，如图 2-51 所示。

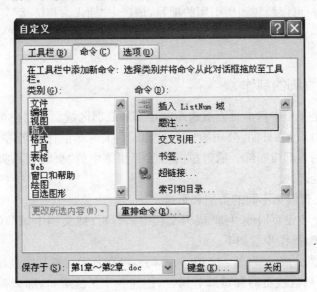

图 2-51  "自定义"对话框

Word 还允许用户进行修改题注标签，修改题注编号格式等更改题注的操作，修改以后要更新题注，参见 2.4.5 小节中的更新域。

**3. 交叉引用**

交叉引用是对文档中其他位置的内容的引用，可为标题、脚注、书签、题注、编号段落等创建交叉引用。

创建的交叉引用仅可引用同一文档中的项目。若要交叉引用其他文档中的项目，首先要将文档合并到主控文档中。交叉引用的项目必须已经存在。例如，必须在交叉引用某个

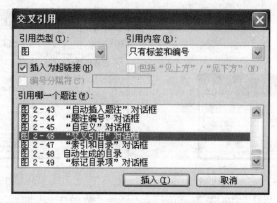

图 2-52　"交叉引用"对话框

书签前将其插入文档。以输入"如图 2-52 所示"为例,介绍插入交叉引用的步骤如下。

① 在文档中,键入交叉引用开头的介绍文字,插入点定位。

② "插入"菜单中,指向"引用",再单击"交叉引用"。

③ 在"引用类型"框中,单击要引用的特定项目。

④ 在"引用内容"框中,单击引用内容的选择,例如"只引用标签和编号"。

⑤ 若要使用户可以跳转到所引用的项目,请选中"插入为超链接"复选框。

⑥ 在引用哪个题注列表中,选择要引用的题注,例如,图 2-52"交叉引用"对话框,单击"插入"按钮。

### 2.4.4　页眉和页脚的制作

页眉和页脚是文档中每个页面页边距的顶部和底部区域。可以在页眉和页脚中插入文本或图形,例如,页码、日期、公司徽标、文档标题、文件名或作者名等,这些信息通常打印在文档中每页的顶部或底部。通过单击"视图"菜单中的"页眉和页脚",可以在页眉和页脚区域中进行处理。

**1. 创建首页、奇偶页不同的页眉和页脚**

可以在首页上不设页眉或页脚,或为文档中的首页(或文档中每节的首页)创建独特的首页页眉或页脚,操作步骤如下。

① 如果将文档分成了节(节:文档的一部分,可在其中设置某些页面格式选项。若要更改例如行编号、列数或页眉和页脚等属性,创建一个新的节。),那么单击要修改的节或选定多个要修改的节。如果文档没有分成节,则可以单击任意位置。

② 单击"视图"菜单中的"页眉和页脚"命令。

③ 在"页眉和页脚"工具栏上,单击"页面设置"按钮 ,单击"版式"选项卡。选中"首页不同"复选框,然后单击"确定",如图 2-53 所示。

④ 创建文档首页或其中一节首页的页眉或页脚。如果不想在首页使用页眉或页脚,可将页眉和页脚区保留为空白。

⑤ 要移至文档或一节中其余部分的页眉或页脚,请单击"页眉和页脚"工具栏上的"显示下一项",然后创建所需的页眉或页脚,如图 2-54 所示。

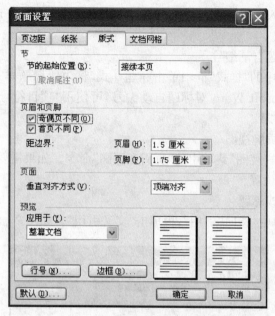

图 2-53　"页面设置"对话框

图 2-54　首页、偶数页、奇数页页眉标识

　　如果在页面设置对话框中也选择了"奇偶页不同"的选项,那么可以在任意奇数页页眉区域中键入在奇数页页眉区要显示的内容,所有奇数页会自动显示该内容;在任意偶数页页眉区域中键入在偶数页页眉区要显示的内容,其余的偶数页也会自动显示该内容。

**2. 在页眉页脚中插入交叉引用**

　　若要在页眉和页脚中插入章节号和标题,通常先要将文档分割成多个节。

　　(1) 插入分节符

　　如果未进行分节,在包含另外一章的节的起始处插入分节符,操作步骤如下。

　　① 单击需要插入分节符的位置。

　　② 单击"插入"菜单中的"分隔符"命令。

　　③ 在"分节符类型"下,单击说明了所需新节的开始位置的选项,如图 2-55 所示。

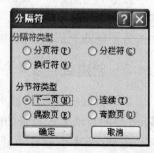

图 2-55　"分隔符"对话框

注意：如果已插入分页符以便从下一页开始新的章节，请删除该分页符并替换为从下一页开始的分节符。

（2）设置章节标题自动编号

在"格式"工具栏中的"样式"框中单击标题样式，将内置标题样式应用于章节号和章节标题；或使用 Microsoft Word 对标题自动编号，可使用"项目符号和编号"对话框来设置章节标题，参见 2.1.4。

（3）进入页眉和页脚视图

在第 1 章中，单击"视图"菜单中的"页眉和页脚"命令。如果需要，请将插入点移至要更改的页眉或页脚的位置。

（4）插入章节号或标题

① 在"插入"菜单中，指向"引用"，再单击"交叉引用"。如图 2-56 所示。

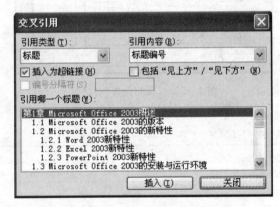

图 2-56 插入标题的编号

② 在"引用类型"框中，单击"标题"。

③ 在"引用哪一个标题"框中，单击包含章节号和标题的标题。

④ 在"引用内容"框中，选取要在页眉或页脚中插入的选项。例如：单击"标题编号"以插入章节号，单击"标题文字"以插入章节标题。

⑤ 单击"插入"，再单击"关闭"。

单击"显示下一项"，移至下一章第一页或者第一个奇数页的页眉或页脚。

如果此章的页眉或页脚与刚刚创建的页眉或页脚相匹配，请单击"页眉和页脚"工具栏上的"链接到前一个"按钮 ，可以断开当前章节和前一章节中的页眉或页脚之间的联系。

若要删除页眉或页脚中已有的文本，请在插入章节号和标题前将之删除。

## 2.4.5 创建自动目录

当编辑好一篇长文档时，为了便于查阅和管理，还需要为该文档编制目录。使用 Word 中的自动生成目录功能，可以快速完成一篇文档的目录。

在 Word 中生成自动目录的方法有两种：一种是利用样式自动生成目录，另一种是使用 TC 目录域。

**1. 使用样式自动生成目录**

当为文档标题应用了内建的样式或自定义的样式后,可以自动生成目录页,操作步骤如下。

① 单击要插入目录的位置。

② 指向"插入"菜单上的"引用",再单击"索引和目录"。

③ 单击"目录"选项卡,如图2-57所示。

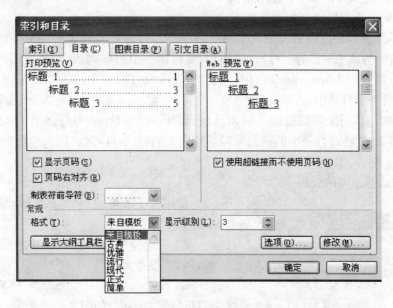

图2-57 "索引和目录"对话框

④ 若要使用现有的设计,请在"格式"框中单击进行选择。

⑤ 根据需要,单击"选项"按钮,或"修改"按钮,修改其他与目录有关的选项。

生成的目录如图2-58所示。

图2-58 自动生成的目录

### 2. 使用 TC 域创建目录

如果用户要把指定某个条目编制到目录,那么要使用 Word 提供的 TC(目录项)域。

TC 域用来定义目录项,以及表格、图表列表和类似内容的文本和页码。它的域代码为:{TC''Text''[Switches]}。TC 域的格式为隐藏文字,且不在文档中显示结果。若要查看该域,请单击"常用"工具栏上的"显示/隐藏编辑标记"按钮 ✷。

''Text'':显示为目录中目录项的文字。

[Switches]开关可以有如下选择:

- \f 类型,在特定内容列表中收集的项目类型。针对每类列表使用唯一的类型标识符(通常为从 A~Z 的字母)。例如,若要构建一个图解列表,对每个图解用一个域标记,如{TC''Illustration1''\fi},这里"i"表示只有图解项目。如果未指定类型,则该项目列于目录中。

- \l 级别,TC 目录项的级别。例如,域{TC''EnteringData''\l4}标记了 4 级目录项,Word 2003 将对目录中的该目录项应用内置的样式 TOC4。如果未指定级别,则默认认为 1 级。

- \n 省略目录项的页码。

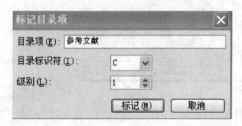

图 2-59 "标记目录项"对话框

使用 TC 域指定目录项条目,编制目录的步骤如下。

① 请选择要包含在目录中的第一部分文本,例如"参考文献"。

② 按"<Alt>+<Shift>+O",打开"标记目录项"对话框,如图 2-59 所示。

③ 在"级别"框中,选择级别并单击"标记"。

④ 若要标记其他条目,可选择文本,单击"条目"框,再单击"标记"。添加条目结束后,请单击"关闭"。

⑤ 单击要插入目录的位置。

⑥ 指向"插入"菜单上的"引用",再单击"索引和目录"。

⑦ 单击"目录"选项卡,单击"选项"按钮,弹出"目录选项"对话框,如图 2-60 所示。

⑧ 在"目录选项"框中,选中"目录项域"复选框,然后单击确定按钮。

如果是已经生成过根据"样式"和"大纲级别"产生的目录,只需生成目录项的目录,那么清除"样式"和"大纲级别"复选框;如果是生成同一的一个目录,则无需清除"样式"和"大纲级别"复选框。

此时,Word 将根据用户标记的目录项域,自动生成目录。

通过引用功能,Word 还可以实现创建

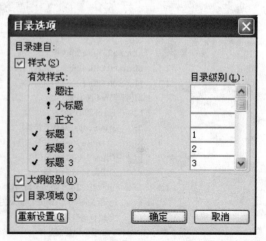

图 2-60 "目录选项"对话框

脚注和尾注,定义索引项和自动生成索引等功能。

**3. 更新域**

本章所讲的引用对象与交叉引用都是通过 Word 的域功能实现的。域的英文意思是范围,类似数据库中的字段,实际上,它就是 Word 文档中的一些字段。每个 Word 域都有一个唯一的名字,但有不同的取值。

使用 Word 域可以实现许多复杂的工作。最为常用的有自动编号、自动编页码、插入日期和时间,还有本章讲解的在 Word 长文档排版中常用的图表的题注、脚注、尾注、自动创建目录等,其他还有关键词索引、图表目录;插入文档属性信息;实现邮件的自动合并与打印;执行加、减及其他数学运算;创建数学公式等。

域有域代码和域结果两种表现形式。域代码是由域特征字符、域类型、域指令和开关组成的字符串;域结果是域代码所代表的信息。域特征字符是指包围域代码的大括号{},它不是从键盘上直接输入的,按"<Ctrl>+<F9>"键可插入这对域特征字符。例如,域代码{ TC ''Entering Data'' \l 4 }。当 Microsoft Word 执行域指令时,在文档中插入的文字或图形。在打印文档或隐藏域代码时,将以域结果替换域代码。

(1) 使用快捷键更新域

若要更新个别的域,单击域或域结果,然后按<F9>。若要更新文档中全部的域,按"<Ctrl>+A"全选文档,然后按功能键<F9>。

(2) 使用右键菜单更新域

若要更新个别的域,右键单击域或域结果,然后选择"更新域"命令。若要更新文档中全部的域,先单击"编辑"菜单中的"全选",再右键单击,弹出快捷菜单,如图 2-61 所示,选择"更新域"命令。

(3) 打印前更新域或链接的信息

① 单击"工具"菜单中的"选项"命令,然后单击"打印"选项卡,如图 2-62 所示。

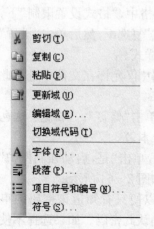

图 2-61　快捷菜单中"更新域"命令

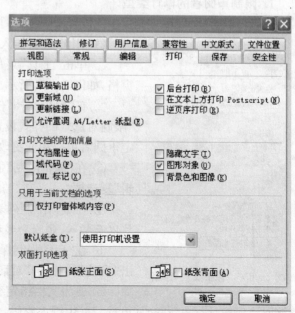

图 2-62　在"选项"对话框中设置"更新域"

② 在"打印选项"下,请选中"更新域"复选框。若要更新链接的信息,请选中"更新链接"复选框。

# 2.5　审阅修订文档

Word 提供的批注和修订功能可以实现多人协作办公。当电子文稿文件需要审阅时,通过在 Word 中插入批注和修订的方法可以将审阅者的信息完全显示,而又不影响原文档。

首先来了解一下关于批注和修订的几个概念:

**批注:**是指作者或审阅者为文档添加的注释或批注。Microsoft Word 在文档的页边距或"审阅窗格"中的气球上显示批注。

**批注框:**是指在页面视图或 Web 版式视图中,在文档的页边距中标记批注框将显示标记元素,例如批注和所做修订。使用这些批注框可以方便地查看审阅者的修订和批注,并对其做出反应。

**修订:**是指显示文档中所做的诸如删除、插入或其他编辑更改的标志位的标记。启用修订功能时,审阅者的每一次插入、删除或者是格式更改都会被标记出来。当作者查看修订时,可以接受或者拒绝每一处修改。

**标记:**是指批注和修订,例如插入、删除和格式更改。在处理修订和批注时,可查看标记。打印带有标记的文档可记录对文档所做的更改。

## 2.5.1　审阅前的设置

### 1. 限制审阅者的修订类型

作者可以通过 Word 文档保护的设置来限制审阅者能够对原有文档进行修订的类型。

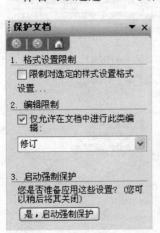

图 2-63　"保护文档"窗格

（1）让审阅者插入批注和修订

① 单击"工具"菜单"保护文档"命令,弹出"保护文档"窗格,如图 2-63 所示。

② 在"保护文档"任务窗格中,"格式设置限制"下,选中"限制对选定的样式设置格式"复选框,然后单击"设置"来指定审阅者可应用或更改哪些样式。

③ 在"编辑限制"下,选中"仅允许在文档中进行此类编辑"复选框。

④ 在编辑限制列表中,单击"修订"。（注意:这包括批注以及插入、删除和移动的文本。）

⑤ 在"启动强制保护"下,单击"是,启动强制保护"。弹出"启动强制保护"对话框,如图 2-64 所示。

⑥ 要为文档指定密码,以便只有知道该密码的审阅者能够取消保护,请在"新密码(可选)"框中键入密码,然后确认此密码。如果选择不使用密码,则所有审阅者均可以更改编辑限制。

（2）只让审阅者插入批注的操作

① 单击"工具"菜单"保护文档"命令，弹出"保护文档"窗格，如图 2-63 所示。

② 在"保护文档"任务窗格的"编辑限制"下，选中"仅允许在文档中进行此类编辑"复选框。

③ 在编辑限制列表中，单击"批注"。

④ 如果要授予某些人对特定文档部分的编辑选项，可以选中文档的相应区域，然后选择哪些用户（一组或单个用户）可以编辑所选的文档区域。单击组或单个用户名旁边的下拉箭头可查找该组或单个用户可以编辑的下一个区域或所有区域，或者删除该组或单个用户的权限。

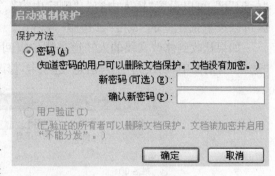

图 2-64　"启动强制保护"对话框

⑤ 在"启动强制保护"下，单击"是，启动强制保护"。

⑥ 要为文档指定密码，以便只有知道该密码的审阅者能够取消保护，请在"新密码（可选）"框中键入密码，然后确认此密码。

（3）停止对批注和修订的保护

① 单击"工具"菜单"保护文档"命令，弹出"保护文档"窗格，如图 2-63 所示。

② 在"保护文档"任务窗格中，单击"停止保护"。

注意：如果已使用密码对文档添加保护，则需要键入密码才能停止保护。

**2. 修改修订标记和审阅者信息**

审阅者可以自定义批注框的颜色等格式，也可以设置审阅者的用户信息。单击"工具"菜单中"选项"命令，打开"选项"对话框，并切换到"修订"选项卡，如图 2-65 所示。在

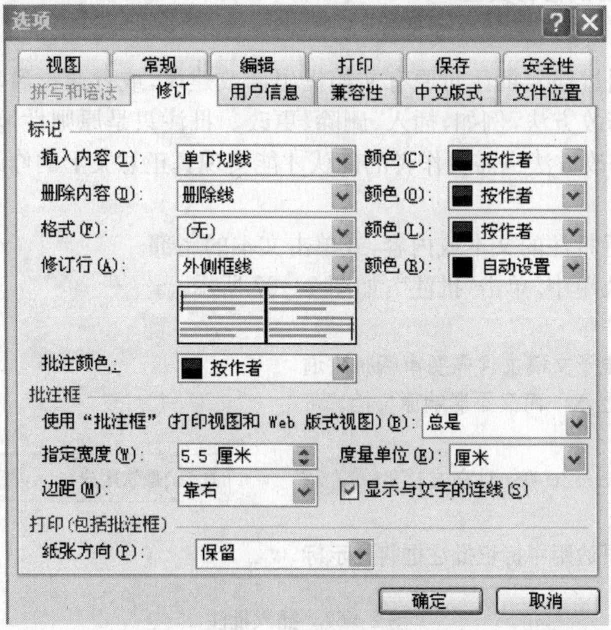

图 2-65　"修订"选项卡

"标记"区,可以设置"插入内容"、"删除内容"、"格式"和"批注颜色"等标记。在"批注框"区可以设置批注框的"宽度"、"边距"等格式。

如果让收到修改文稿的人知道是哪位审阅者批注的,需要设置审阅者的用户信息。在"选项"对话框中,切换到"用户信息"选项卡,修改"姓名"和"缩写"即可,如图2-66所示。

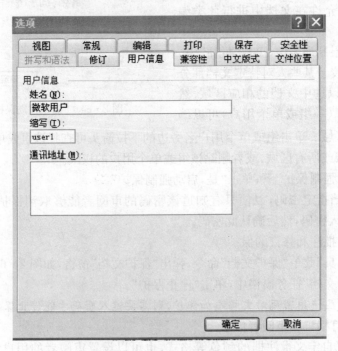

图 2-66 "用户信息"选项卡

### 2.5.2 审阅

审阅者可以通过插入批注对原有文档提出修改建议,或者通过启动修订功能对原有文档给出具体的修改方法,例如,插入、删除、更改。批注只是原则性地提出建议,即使是修订这种具体的修改方法也需要作者的确认才能实现真正意义上的修改。

**1. 插入批注**

① 选择要设置批注的文本或内容,或单击文本的尾部。

② 在"插入"菜单中,单击"批注",如图2-67所示。

。当电子文稿文件需要审阅时,通
完全显示,而又不影响原文档。

Microsoft Word 在文档的页边距ꞏꞏꞏꞏꞏꞏ 批注 [微软用户1]:

档的页边距中标记批注框将显示标

图 2-67 插入批注

③ 在批注框中键入批注文字。

注意：

① 如果批注框被隐藏，可单击"审阅"工具栏上的"审阅窗格"按钮 ，在审阅窗格中键入批注。

② 可以将插入点置于批注框上面，以显示审阅者的姓名。

③ 若要响应一个批注，请单击要响应的批注，然后单击"插入"菜单中的"批注"，在新的批注框中键入文字。

图 2-68　"审阅"工具栏

**2. 修订功能**

如果需要删除原文中的某些文字，插入一些新的内容，或者是对文档的格式进行修改，又希望能让原作者很快看出来，审阅者就可以使用 Word 提供的"修订"功能。进入修订状态有两种方法：

- 单击"审阅"工具栏的"修订"按钮，使该按钮处于按下状态。
- 选择"工具"菜单，"修订"命令。

进入修订状态以后，直接对文档进行增删掉即可。当审阅状态为"显示标记的最终状态"时，删除的内容，Word 会插入一个批注框，将删除内容显示在批注框中，而对于新 插入的内容，Word 会以红色突出显示，同时还添加了下划线，如图 2-69 所示。

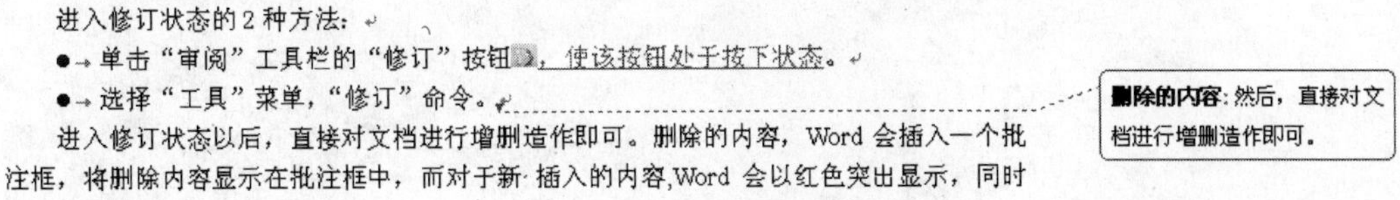

进入修订状态的 2 种方法：
- → 单击"审阅"工具栏的"修订"按钮，使该按钮处于按下状态。
- → 选择"工具"菜单，"修订"命令。

进入修订状态以后，直接对文档进行增删造作即可。删除的内容，Word 会插入一个批注框，将删除内容显示在批注框中，而对于新 插入的内容，Word 会以红色突出显示，同时

**删除的内容**：然后，直接对文档进行增删造作即可。

图 2-69　修订文档

### 2.5.3　审阅后的处理

当作者收到别人审阅后的文档，可以利用"审阅"工具栏进行审阅，以决定是否接受修改。

**1. 接受拒绝修订**

在"审阅"工具栏上单击"后一处修订或批注"按钮或"前一处修订或批注"按钮，可以审阅文档中的每一处修订或批注。单击"接受所选修订"按钮或"拒绝所选修订"按钮可以接受或拒绝当前修订。也可以在选中修订的状态下，单击右键快捷菜单中的"接受插入"、"接受删除"或"拒绝插入"、"拒绝删除"等命令。

**2. 接受拒绝所有的修订**

如果要一次性接受所有的修订，单击"接受所选修订"按钮旁边的下三角形按钮，然后从下拉菜单中单击"接受对文档所做的所有修订"命令。如果要一次性拒绝所有修订，请单击"拒绝所选修订"按钮旁边的下三角形按钮，然后从下拉菜单中单击"拒绝对文档所做

的所有修订"命令。

**3. 删除批注**

在"审阅"工具栏上单击"后一处修订或批注"按钮或"前一处修订或批注"按钮,可以审阅文档中的每一处修订或批注。"拒绝所选修订"按钮可以删除当前批注。也可以在选中批注的状态下,单击右键快捷菜单中的"删除批注"命令。

如果要一次删除所有批注,请单击"拒绝所选修订"按钮旁边的下三角形按钮,然后从下拉菜单中单击"删除文档中所有批注"命令。

## 习题二

1. 什么是样式?如何新建修改和使用样式?

2. 样式的存储位置有哪几种?

3. 如何设置与标题样式绑定的多级编号?

4. 什么是主控文档和子文档?其作用是什么?

5. 文档结构图的作用是什么?

6. 什么是模板?如何创建新模板?

7. 什么是题注?什么是交叉引用?

8. 如何使用题注给图、表自动编号?如何使用交叉引用在正文中引用题注?

9. 什么是节?节的作用是什么?如何分节和强行分页?

10. 如何创建奇偶页不同、不同章节不同的页眉页脚?

11. 如何自动生成目录?

12. 什么是批注与修订,两者的区别是什么?

# 第3章

## Word 2003 图文表公式的混排

　　表格是一种简明、概要的表达方式。其结构严谨,效果直观,往往一张表格可以代替许多说明文字。因此,在文档编辑过程中,常常要用到表格。Word 有很强的表格功能,特别是 Word 2003 的表格功能比以前版本的 Word 有很大提高。

　　写文档的时候,有时会感到词不达意,如果使用图形、图片,却可以更好地表达出自己的思想和感情,起到烘托氛围的作用,达到"只可意会,不可言传"的效果,同时也可以使文档变得更漂亮、生动。

## 3.1　文书表格使用

　　表格由一行或多行单元格组成,用于显示数字和其他项以便快速引用和分析。表格中的项被组织为行和列。表格常常作为显示大量复杂数据的一种手段,它具有条理清楚、说明性强、查找速度快等优点,使用非常广泛。因此熟练地掌握各种表格处理的方法是非常必要的。Word 2003 提供了非常完善的表格处理功能,使用它提供的用来创建和格式化表格的菜单,可以很容易地制作所需要的各种形式的表格。

　　Word 具有功能强大的表格制作功能。其"所见即所得"的工作方式使表格制作更加方便、快捷、安全,可以满足制作复杂表格的要求,并且能对表格中的数据进行较为复杂的计算。

　　Word 中的表格在文字处理操作中有着举足轻重的作用,利用表格排版相对于文本排版来说,两者有许多相似之处,也各有其独特之处,表格排版功能能够处理复杂的、有规则的文本排版,大大简化了排版操作。

### 3.1.1　文书表格特点

　　公文(命令、指令、决议、指示、通知、通报、报告、请示、批复、涵、会议纪要)、电报、传真等外来文件,本公司或单位内部文件和对外业务文件等本部制发文件,个人简历、申请表等私人文件,通常都是做成文书表格的形式。这样不仅保证了在排版上的整齐划一,同时也保证了填写的规范清晰,文书表格在制度化、规范化文书管理体系中起着重要的作用。

### 1. 表格的组成部分

表格由下面一些主要部分组成,如图 3-1 所示。

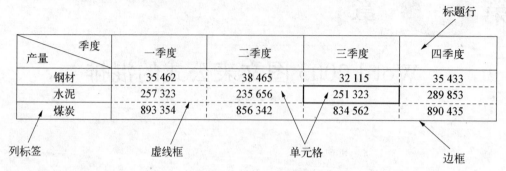

图 3-1　表格的组成

（1）边框

边框包括标示行和列以及表格范围的线。边框与虚框是不同的概念,在创建表格的时候看到的是虚框而不是边框,虚框可以被显示或隐藏。而在创建表格后用户可以设置边框的样式。

（2）单元格

由工作表或表格中交叉的行与列形成的框,可以在该框中输入信息。

（3）虚线框

虚线框构成了单元格的边框,且不能打印。如图中的用来分隔区域形成单元格的横线和竖线。虚线框可以帮助用户看到行和列的范围在哪里。在为表格设置格式并加上边框以前,边框标示了行和列的具体位置,在有边框的表格中,虚线框会被边框所覆盖。虚框可以被关闭或者显示。

（4）标题行

标题行位于表格顶部,用来描述相应的列。

（5）列标签

表格首列中的各个条目,用来描述每一行的内容。

### 2. 文书表格的制作

表格不仅可以用来制作个人求职简历,还可以用来制作企事业单位的各种表格文件,例如,学校的教学进度表、单位的考勤表、值班室的交接表、各种信息的统计表等。随着办公软件使用的普及,文书表格在财务、税收、金融、统计、保险等经济活动方面有着广泛的应用。图 3-2 是国家税务局颁发的"个人所得税纳税申报表"。

制作文书表格的注意事项:

① 利用虚线框制作表头和表尾。通常表头表尾没有边框,但为了排版的规范,经常把表头表尾内容放在有虚线框的表格内。

② 利用"表格"菜单的"合并单元格"和"拆分单元格"命令来制作不同大小的单元格。

③ 单击"表格"菜单的"表格属性"命令,在"表格属性"对话框中设置表格的对齐方式、"文字环绕方式"、"行高"和"列宽"。如果规定表格填写者不能更改表格的行高和列宽,可以将行高设置为"固定值",列宽设置为"制定宽度",如图 3-3 所示。为了让表格更

**附件**

个人所得税纳税申报表

（适用于年所得 12 万元以上的纳税人申报）

所得年份：　　年　　　　　　　　　　填表日期：　年　月　日　　　　　　　　　　　　金额单位：人民币元（列至角分）

| 纳税人姓名 | | 国籍(地区) | | 身份证照类型 | | 身份证照号码 | |
|---|---|---|---|---|---|---|---|
| 任职、受雇单位 | | 任职、受雇单位税务代码 | | 任职、受雇单位所属行业 | | 职务 | 职业 |
| 在华天数 | | 境内有效联系地址 | | | | 境内有效联系地址邮编 | 联系电话 |
| 此行由取得经营所得的纳税人填写 | 经营单位纳税人识别号 | | | | | 经营单位纳税人名称 | |

| 所得项目 | | 年所得额 | | 应纳税所得额 | 应纳税额 | 已缴(扣)税额 | 抵扣税额 | 减免税额 | 应补税额 | 应退税额 | 备注 |
|---|---|---|---|---|---|---|---|---|---|---|---|
| | 合计 | 境内 | 境外 | | | | | | | | |
| 1. 工资、薪金所得 | | | | | | | | | | | |
| 2. 个体工商户的生产、经营所得 | | | | | | | | | | | |
| 3. 对企事业单位的承包经营、承租经营所得 | | | | | | | | | | | |
| 4. 劳务报酬所得 | | | | | | | | | | | |
| 5. 稿酬所得 | | | | | | | | | | | |
| 6. 特许权使用费所得 | | | | | | | | | | | |
| 7. 利息、股息、红利所得 | | | | | | | | | | | |
| 8. 财产租赁所得 | | | | | | | | | | | |
| 9. 财产转让所得 | | | | | | | | | | | |
| 其中：股票转让所得 | | | | | | | | — | — | — | — |
| 个人房屋转让所得 | | | | | | | | | | | |
| 10. 偶然所得 | | | | | | | | | | | |
| 11. 其他所得 | | | | | | | | | | | |
| 合　　计 | | | | | | | | | | | |

我声明，此纳税申报表是根据《中华人民共和国个人所得税法》及有关法律、法规的规定填报的，我保证它是真实的、可靠的、完整的。

纳税人(签字)：　　　　　　　　　　税务机关受理时间：　年　月　日　　　　　　受理申报税务机关名称：

代理人(签字)：　　　　　　　　　　税务机关受理人(签字)：　　　　　　联系电话：

图 3-2　文书表格

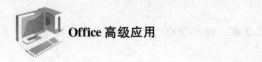

图 3-3 "表格属性"对话框

加清晰,可以在"表格属性"对话框中,添加"边框和底纹",起到分割和强调的作用。

④ 文书表格经常需要"横向"页面设置,而"填表须知"部分为了尊重平时的阅读习惯又往往是"纵向"页面设置,这需要先在横向页面部分和纵向页面部分中间增加分页的分节符,然后单击"文件"菜单的"页面设置"命令,在弹出的"页面设置"对话框中,进行相应的设置,如图 3-4 所示。

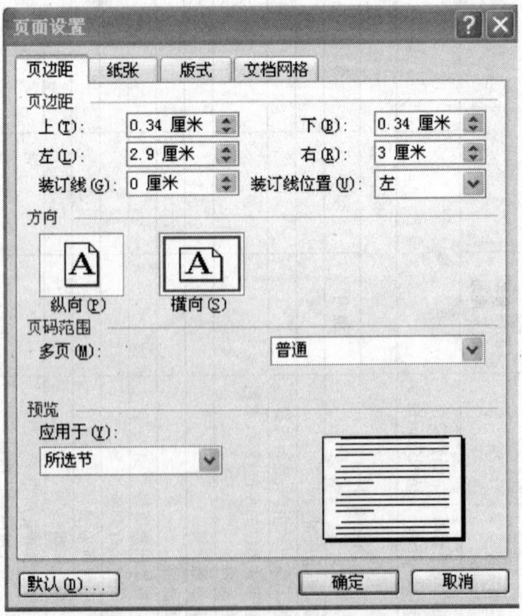

图 3-4 "页面设置"对话框

个人简历、公文和公司文件都可以按照文书表格进行排版,所不同的是公文和公司文件必须实行按国家标准和公司标准统一的文书规范格式。各个部门、行业、公司有各自的规范的文书格式,根据业务种类的不同,提供相应的文书格式范本,很多文书格式可以从行业主管部门网站或者公司网站下载得到。

### 3.1.2　表格常规编辑方法

在处理公文的过程中,使用最频繁、最容易被接受的方法是表格的常规编辑方法,能满足一般用户对公文排版编辑的要求。

**1. 创建表格**

在使用 Word 排版或者编辑文档的过程中,可以使用表格对文本进行格式化处理,使文本有规则地排版。创建表格可以使用以下几种方法。

(1) 使用"插入表格"按钮创建表格

使用"常用"工具栏上的"插入表格"按钮,可以快速创建一般表格,操作步骤如下。

① 将光标定位在要插入表格的位置。

② 单击常用工具栏上的"插入表格"按钮,弹出单元格选择板,系统默认显示 4 行 5 列的表格。

③ 如果插入不大于 4 行 5 列的表格,可以用鼠标向右下方划过单元格选择板,划过的单元格变为深色显示,表示被选中,如图 3-5 所示。此时,单击鼠标左键,文档中插入点位置出现相应行列数的表格,同时单元格选择板自动退出。

④ 如果要创建一个大于 4 行 5 列的表格,向右下方拖动鼠标的时候要按住鼠标左键,当指针到达单元格选择板边界时,继续向右下方拖动,该边界会自动延伸。此时可以选中更多数量的单元格,松开左键,单元格选择板自动关闭,同时在光标位置处插入与选择行列数一致的表格。

图 3-5　"插入表格"命令
创建表格

该方法创建的表格都与窗口同宽,每列的宽度也相同,表格样式简单,创建过程简单方便,适用于要求比较低的情况。

(2) 使用菜单命令创建表格

使用菜单命令的方法可以快速创建普通的或者套用内置格式的表格,操作步骤如下。

① 单击要创建表格的位置。

② 打开"表格"的子菜单"插入"下的"表格"命令,弹出"插入表格"对话框,如图 3-6 所示。在"表格尺寸"下面相应的位置输入需要的行数和列数。行数必须介于 1～32 767 之间,列数必须介于 1～63 之间。

③ 在"'自动调整'操作"栏中,选择表格列宽的调整方式。

• 固定列宽:输入一个值,使所有的列宽相同。文本框中选择"自动"可创建一个处于页边距之间,具有相同的列宽的表格。等价与选择"根据窗口调整表格"选项。

• 根据内容调整表格:使每一列具有足够的宽度以容纳其中的内容。Word 会根据输入数据的长度自动调整行和列的大小,最终使其行和列具有基本相同的尺寸。

• 根据窗口调整表格:该选项用于创建与页面同宽的表格,同时列平均分布,适用于

创建 Web 页面或者 Html 页面,当表格按照 Web 方式显示时,应该使表格填充窗口。

④ 如果需要套用已有的表格样式,单击"自动套用格式"按钮,弹出"表格自动套用格式"对话框,如图 3-7 所示。在"类别"下拉框中提供了 3 个表格样式类别选项供选择,伴随着类别的变化,"表格样式"文本框中会显示出该类别包含的所有样式。"将特殊格式应用于"区域用于设置表格样式应用的范围。

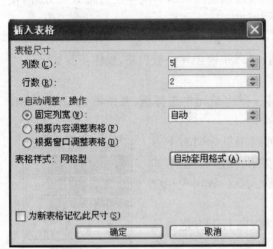

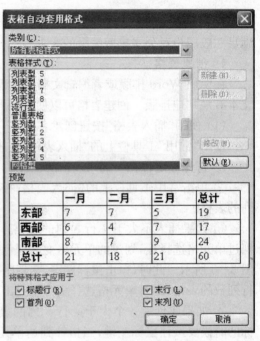

图 3-6 "插入表格"对话框          图 3-7 "表格自动套用格式"对话框

⑤ 如果以后还要产生相同大小的表格,可以选中"为新表格记忆此尺寸"复选框。这样,只要使用这种方式创建的表格都和这个表格具有相同的行列数。

⑥ 单击"确定"按钮,创建生成相应样式的表格。

对于新建的表格,可以将表格中的每一个单元格看作是独立的文档来录入文字,因此在单元格内录入文本时,和普通文档一样,可以在此单元格中使用回车键另起一段,但光标依旧在这一单元格内。

(3) 使用"绘制表格"工具创建表格

使用"绘制表格"工具可以创建不规则的复杂表格,可以使用鼠标灵活地绘制不同高度或每行中包含不同列数的表格,其操作步骤如下。

① 将插入点放到要创建表格的位置。

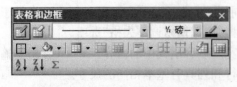

图 3-8 "表格与边框"工具栏

② 选择"表格"菜单下的"绘制表格"命令,即可打开如图 3-8 所示的"表格与边框"工具栏。如果屏幕上没有"表格和边框"工具栏,可以单击"视图"中"工具栏"子菜单下的"表格与边框"命令来显示该工具栏,也可以在工具栏空

白处右键菜单中选择"表格和边框"命令来显示该工具栏。

③ 单击工具栏上的"绘制表格"按钮,鼠标将变成笔形指针,将指针移到文本区中,从要创建的表格的一角拖动至其对角,可以确定表格的外围边框。

④ 在创建的表格外框或已有表格中,可以利用笔形指针绘制横线、竖线、斜线,绘制表格的单元格。

(4) 手动添加表格

用户可以在不使用鼠标的情况下,利用键盘来手动添加表格,也就是利用"＋"键和"－"键,自动套用格式来插入表格,它不使用表格的菜单或者命令按钮,这种方式属于无鼠标操作,体现了 Word 在字处理方面所具有的全面性、权威性。

使用此项功能前,应确认具有"自动套用格式"中的"表格"功能。方法是单击"工具"菜单下的"自动更正选项"命令,弹出"自动更正"对话框,切换到"键入时自动套用格式"选项卡,在"键入时自动应用"选项组中,在"表格"复选框前打上"√",如图 3 - 9 所示。

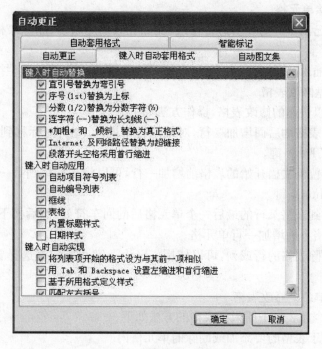

图 3-9　"自动更正"对话框

在确认上述的操作后,再按下面的方法进行。

① 在要插入表格的位置输入表示表格单元格左端的正号(＋),再连续输入负号(－),如下所示:

② 正号、负号使用全角和半角均可。这有些类似用正号和负号设置制表位。其实,负号并不是必需的,可以简化到只用正号,也就是在＋号中间只用空格代替即可,如输入:

＋＋＋＋

③ 直至到达所需的单元格宽度,然后可以照此继续输入"＋"号,直到输入所需的列

数,最后输入"+"号表示最后单元格。

④ 输入完最后一个"+"后,按回车键,即可产生如下所示一个表格。

|  |  |  |
|---|---|---|

⑤ 以上产生的表格只有一行,要增加表格行数,可把光标移到最后一个单元格内,按<Tab>键,即可得到如下所示的现行表格。

|  |  |  |
|---|---|---|
|  |  |  |

(5) 文本转换成表格

利用已经存在的文本,通过添加分隔符,可以实现文本到表格的转换,该部分内容参见 3.2.3 小节表格与文本转换。

**2. 插入、删除单元格**

用户可以对已制作好的表格进行修改,比如在表格中增加、删除表格的行、列以及单元格等。

要在表格中插入、删除行或者列,可以使用键盘、菜单命令或工具栏按钮 3 种方式。

(1) 使用键盘修改表格

使用键盘可以快速的修改表格,操作方法如下。

① 如果要在表格的后面增加一行,对结尾行来说,首先将光标移到表格最后一个单元格,然后按下<Tab>键。

② 如果要在位于文档开始的表格前增加一行,可以将光标移到第一行的第一个单元格,然后按下<Enter>键。

③ 把光标移到表格某行的最后一个单元格后的回车符处,然后按下<Enter>键,可以在当前的单元格下面增加一行单元格。

④ 如果要删除表格的行或列,可以使用<Shift>键和方向键选择要删除的行或列,然后按回退键。

(2) 使用菜单命令修改表格

使用菜单命令在表格中插入行或列的方法如下。

① 将光标置于表格的要添加或删除的单元格内。

② 打开"表格"中的"插入"子菜单,如所图 3-10 示。

③ 如选择"列(在右侧)",则会在光标所在单元格的右侧插入一列单元格,如选择"列(在左侧)",则会在光标所在单元格的左侧插入一列单元格。

④ 如果在子菜单中选择"行(在上方)"或"行(在下方)"命令,则在光标所在的单元格上方或下方插入一列单元格。

⑤ 如选择"单元格"子菜单,则可以打开"插入单元格"对话框,如图 3-11 所示。在该对话框中选择插入单元格的方式,就会以光标所在的单元格位置为基准插入单元格、行或列。

对结尾列来说,要在表格的最后一列右边增加一列,可单击最右列外侧,然后单击"插入列"按钮。

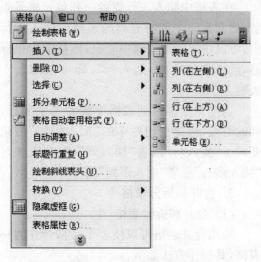

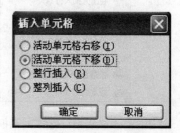

图 3-10　"插入"表格菜单　　　　　　　　图 3-11　"插入单元格"对话框

使用菜单命令在表格中删除行或列的方法如下。

① 将光标定位于表格内。

② 打开"表格"菜单下的"删除"子菜单，如图 3-12 所示。

③ 选择"列"命令，将删除光标所在的列。

④ 选择"行"命令，将删除光标所在的行。

⑤ 选择"单元格"命令，就会打开如所示的"删除单元格"对话框，如图 3-13 所示。在其中选择需要删除的单元格和方式，就会删除以光标所在的单元格为基准的行或者列。

⑥ 如果选择"表格"命令，则将整个表格都删除掉。

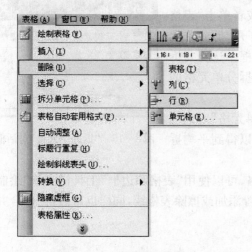

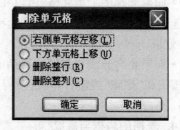

图 3-12　"删除"表格菜单　　　　　　　　图 3-13　"删除单元格"对话框

（3）使用工具按钮修改表格

在"表格与边框"工具栏中，单击"插入表格"按钮，可以打开如图 3-14 所示的下拉菜单。如是要删除单元格，也可在"表格与边框"工具栏下找到相应的工具按钮。在此可以选择"插入表格"或"插入单元格"等。

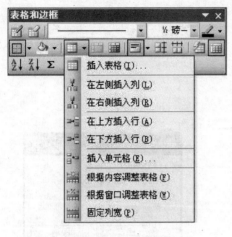

图 3-14 "表格与边框"对话框

在表格中插入一行或者一列单元格是很容易，如要在一个五行五列的表格中插入 4 行表格，可以用鼠标拖曳选中 4 行，然后单击鼠标右键，选择菜单中的"插入行"，即可以插入 4 行表格。

当把光标定位到表格中或者选中多行、多列的时候，快捷按钮栏中的"插入表格"按钮就变成了"插入行"或者"插入列"，这一方法对于"插入多行"或者"插入多列"同样的适用。

### 3. 合并和拆分表格

（1）合并和拆分表格

使用合并表格可以使若干表格合并为一个表格，其操作方法如下。

● 如果要合并上下两个表格，只要删除上下两个表格之间的内容或回车符就可以完成。

● 如果要将一个表格拆分为上下两部分的表格，先将光标定位于拆分后的第二个表格上，然后选择"表格"菜单中的"拆分表格"命令，或者按快捷键"<Ctrl>+<Shift>+<Enter>"，就可以拆分表格了。

（2）合并和拆分单元格

● 如果要合并单元格，首先选择需要合并的单元格，然后选择"表格"菜单下的"合并单元格"命令，或单击"表格和边框"工具栏中的合并单元格按钮，或者右键弹出菜单中选择"合并单元格命令"，就可以合并单元格了。

● 如果要拆分单元格，先选择要拆分的单元格，然后选择"表格"菜单下的"拆分单元格"命令，或者单击"表格和边框"工具栏中的"拆分单元格"按钮，打开"拆分单元格"对话框，如图 3-15 所示。在这个对话框中选择要拆分的行与列数，按"确定"按钮，就可以实现拆分单元格的效果了。

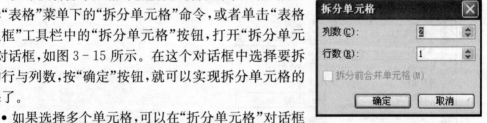

图 3-15 "拆分单元格"对话框

● 如果选择多个单元格，可以在"拆分单元格"对话框中，选中"拆分前合并单元格"单选项，就可以得到平均拆分的效果。

● 如果要拆分或合并较为复杂的单元格，可以使用"表格和边框"工具栏中的"绘制表格"按钮和"擦除"按钮，在表格中需要的位置添加或擦除表格线，同样也可以拆分、合并单元格。

### 4. 表格的边框与底纹

利用边框、底纹功能可以增加表格的特定效果，以美化表格和页面，激发读者对文档不同部分的兴趣和注意程度。用户可以把边框加到页面、文本、表格和表格的单元格、图形对象、图片和 Web 框架中。可以为段落和文本添加底纹，可以为图形对象应用颜色或纹理填充。

要设置表格边框与底纹颜色有多种方法，但都是在选中表格的全部或部分单元格之后进行的,第一种方法是选择"格式"菜单下的"边框和底纹"命令;第二种方法是单击鼠标右键,在快捷菜单中选择"边框和底纹"命令;第三种方法是依次打开"表格"菜单或者单击鼠标右键,选择"表格属性"对话框的"表格"选项卡,在打开的对话框中选择"边框和底纹"按钮。无论使用哪一种方法,其原理都是相同的。

(1) 设置表格边框

① 选定要设置格式的表格。如果需要选定某一个单元格,可以将鼠标移到该单元格左边框外,当鼠标指针变成 时,单击鼠标,可选择单独一个单元格。

② 在选定的表格上单击鼠标右键,在弹出的快捷菜单中选择"边框和底纹"。打开"边框与底纹"对话框,如图 3-16 所示。

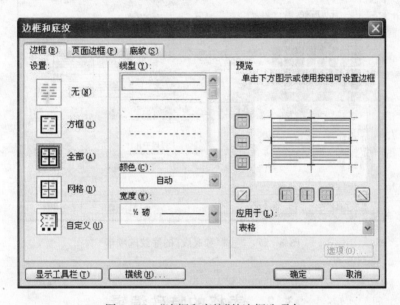

图 3-16 "边框和底纹"的边框选项卡

③ 单击"边框"选项卡,在"设置"区域中有 5 个选项,可以用来设置表格四周的边框(边框格式采用当前所选线条的"线型"、"颜色"和"宽度"设置)。它们是"无"、"方框"、"全部"、"网格"和"自定义"这 5 个选项。用户可以根据需要进行选择。

④ 单击"线型"栏的上下按钮,可以选择边框的线型,单击"颜色"栏的下拉列表框,可以选择表格边框的线条颜色,单击"宽度"栏的下拉列表框,用来选择表格线的磅值大小,即表格线的粗细。

⑤ 在"预览"区域下边的 或 ,可以设置表格是否是虚实线。

⑥ 在"应用于"框中的设置,要应用的边框类型或底纹格式的范围。

如要绘制全部实线,可以选择所有框线按钮 ;如要全部虚线,可以选择无框线 按钮;如要使表格外框线为虚线,内框线为实线,可以选中内侧框线按钮 等。也可以使用"表格和边框"工具栏中的"表格自动套用格式"命令来快速地美化表格的设计。如果选中某部分单元格,则选择的命令按钮只对某部分单元格有效,这样可以使任意表格中的单元格实现实线与虚线。

（2）设置表格底纹

同样，设置表格底纹的方法也是先选定需要设置底纹和填充色的单元格，然后在"边框和底纹"对话框中，切换到"底纹"选项卡，如图 3 - 17 所示。在"填充"栏的颜色表中可以选择"底纹"单击填充色，如果选择"无填充色"则删除底纹颜色，在"图案"区域中可以设置图案的"样式"和"颜色"选项，"应用于"下拉列表框中的选项用于确定要应用边框类型或底纹格式的表格范围。这样，可以任意设置填充一个表格，最后会得到各式各样的填充效果。

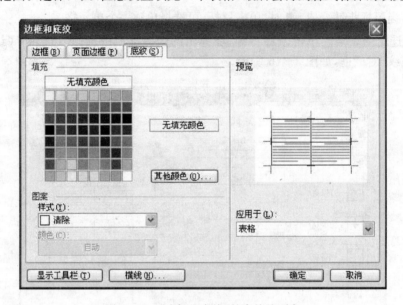

图 3 - 17 "边框和底纹"的底纹选项卡

## 3.2 表格的特殊编辑

在日常工作中使用 Word 表格进行公文编辑时，表格的常规编辑方法往往难以满足特殊需要。因此 Word 还提供了一系列表格的特殊编辑功能，丰富表格的操作，提高用户编辑公文的效率和质量，使用户可以快捷地制作出一份精美的公文。

### 3.2.1 自动调整行高/列宽

表格在使用过程中，每个单元格内容的长度经常不一致，往往面临着调整的问题，但是手动操作起来比较麻烦，而且精度不高。Word 2003 提供了表格自动调整的功能，在"表格"菜单下的"自动调整"子菜单中，提供了 5 个菜单命令："根据内容调整表格"、"根据窗口调整表格"、"固定列宽"、"平均分布各列"、"平均分布各行"，如图 3 - 18 所示。

• 根据内容调整表格：Word 2003 会自动根据单元格内容的多少调整相应单元格的大小。

• 根据窗口调整表格：Word 2003 会自动根据单元格内容的多少以及窗口的大小自动调整相应单元格的大小。

• 固定列宽：Word 2003 固定了单元格的宽度，不管内容怎么变化，列宽不变，行高可

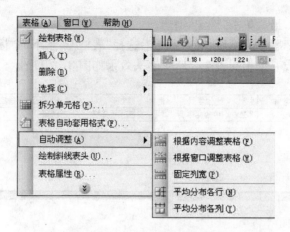

图 3-18　"自动调整"子菜单项

以变化。

• 平均分布各行：Word 2003 会保持各行行高一致，这个命令会使选择的表格中行高进行平均分布，忽略各行内容高度变化，但列宽可以变化。

• 平均分布各列：Word 2003 会保持各列列宽一致，这个命令会使选择的表格中列宽进行平均分布，忽略各列内容长度变化，但行高可以变化。

创建表格时用户可以选择"根据内容调整表格"、"根据窗口调整表格"、"固定列宽"3个命令，使 Word 帮助用户自动调整表格的行高列宽。在创建完成表格后，选中表格，可以使用"平均分布各列"、"平均分布各行"调整表格，使行高和列宽保持一致。

### 3.2.2　跨页表头

在制作表格时，为了说明表格的作用或内容，经常需要有一个表头。如果一个表格行数很多，可能横跨多页，需要在后继各页重复表格标题，虽然使用复制、粘贴的方法可以给每一页都加上相同的表头，但显然这不是最佳选择，因为一旦调整页面设置后，粘贴的表头位置就不一定合适了，另外表头的修改也成了麻烦事。因为 Word 能够依据自动分页符分页，自动在新的一页上重复表格标题。但如果在表格中插入了人工制表符，则 Word 无法重复表格标题。下面介绍简单、方便的方法，能很好地解决这一问题。

首先是选中需要设置的表格，单击鼠标右键或者选中"表格"菜单项，选中"表格属性"命令，打开"表格属性"对话框，再单击"行"选项卡，如图 3-19 所示。在这个对话框中选中"在各页顶端以标题行形

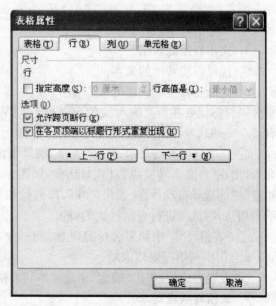

图 3-19　"表格属性"设置跨页表头

式重复出现"复选框,最后单击"确定"退出。

接着选中表格标题单元格所在的行,然后选择"表格"菜单下的"标题行重复"命令,即可实现在每页上生成一个相同表头。跨页表头效果如图 3-20 所示。

| 注册考号 | 姓名 | 出生年月 | 性别 | 学校 | 外语语种 | 备注 |
|---|---|---|---|---|---|---|
| 500001 | 刘 XX | 1989 年 9 月 | 男 | 市第一中学 | 英语 | |

| 注册考号 | 姓名 | 出生年月 | 性别 | 学校 | 外语语种 | 备注 |
|---|---|---|---|---|---|---|
| 500002 | 李 XX | 1990 年 4 月 | 女 | 县高级中学 | 英语 | |
| 500003 | 张 XX | 1989 年 6 月 | 男 | 市第二中学 | 日语 | |

图 3-20 "跨页表头"样式

当表格长度较短,可以在一页中显示且对美观效果影响不大的情况下,还可以在"表格属性"对话框的"行"选项卡中取消选择"允许跨页断行"复选框。这样设置后,表格会完整地在一页中显示,保证表格信息的完整。

### 3.2.3 表格与文本转换

Word 2003 允许文本和表格之间进行相互转换。当用户需要将文本转换成表格时,首先应把需要转换的文本进行格式化,也就是把文本中的每一行用段落标记隔开,每一列用分隔符(如逗号、空格、制表符等)分开,否则系统将不能正确识别表格的行和列,从而导致文本和表格间的转换失败。

**1. 文本转换成表格**

① 选择需要转换的文本。

② 把准备转换成表格的文本,用逗号、制表符或其他分隔符标记新列开始的位置,注意分隔符标记要在英文输入状态下输入,否则 Word 2003 无法正确识别列数。例如,一行有 5 个字的列表,在每两个字之间输入一个逗号,从而创建一个 5 列的表格。

③ 选中标记好的文本,打开"表格"菜单下的"转换"子菜单,选择"文本转换成表格"命令,出现"将文本转换成表格"对话框,如图 3-21 所示。Word 2003 会根据"文字分隔位置"栏的选择自动计算"表格尺寸",即列数和行数。用户也可以使用"自动调整"和"自动套用格式"选项进行表格样式的设置。

④ "表格尺寸"中如果选择的列数大于文本用分隔符分隔开后列数,转换成表格时,Word 会用空列填充表格末端。

⑤ 设置完成后,单击"确定"完成文本到表格的转换。

**2. 表格转换成文本**

① 选择要转换成文本段落的表格或者表格内的单元格。

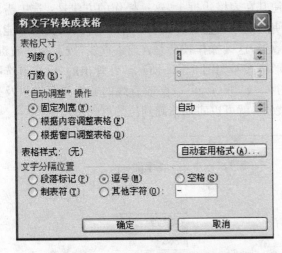

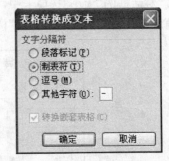

<table>
<tr><td>图 3-21　"将文本转换成表格"对话框</td><td>图 3-22　"表格转换成文本"对话框</td></tr>
</table>

② 打开"表格"的子菜单"转换",选择"表格转换成文本"命令,打开"表格转换成文本"对话框,如图 3-22 所示。

③ 在"文字分隔符"下,单击所需的文本分隔符代替列边框。

④ 单击"确定"退出对话框,完成转换。

### 3.2.4　斜线表头

表头一般位于表格的第一行的第一列。很多情况下需要有斜线表头的表格,来清晰地表示更复杂的数据关系,如图 3-23 所示。斜线表头有两种绘制方法。

| 产量 / 产品＼季度 | 一季度 | 二季度 | 三季度 | 四季度 |
|---|---|---|---|---|
| 钢材 | 342 323 | 334 545 | 345 123 | 324 234 |
| 煤炭 | 6 545 443 | 6 343 259 | 6 123 978 | 6 348 723 |
| 水泥 | 523 908 | 502 689 | 541 238 | 535 782 |

图 3-23　使用"斜线表头"的表格

**1. 手工绘制斜线表头**

由于利用"表格"菜单的"绘制斜线表头"生成的斜线表头只能在一个表格的第一行第一列,无法在表格的其他单元格内绘制斜线表头。因此有时需要手工在需要的位置绘制斜线表头。其实斜线表头是由绘制的直线和文本框组合而成的,根据这个特点可以利用绘图工具栏中的直线工具＼,在表头单元格内相应位置开始绘制直线。

但是在绘制直线以后往往直线的起点和终点不能与表格边框吻合,需要用鼠标和键盘来移动直线到合适的位置。要对直线位置进行微调,使其移动到准确位置,这一操作的方法是:选中需要移动的直线,按住键盘的<Ctrl>键后,使用 4 个方向键微调直线在表

格中的位置。要对直线端点进行微调,使其在表格边框上,这一操作的方法是:选中需要移动的直线,按住键盘的<Alt>键后,使用鼠标调整直线长短。另外,直线的长度可能或长或短,用鼠标直接拖拉难以实现精确效果,这一操作技巧是:选中直线,按下鼠标右键,在弹出的快捷菜单中选择"设置自选图形格式",如图 3-24 所示。在弹出的"设置自选图形格式"对话框的"大小"选项卡中,如图 3-25 所示,可以修改直线的宽度和高度以及选中的角度等,调整"高度"和"宽度"栏的数值,就可以实现精确到位的目的。

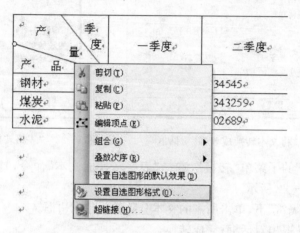

图 3-24 "设置自选图形格式"快捷菜单

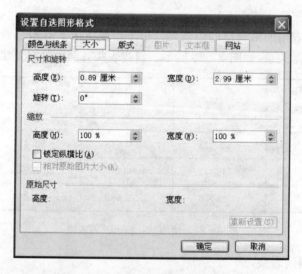

图 3-25 "设置自选图形格式"对话框

接着是在斜线区域添加文字,可以使用文本框达到这个目的。因为文本框可以自由灵活地移动,不受普通版面的限制。点击绘图工具栏的"文本框"图标 ,用鼠标拖一个文本框,在框中输入相应的表头文字,然后设置文本框的边框格式为"无颜色填充"和"无线条颜色",移动文本框,使表头文字到达合适的位置,可以按住键盘的<Ctrl>键后用 4 个方向键调整,将文本框移动到精确位置。最后把所有文本框和直线选中,按下右键在弹出的快捷菜单中选择"组合"命令,将其组合成一个整体。

**2. "绘制斜线表头"工具制作斜线表头**

手工绘制斜线表头比较复杂、效率低,Word 2003 提供一种简便的制作方法,使用"绘制斜线表头"命令就可以实现。但是这种方式适合表头位于表格的第 1 行的第 1 列。

在设置表格的斜线表头前,要将该斜线表头所在的单元格适当拖动到足够大,然后执行下述步骤。

① 将光标定位到要绘制斜线表头的单元格中。

② 选择"表格"菜单下的"绘制斜线表头"命令,弹出的"插入斜线表头"对话框,如图 3-26所示。

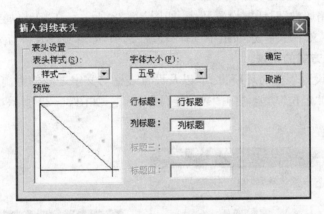

图 3-26　"插入斜线表头"对话框

③ 在"插入斜线表头"对话框中,可以设置斜线表头的样式。"表头样式"下拉框中有 5 种样式供选择,用户可以预览每种样式。在"字体大小"栏中设置表头文字的字号。

④ 分别在"行标题"和"列标题"文本框中填入表头单元格中的行标题和列标题。

⑤ 单击"确定"按钮退出,Word 2003 自动添加斜线表头。

如果表头标题文字太大,则会出现一个"插入斜线表头"的警示框,如图 3-27 所示。如果单击"确定"按钮,则绘制出斜线表头,但标题会因为字体太大而无法正常显示;如果单击"取消"按钮,则会返回到"插入斜线表头"对话框中。

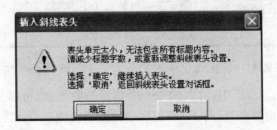

图 3-27　"插入斜线表头"警示框

由于这种方法制作的表头斜线是由绘图工具的直线、文本框组成,因此如果要取消制作了的斜线表头,需要单击"绘图"工具栏中的"选择对象"图标按钮,拖动鼠标选择所有斜线及标题内容,按<Delete>键删除。

### 3.2.5 表格环绕方式

**1. 表格环绕的处理方式**

在日常文字处理工作中,难免会碰到要在表格周围绕排文字的情况,表格周围绕排文字大致有以下 4 种处理方式。

① 在表格两边插入文本框,要绕排的文字放在文本框中。

② 将原表格两边增加没有边框的列,将要绕排的文字放在两边的列中。

③ 将表格放在图文框(绘制矩形框、添加文字、选择无边框)中,把图文框设为"环绕"方式,这样图文框周围就能绕排文字了。

④ 利用"表格属性"对话框设置环绕,如图 3-28 所示。在"表格属性"对话框的"表格"选项卡中,在"文字环绕"选项组中选择"环绕"选项,即可实现表格与文字的绕排。

**2. 表格环绕方式的设置**

如果要精确设置表格的环绕方式,以及设置表格与文字之间的距离,只有使用"文字环绕"选项组中的"定位"功能,打开"表格定位"对话框,如图 3-29 所示,然后按以下步骤进行设置。

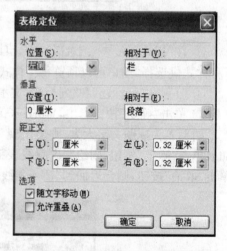

图 3-28 "表格属性"中设置"文字环绕"　　　图 3-29 "表格定位"对话框

① 在"水平"区的"位置"中,可以输入一个精确的数值,也可以从列表框中直接选择所需的位置;另外,还可以在"相对于"列表框中设置表格相对页面左右边界、页边距以及分栏的距离。

② 在"垂直"区的"位置"中,用户可以输入一个精确的数值,也可以从列表框中直接选择所需要的垂直距离;另外,还可以在"相对于"列表框中设置表格相对于页面上下边界、页边距以及段落的距离。

③ 在"距正文"区中,设置表格与周围正文的距离。

④ 使用"选项"区的复选框,可以设置表格是否随文字移动和是否允许重叠。若选中"随文字移动",则表格和文字保持相对位置关系,表格随周围环绕文字位置的变化而变化;若选中"允许重叠",则文本中的两个表格可以重叠在一起。

⑤ 单击"确定"按钮,退出对话框并保存设置。

# 3.3　图片在公文中的使用

文档中一张精美的图片比大段的文字更有感染力、更直观,也更能引起读者的兴趣和共鸣。一份图文并茂的文档,可以收到较好的视觉效果。Word 2003 中可以使用图形对象和图片来增强文档的特色,借助 Word 2003 提供的丰富的图像处理功能,可以方便地制作出令人满意的文档。Word 具备丰富的图形图像相关功能,常用的包括利用自选图形绘制图案、插入图片文件、插入图示、艺术字等。

## 3.3.1　图示

有时在文章中要加入一些说明图来表示某些实物之间的关系,但是如果自己画又太麻烦。Word 提供了一种叫"图示"的功能,它分为以下几部分:组织结构图、循环图、射线图、棱椎图、维恩图、目标图。

Word 提供的几种图示的功能分别是:组织结构图用于显示层次关系,循环图用于显示持续循环的过程,射线图用于显示核心元素的关系,棱椎图用于显示基于基础的关系,维恩图用于显示元素间的重叠关系,目标图用于显示实现目标的步骤。

### 1. 添加图示

以添加组织结构图为例,介绍添加图示的步骤。

① 单击"插入"菜单的"图示"命令。或者在"绘图"工具栏上,单击"插入组织结构图或其他图示"按钮，均可弹出"图示框"对话框,如图 3-30 所示。

② 选择"组织结构图",单击"确定"按钮,就会在页面上插入一个组织结构图,同时出现图示工具栏, 如图 3-31 所示。

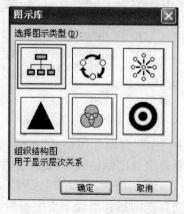

图 3-30　"图示库"对话框

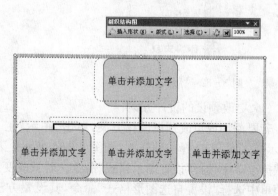

图 3-31　"组织结构图"与其工具栏

③ 调整图示大小。在组织结构图的周围将出现绘图空间,其周边是非打印边界和尺寸控点。可以通过使用尺寸调整命令扩大绘图区域以拥有更大的工作空间,或者也可通过使边界更适合图示来消除多余的空间如图 3-31 所示。

④ 编辑图示。可以执行下列一项或多项操作。

• 若要向图示中的一个元素添加文字,请用鼠标右键单击该元素,单击"编辑文字"并键入文字。要注意,用户无法向组织结构图中的线段或连接符添加文字。

• 若要添加元素,单击"组织结构图"工具栏上"插入形状"按钮上的箭头,再单击下列一个或多个选项。

"同事"——将形状放置在所选形状的旁边并连接到同一个上级形状上。

"下属"——将新的形状放置在下一层并将其连接到所选形状上。

"助手"——使用肘形连接符将新的形状放置在所选形状之下。

⑤ 完成后,请在图形外单击。

**2. 更改图示**

对图示的修改时通过"组织结构图"工具栏或者"图示"工具栏实现的,单击图示会出现相应的工具栏。下面仍然以组织结构图的修改为例。

(1) 添加或删除一个形状或元素

若要添加形状或元素,选择要在其下方或旁边添加新形状的形状,再单击"图示"工具栏上的"插入形状"按钮。若要删除一个形状或元素,请将其选中后按<Delete>。

(2) 更改版式

单击"图示"工具栏上的"版式"按钮,打开"版式"下拉菜单,如图 3-32 所示。用户可以根据需要进行选择版式,默认的版式为"标准"。

(3) 更改前的选择

当需要更改的元素属于同级或者同一个分支的时候,可以通过"图示"工具栏上的"选择"下拉菜单来选取,如图 3-33 所示。例如,选择同一级别的元素,或者选择分支上所有元素,或者选择所有连线等。

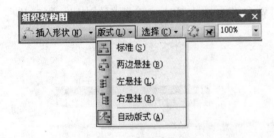

图 3-32 "版式"下拉菜单

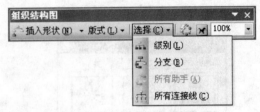

图 3-33 "选择"下拉菜单

(4) 更改预设的设计方案

若要添加或更改预设设计方案,单击"图示"工具栏上的"自动套用格式"按钮,再从"图示样式库"中选择一种样式,如图 3-34 所示。若要自定义图示格式,右键单击图示,在快捷菜单中选择"设置图示格式"命令。若只改变某个元素的格式,右键单击元素,在快捷菜单中选择"设置自选图形格式"命令,其设置方法同自选图形。当处于文字编辑方式时,也可以通过快捷菜单的"字体"命令,改变文字的字体。

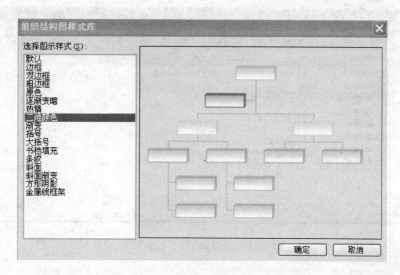

图 3-34　"组织结构图样式库"对话框

（5）更改文字环绕

图示默认的文字环绕方式为"嵌入型"，若要更改文字环绕方式，单击"图示"工具栏上的"文字环绕"按钮，如图 3-35 所示再从"文字环绕"下拉菜单中选择。

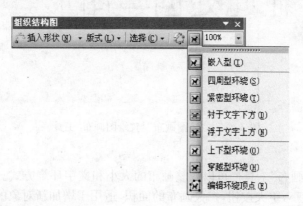

图 3-35　"文字环绕"下拉菜单

## 3.3.2　自选图形

Word 提供了丰富的自选图形，用户可以利用这些自选图形绘制图案。"绘图"工具栏中的自选图形有线条、连接符、基本形状、箭头总汇、流程图、星与旗帜、标注共 7 大类线条图，"绘图"工具栏上还有文本框、艺术字、组织结构图、剪贴画和图片等按钮。

**1. 绘制自选图形**

① 单击"绘图"工具栏的"自选图形"按钮，弹出自选图形菜单，如图 3-36 所示。从菜单中选择一种类型，从类型图案菜单中选择一种图案样式，会出现绘图画布，如图 3-37 所示。

② 在绘图画布上单击，出现选中的图形。在此绘图画布中可以插入其他自选图形，移动鼠标到绘图画布区，选择要插入的自选图形，按住鼠标左键拖移弹出图案，确定后放

 **Office 高级应用**

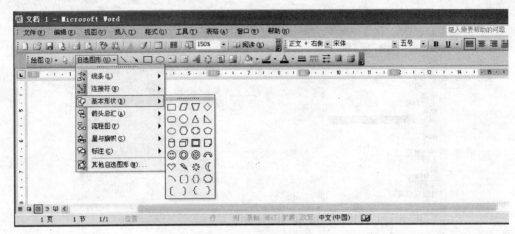

图 3-36 "自选图形"下拉菜单

图 3-37 "绘图画布"与"绘图画布"工具栏

开鼠标左键。

③ 利用"绘图画布"工具栏可以调整画布的大小和文字环绕方式。"调整"按钮,使画布自动适应图形大小,扩大按钮,扩大画布的面积,适用于增加新对象的时候使用,缩放绘图是选择画布,可以通过鼠标拖拽操作调整画布的大小。

④ 绘出图案后,配合线条颜色、图案颜色、阴影等效果设置,可产生丰富的变化。要设置这些内容,右键单击图形,在弹出的快捷菜单中选择"设置自选图形格式"命令,弹出设置自选图形格式对话框,在其中设置相应内容。

⑤ 有的图案可以在其上输入文字,从右键单击弹出的快捷菜单中选择"输入文字"即可操作。

如果不想使用绘图画布,可以将图形对象从绘图画布上拖下来,然后选择绘图画布,删除之。

**2. 组合、对齐、分布和叠放图形**

组合、对齐、分布和叠放图形是针对多个图形对象的操作。组合图形就是将几个图形组合在一起,形成形式上的一个图形,来进行移动、旋转、翻转、着色和调整大小等操作。对齐图形就是将选中的多个图形以某种标准对齐。分布图形就是将选中的多个图形以某种方式在页面中分布。当两个图像有重叠部分时,存在着谁在顶层、谁在底层的问题,顶层图形会覆盖底层图形相重叠的部分。当多个图形有重叠部分时,还存在谁在第几层的问题,总是上一层图形覆盖下一层图形相重叠的部分。组合、对齐、分布和叠放图形的操作方法如下。

(1) 选中图形对象

按住<Ctrl>键,再依次单击多个图形对象,可实现选中多个对象。选中一个图形后,按<Tab>键,可循环选中单一图形。

(2) 对齐

选中要对齐的多个图形,单击"绘图"工具栏中的"绘图"按钮,调出下拉菜单,再单击其中的"对齐或分布"子菜单,选择对齐方式,图形按相应的菜单命令对齐。

(3) 分布

选中 3 个或者 3 个以上要分布的图形,单击"绘图"工具栏中的"绘图"按钮,调出下拉菜单,再单击其中的"对齐或分布"子菜单,选择"横向分布"或者"纵向分布"命令,选中图形将横向或者纵向均匀分布。

(4) 叠放次序

选中要改变叠放次序的图形,如果该图形被其他图形覆盖在下面,可按<Tab>键循环选中。单击"绘图"工具栏中的"绘图"按钮,调出下拉菜单,再单击其中的"叠放次序"子菜单,选择需要的叠放次序变更命令,图形按相应的菜单命令重新叠放。

(5) 组合

选中要组合的多个图形,这时各个图形的周围都有 8 个圆形小句柄。单击"绘图"工具栏中的"绘图"按钮,调出下拉菜单,再单击其中的"组合"菜单命令,此时多个图形组合为一个图形,其周围只有 8 个圆形小句柄。如果要取消组合,可以单击"绘图"按钮,调出下拉菜单,再单击其中的"取消组合"菜单命令。

组合和叠放次序的命令,在图形对象右键快捷菜单中也有,如图 3-38 所示,对齐和分布命令在快捷菜单中没有,只在"绘图"工具栏的"绘图"按钮的下拉菜单中有,如图 3-39所示。

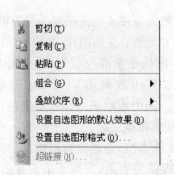

图 3-38　图形对象快捷菜单

图 3-39　"绘图"下拉菜单

注意：

① 组合、对齐、分布和叠放操作所针对的多个图形要么都在一块儿画布上，要么都不在画布上，即，不同画布上的图形不能进行组合、对齐、分布和叠放等操作。

② 同一个画布上的对象可以作为一个整体进行剪切、复制、粘贴等操作，但要想同时拖动，最好使用组合方式。

### 3.3.3 剪贴画和图片

Word 2003 提供了包含大量图片的剪贴画库，也可以使用在网络中找到的、电子邮件中夹带的或使用扫描仪得到的图片添加到文档中。

**1. 插入剪贴画**

剪贴画是 Office 内含的图片集，有许多各种造型的图片。插入幅剪贴画步骤如下。

① 将光标定位在文档中需要插入剪贴画的位置。

② 选择"插入"菜单中"图片"子菜单中的"剪贴画"命令，如图 3-40 所示，或者单击绘图工具栏中"插入剪贴画"按钮。文档窗口右侧打开"剪贴画"任务窗格，如图 3-41 所示。

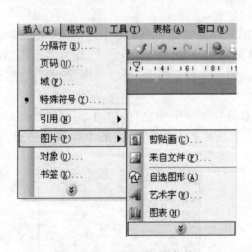

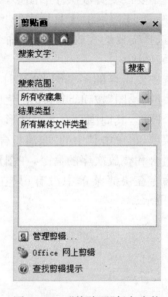

图 3-40　"插入图片"菜单　　　　　图 3-41　"剪贴画"任务窗格

③ 在"剪贴画"任务窗格的"搜索文字"文本框中输入要搜索的剪贴画类型的单词、短语或者输入剪贴画的完整或部分文件名。例如，要搜索和动物有关的图片，则输入"动物"。

④ 在"搜索范围"下拉框中选择要搜索的范围，默认是全部收藏集，下拉框中有 3 个选项供用户选择："我的收藏集"、"Office 收藏集"、"Web 收藏集"。当单击收藏集前的"＋"或者"－"图标时，可以打开或者关闭该收藏集。选中或取消选择收藏集包括其子集的复选框，能够决定收藏集及其子集的内容是否在搜索范围之内。

⑤ "结果类型"下拉框用于设置要查找的媒体文件类型，这里是剪贴画。单击各种媒体类型前的"＋"或"－"图标，可以打开或者关闭该媒体类型集，实现子集的显示和隐藏。如果选中或取消选择媒体文件类型前的复选框，可以决定搜索结果集合中是否包含此类

型的媒体文件。

⑥ 设定好"搜索范围"和"结果类型"后，单击"搜索"按钮进行查找，"剪贴画"任务窗格下方的列表框中显示搜索到的与"搜索文字"有关的剪贴画。

⑦ 单击要插入的剪贴画，就可以将剪贴画插入到光标所在的位置。

**2. 插入"来自文件"的图片**

用户不仅可以在文档中插入 Word 2003 提供的剪贴画，还可以插入用户保存在磁盘等存储设备中的图片。插入这些图片的操作步骤如下。

① 将光标定位在文档中要插入图片的位置。

② 选择菜单栏上的"插入"命令，在弹出的"图片"子菜单中选择"来自文件"命令，打开"插入图片"对话框，如图 3－42 所示。

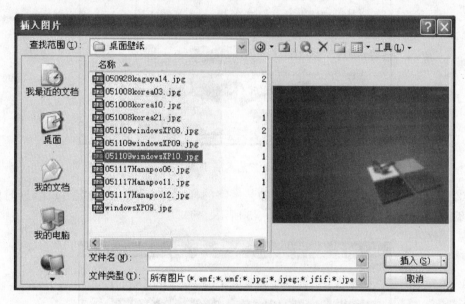

图 3－42 "插入图片"对话框

③ 查找到要插入的图片。如果希望通过预览决定是否选择图片，可以在文件夹的空白地方右键选择快捷菜单中"查看"下的"缩略图"选项，或者单击对话框右上角"视图"按钮，选择弹出菜单中的"预览"选项，则会在对话框右侧出现图片的预览区域。

④ 选定图片后，双击图片或者单击"插入"按钮，完成图片的插入操作。

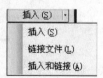

在默认情况下，Word 2003 在文档中嵌入图片。但如果插入的图片过多，会使文档变得很大，影响打开速度。此时，用户可以通过使用链接图片的方法来减少文档的大小。方法是在"插入图片"对话框中，单击"插入"按钮旁的箭头，然后单击"链接文件"完成操作，如图 3－43 所示。

图 3－43 "插入"图片链接

### 3.3.4 艺术字

在 Word 中的艺术字其实是一种图形化了的文字。艺术字可以产生特殊的视觉效

果,在美化版面方面起到了非常重要的作用。插入艺术字的具体操作步骤如下。

① 选择"插入"菜单"图片"命令"艺术字"子命令,或单击"绘图"工具栏中的"插入艺术字"按钮 ◢ ,弹出的"艺术字"库对话框,如图 3-44 所示。

图 3-44 "艺术字"库对话框

② 在"艺术字"库对话框中单击一种艺术字的样式,然后单击"确定"按钮,这时就会出现编辑"艺术字"文字对话框,如图 3-45 所示。

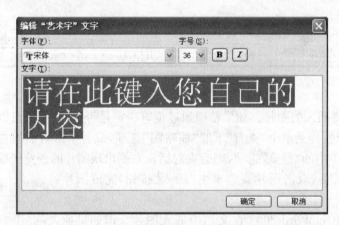

图 3-45 编辑"艺术字"文字对话框

③ 在"文字"框内输入要创建的文字;在"字体"下拉列表中选择艺术字的字体;在"字号"下拉列表中选择艺术字的字号;还可根据需要选择"加粗"或"斜体"。

④ 设置完成后,单击"确定"按钮。

### 3.3.5 公式

Word 提供了公式编辑器(Microsoft Equation)功能,来建立复杂的数学公式。

Microsoft Equation 根据数字和排版的约定,自动调整公式中各元素的大小、间距和格式编排等。具体操作步骤如下。

　　① 将插入点定位于要插入公式的位置,选择"插入"菜单的"对象"命令,显示"对象"对话框。对象是指表、图表、图形、等号或其他形式的信息,例如,在一个应用程序中创建的对象,如果链接或嵌入另一个程序中,就是 OLE 对象。公式是"对象"对话框中的一个对象类型。

　　② 在对话框中选择"Microsoft 公式 3.0",单击"确定"按钮,出现公式输入工具栏,如图 3-46 所示。

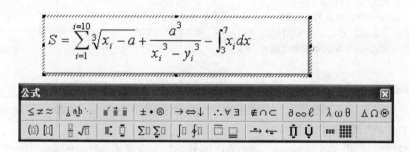

$$S = \sum_{i=1}^{i=10} \sqrt[3]{x_i - a} + \frac{a^3}{x_i^3 - y_i^3} - \int_3^7 x_i dx$$

图 3-46　公式编辑器的使用

　　③ "公式"工具栏的上一行是符号,插入各种数学符号;下一个行是样板,单击样板按钮,打开一类公式的样式,选中所需的样式。

　　④ 用鼠标单击插入点,选择输入哪个元素及输入的大小,然后输入。

　　⑤ 数学公式建立后,在 Word 窗口单击,即可回到文本编辑状态,数学公式作为图形插入到插入点所在位置。

　　如果对数学公式图形进行编辑,则单击该图形,进行图形移动缩放等操作,可以对其进行各种图形编辑操作。如果要对公式内容进行修改,则双击该图形,重新进入公式编辑器的使用环境。

## 3.4　图　片　版　式

　　如果文档中既有图形又有文本,会给排版带来不少的麻烦。当然,Word 已经考虑到这一点,因此提供了多种不同的图片版式供用户使用。通过设置图片的版式,可以使文本和图形的排版操作更加简便,效果更加美观。Word 2003 提供的多种图片处理功能,帮助用户人性化地处理图片和文本的关系。下面就介绍几种常用的图片版式及其设置方法。

### 3.4.1　嵌入

　　嵌入式版式可以使图片嵌入到文本中,文本不能环绕其周围,其效果如图 3-47 所示。实现图片的"嵌入"效果,其实很简单,步骤如下。

　　① 选中需要设置版式的图片。

　　② 在弹出的"图片"工具栏中选择"文字环绕"按钮,在打开的下拉菜单中选择"嵌入

　　电子管计算机采用磁鼓作存储器。磁鼓是一种高速运转的鼓形圆筒，表面涂有磁性材料，根据每一点的磁化方向来确定该点的信息。第一代计算机由于采用电子管，因而体积大、耗电多、运算速度较低、故障率较高而且价格极贵。本阶段，计算机软件尚处于初始发展期，符号语言已经出现并被使用，主要用于科学计算方面。

第二代：晶体管计算机

　　1947 年，肖克利、巴丁、布拉顿三人发明的晶体管，比电子管功耗少、体积小、质量轻、工作电压低、工作可靠性好。1954 年，贝尔实验室制成了第一台晶体管计算机——TRADIC，使计算机体积大大缩小。

图 3-47　图片"嵌入"的效果

型"，即可完成设置。若"图片"工具栏未出现，可以右键单击图片，在弹出菜单中选择"显示'图片'工具栏"，显示工具栏。

　　选中图片后还可以通过"格式"菜单的"图片"命令或者右键快捷菜单中的"设置图片格式"命令，打开"设置图片格式"对话框，然后切换到"版式"选项卡，选择"环绕方式"栏中的"嵌入型"后确定完成设置，如图 3-48 所示。

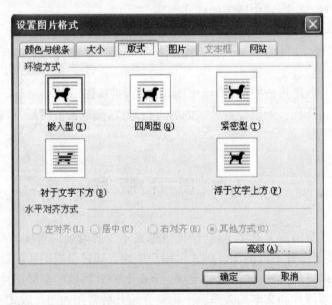

图 3-48　"设置图片格式"对话框"版式"选项卡

## 3.4.2　绕排

　　除了上面介绍的嵌入式版式，Word 2003 还提供了更多的版式，可以轻松的帮助用户实现文本在图片周围的绕排效果。环绕方式不仅节约版面，而且排版显得更加紧凑。其效果之一如图 3-49 所示。

电子管计算机采用磁鼓作存储器。磁鼓是一种高速运转的鼓形圆筒，表面涂有磁性材料，根据每一点的磁化方向来确定该点的信息。第一代计算机由于采用电子管，因而体积大、耗电多、运算速度较低、故障率较高而且价格极贵。本阶段，计算机软件尚处于初始发展期，符号语言已经出现并被使用，主要用于科学计算方面。

第二代：晶体管计算机

1947 年，肖克利、巴丁、布拉顿三人发明的晶体管，比电子管功耗少、体积小、质量轻、工作电压低、工作可靠性好。1954 年，贝尔实验室制成了第一台晶体管计算机——TRADIC，使计算机体积大大缩小。

1957 年，美国研制成功了全部使用晶体管的计算机，第二代计算机诞生了。第二代计算机的运算速度比第一代计算机提高了近百倍。

图 3-49   图片"绕排"的效果

实现文本相对于图片的"绕排"效果，其操作也很简单，具体有以下几个步骤。

① 选中需要设置"绕排"效果的图片。

② 弹出的"图片"工具栏中选择"文字环绕"按钮，在打开的下拉菜单中选择需要的环绕方式即可完成设置，如图 3-50 所示。

③ 若要完成更具体的设置，可以通过"格式"菜单的"图片"命令或者右键快捷菜单中的"设置图片格式"命令，打开"设置图片格式"对话框，然后切换到"版式"选项卡，选择其中一种环绕方式在"水平对齐方式"一栏中可以设置图片在文本中的位置，如图 3-51 所示。

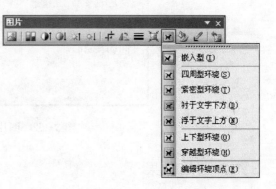

图 3-50   "图片"工具栏

图 3-51   文本"环绕方式"设置

④ 以上基本设置完成后,如果还需要对图片位置和文字环绕方式做进一步细致的设置,可以单击"设置图片格式"对话框中的"高级"按钮,打开"高级版式"对话框,如图 3-52 所示。在该对话框中可以对图片版式中图片和文字的位置关系进行具体设定。

图 3-52　图片高级版式设置

### 3.4.3　水印效果

水印是显示在文档文本后面的文字或图片。它们可以增加趣味或标识文档的状态,例如"绝密"、"保密"的字样,可以让获得文件的人都知道该文档的重要性。水印适用于打印文档,在打印一些重要文件时给文档加上水印。水印作为一种特殊的背景,显示在打印文档文字的后面,它是可视的,不会影响文字的显示效果。水印分为图片水印和文字水印两种。

**1. 设置图片水印**

① 打开"格式"中的"背景"子菜单并选择"水印"命令,打开"水印"对话框。如图 3-53 所示。

② 选中"图片水印"复选框,然后单击"选择图片"按钮,打开"插入图片"对话框选择需要作为文本水印的图片。

③ 在"缩放"下拉框中选择缩放图片的比例,"冲蚀"复选框决定水印的透明度。冲蚀的作用是让添加的图片在文字后面降低透明度显示,以免影响文字的显示效果。

④ 设置完毕后,单击"确定"完成图片水印的设置。

**2. 设置文字水印**

① 打开"格式"中的"背景"子菜单并选择"水印"命令,打开"水印"对话框。如图 3-54 所示。

② 选中"文字水印"复选框,激活"文字水印"选项组的所有命令。在文字下拉列表中选择水印文本,如果下拉列表中内置的水印文字没有满足要求,可以在"文字"文本框中直

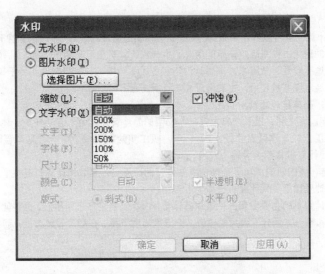

图 3-53　设置图片水印效果

图 3-54　设置文字水印效果

接输入自定义的水印文本。

③ 如果要改变水印中文字的字体,可以单击"字体"下拉框,从中选择满意的字体。单击"尺寸"下拉框,可以从中选择合适的字体尺寸,否则 Word 2003 默认是自动设置字体尺寸。如果需要改变水印中文字的颜色,可以单击"颜色"下拉框,从调色板中选择自己喜欢的颜色。

④ 在"版式"一栏中可以设置水印中文字的方向,有"斜式"和"水平"两种方案。

⑤ 设置完成后,单击"确定"实现文字水印。文字水印效果如图 3-55 所示。

如果要取消水印效果,可以打开"水印"对话框,选中"无水印"后确定退出对话框。这样,文本恢复到没有水印效果的状态。

注意:

① 如果要添加每页都有的水印,要选择"视图"菜单的"页眉和页脚"命令,然后再插

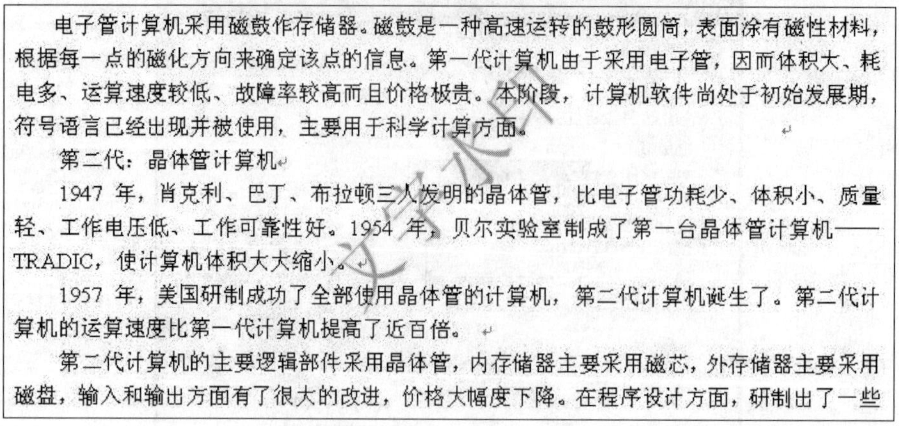

电子管计算机采用磁鼓作存储器。磁鼓是一种高速运转的鼓形圆筒，表面涂有磁性材料，根据每一点的磁化方向来确定该点的信息。第一代计算机由于采用电子管，因而体积大、耗电多、运算速度较低、故障率较高而且价格极贵。本阶段，计算机软件尚处于初始发展期，符号语言已经出现并被使用，主要用于科学计算方面。

第二代：晶体管计算机

1947 年，肖克利、巴丁、布拉顿三人发明的晶体管，比电子管功耗少、体积小、质量轻、工作电压低、工作可靠性好。1954 年，贝尔实验室制成了第一台晶体管计算机——TRADIC，使计算机体积大大缩小。

1957 年，美国研制成功了全部使用晶体管的计算机，第二代计算机诞生了。第二代计算机的运算速度比第一代计算机提高了近百倍。

第二代计算机的主要逻辑部件采用晶体管，内存储器主要采用磁芯，外存储器主要采用磁盘，输入和输出方面有了很大的改进，价格大幅度下降。在程序设计方面，研制出了一些

图 3-55 "文字水印"效果

入水印。

② Word 2003 只支持在一个文档添加一种水印，若是添加文字水印后又定义了图片水印，则文字水印会被图片水印替换，在文档内只会显示最后制作的那个水印。

**3. 打印水印**

在"打印预览"中可预览制作的水印效果。如果打印预览看不到水印，则需要设置"打印"选项：在"工具"菜单下打开"选项"对话框，在其中"打印"选项卡上，选中"背景色和图像"复选框，再进行文档打印，水印就会一同打出来。

# 3.5 邮件合并

"邮件合并"最初是在批量处理"邮件文档"时提出的。其特点是在邮件文档（主文档）中固定一部分内容，导入数据源（Word 表格、Excel、Access 等）中的数据信息后，合并发送数据组合后的邮件文档，从而实现批量发送，大大提高工作效率，"邮件合并"也因此得名。

本节以 Excel 为数据源，介绍"邮件合并"的使用。

## 3.5.1 什么是邮件合并

### 1. 邮件合并作用

在文本信息处理的过程中，可能经常会遇到需要同时给多个人发送邮件的任务，例如给客户的答复邮件等。这些邮件的内容中很大部分是相同的，只是具体数据等有所变化。如果分别对每一封邮件进行编辑是一件很麻烦的事情，使用 Word 2003 提供的"邮件合并"功能，可以减少麻烦，提高工作效率。

前文中提到"邮件合并"功能最初设计用来批量发送邮件。显然，该功能除了可以批量处理信函和信封等与邮件相关的文档资料外，同样可以帮助用户便捷地批量制作标签、请柬、工资条、成绩单等。这类文档的共同点是有大量相同的固定内容，重复输入工作量大，只有少量变化的内容，可以从外界导入。

这种处理方式不仅可以提高工作效率,而且使数据信息的管理更加人性化、科学化,减少数据的重复存储,提高了数据的利用度。

"邮件合并"的核心思想是主文档和数据源的协同使用。其中主文档包括用户要创建的所有文档中的共有内容,例如发信人的称谓;数据源包含了变化的信息,比如姓名、地址等。

**2. 主文档域数据源**

主文档是指在 Word 的邮件合并操作中,所含文本和图形对合并文档的每个版本都相同的文档,例如,套用信函中的寄信人地址和称呼。主文档中还以包括来自数据源的域和 Word 提供的域。

主文档是框架文档,用户需要把它的样式设置为与想要的最终信函、电子邮件、信封、标签等文档的样式相同。可以在主文档中添加每个文档共有的信息,例如,在信封文档中,可以输入寄信人的地址;或者可以输入产品的商标和希望所有收件人阅读的内容,比如产品说明或介绍。

用户也可以将占位符添加到主文档中。占位符确定变化信息出现的位置及其内容。例如,可以将收信人地址的占位符添加到信封主文档中或者将名字的占位符添加到套用信函主文档的称呼之后。

数据源是一个文件,该文件包含在合并文档各个副本中不相同的数据,例如"用户信息. xls"。可以将数据源看作表格。数据源中的每一列对应于一类信息或数据字段,例如名字、姓氏、地址和邮政编码等。每个数据字段的名称列在第一行的单元格中,这一行称为标题记录。每一后续的行包含一条数据记录,该记录是相关信息的完整集合,例如单独收件人的姓名和地址。完成合并后,单独收件人的信息被映射到主文档中包含的字段。

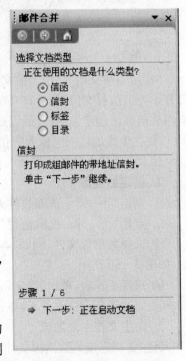

图 3-56 选择主文档类型

数据源的内容比较宽泛,涵盖常用的各种文件,包括 Microsoft office Outlook 联系人列表、Word 2003 创建的表格、Excel 电子工作表、Microsoft Office Access 数据库、文本文件等。"邮件合并"中使用的变化信息必须存储在数据文件中,通过数据文件的结构,可以使该信息的特定部分与主文档中的占位符相匹配。

当然,用户也可以使用"邮件合并"功能来创建主文档和数据源。下面以制作信封为例,介绍利用"邮件合并"任务窗格来进行邮件合并的操作过程。

## 3.5.2 邮件合并的操作

Word 2003 的邮件合并功能主要是通过"邮件合并"任务窗格好"邮件合并"任务栏实现的。

**1. 创建主文档**

① 打开一个新的 Word 文档,打开"工具"菜单中的"信函与邮件"子菜单,选择"邮件合并"命令,在文档右侧出现"邮件合并"任务窗格,如图 3-56 所示。

② 在任务窗格的"选择文档类型"区域选择需要的文档类型,这里用户以"信封"为例说明操作方法,然后在"步骤"区域中单击"下一步:正在启动文档"选项,进行下一步设置,如图 3-57 所示。

③ 在"选择开始文档"区域有 3 个选项,使用默认选择"更改文档版式",然后在"更改文档版式"区域单击"信封选项"按钮,打开"信封选项"对话框,如图 3-58 所示。

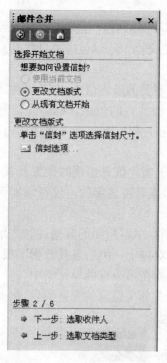

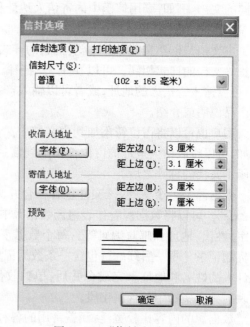

图 3-57 设置主文档版式        图 3-58 "信封选项"对话框

"使用当前文档"是指当前文档是指用户当前打开并处于激活状态的文档。如果已经打开了一个信封文档,然后打开"邮件合并"任务窗格,Word 将使用此选项。但是,用户从空白文档开始创建主文档,所以此选项不可用。

④ 在生成的信封上输入寄信人地址邮编等信息。

注意:主控文档还没有插入来自数据源的域,需要在指定数据源以后,再插入。

**2. 指定数据源**

① 点击"下一步:选取收件人",默认选项为"使用现有列表"。

② 点击"下一步:选取信封",弹出"选取数据源"对话框,如图 3-59 所示。

③ 选择数据源文件,例如"客户信息.xls",单击"打开"按钮。弹出"选择表格"对话框,如图 3-60 所示。

④ 选择工作表,单击"确定",弹出"邮件合并收件人"对话框,如图 3-61 所示。

⑤ 勾选或者全选收件人,单击确定按钮,即完成了数据源域主文档的关联。

**3. 向主文档中添加域**

将主文档连接到数据源文件之后,就可以开始添加域。域表示合并时在所生成的每个文档副本中显示唯一信息的位置。为了确保 Word 在数据文件中可以找到与每一个地

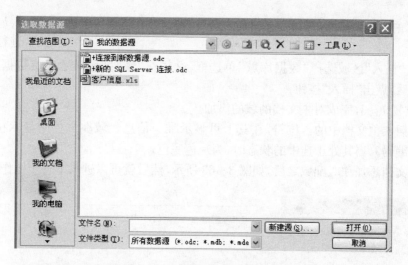

图 3-59　"选取数据源"对话框

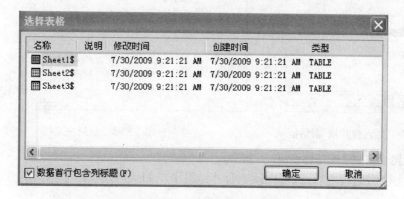

图 3-60　"选择表格"对话框

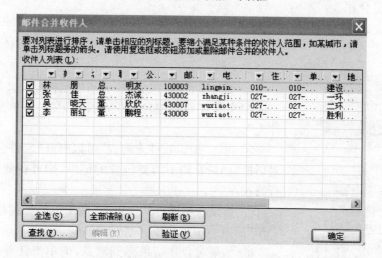

图 3-61　"邮件合并收件人"对话框

址或问候元素相对应的列，可能需要匹配域。添加域的步骤如下。

① 在主文档中，光标定位在要插入域的位置，比如信封的左上角，要插入邮政编码。

**Office 高级应用**

② 单击"邮件合并"工具栏上的"插入域"按钮,弹出"插入合并域"对话框,如图 3-62 所示。

③ 在"插入"区域选择"数据库域"单选框,这样在"域"区域显示所有数据源的字段名。选中后,点击"插入"按钮。

④ 重复 1~3,完成对主文档的域的添加。

域是插入主文档中的占位符,在其上可显示唯一信息。域在文档中显示在《》内,例如,《邮政编码》,当其处于选中的状态时,为灰色底色。

为主文档添加和匹配域之后,如图 3-63 所示,然后就可以进入下一步操作。

图 3-62 "插入合并域"对话框

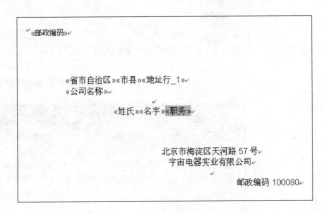

图 3-63 信封主文档

**4. 预览合并,完成邮件合并**

为主文档添加域之后,就可以预览合并结果了。如果对预览结果感到满意,则可以完成合并。

(1) 预览合并

在实际完成合并之前,可以预览和更改合并文档。若要进行预览,请执行下列任意操作:

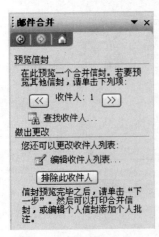

图 3-64 "邮件合并"之 "预览合并"

① 使用任务窗格中的下一页和上一页按钮来浏览每一个合并文档。

② 通过单击"查找收件人"来预览特定的文档。

③ 如果不希望包含正在查看的记录,请单击"排除此收件人"。

④ 单击"编辑收件人列表"可以打开"邮件合并收件人"对话框,如果看到不需要包含的记录,则可在此处对列表进行筛选。

⑤ 如果需要进行其他更改,请单击任务窗格底部的"上一步"后退一步或两步。

⑥ 如果对合并结果感到满意,请单击任务窗格底部的"下一步"。

(2) 完成合并

现在需要执行的操作取决于用户所创建的文档类型。

如果合并信函，用户可以单独打印或修改信函。如果选择修改信函，Word 将把所有信函保存到单个文件中，每页一封。无论创建哪种类型的文档，始终可以打印、发送或保存全部或部分文档。

　　如果信封的例子，完成合并的时候选择了"编辑个人信封"，就生成默认名称为"信封1"的文档，打印预览，如图 3 - 65 所示。

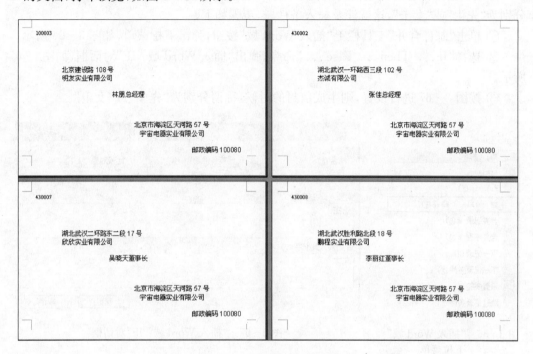

图 3 - 65　"邮件合并"的信封

　　如果创建合并电子邮件，在完成合并之后，Word 将立即发送这些邮件。因此，当用户选择完要发送的邮件之后，Word 将提示用户指定数据文件中 Word 可从中找到收件人电子邮件地址的列，并且还将提示用户键入邮件的主题行。

　　请记住，保存的合并文档与主文档是分开的。如果要将主文档用于其他的邮件合并，最好保存主文档。保存主文档时，除了保存内容和域之外，还将保存与数据文件的链接。下次打开主文档时，将提示选择是否要将数据文件中的信息再次合并到主文档中。

　　如果单击"是"，则在打开的文档中将包含合并的第一条记录中的信息。如果打开任务窗格（"工具"菜单、"信函与邮件"子菜单、"邮件合并"命令），将处于"选择收件人"步骤中。可以单击任务窗格中的超链接来修改数据文件以包含不同的记录集或连接到不同的数据文件。然后单击任务窗格底部的"下一步"继续进行合并。

　　如果单击"否"，则将断开主文档和数据文件之间的连接。主文档将变成标准 Word 文档。域将被第一条记录中的唯一信息替换。

### 3.5.3　筛选数据

**1. 从数据源中选择特定的收件人**

连接至数据源后，收件人信息出现在"邮件合并收件人"对话框中，可在该对话框中选

择在合并中包含的收件人。例如,如果需要查找在特定邮政编码区域中的客户,可以仅选择这些客户。也可以使用"邮件合并收件人"对话框中字段名右侧的下拉列表,进行筛选或者高级筛选的操作。

**2. 插入条件域**

如果以上邮件合并生成信封的例子,收件人的称谓不用《职务》,而是根据性别、称谓分别为"先生"或"女士",这就涉及插入条件域,步骤如下。

① 单击"邮件合并"工具栏上"插入 Word 域"按钮,弹出下拉菜单,如图 3-66 所示。

② 选择"If... Then... Else..."命令,弹出"插入 Word 域:IF"对话框,如图3-67所示。

③ 按图 3-67 进行设置,则生成信封的时候,称谓分别为"先生"或"女士"。

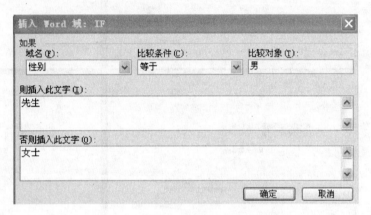

图 3-66 "插入 Word 域"
　　　　 下拉菜单

图 3-67 "插入 Word 域:IF"对话框

# 习题三

1. 如何制作文书表格?

2. 表格的特殊编辑方式有哪些?

3. Word 提供的图示有哪几种?

4. 简述使用图形、艺术字、文本框制作公司印章的方法。

5. 使用公式编辑器编辑如下一些公式:

(1) $\left(\dfrac{u}{v}\right)^t = \dfrac{u^t v - v^t u}{v^2}(v \neq 0)$　　(2) $y = a^x,\ y^t = a^x \ln a$

(3) $y = \arccos x,\ y^t = \dfrac{-1}{\sqrt{1-x^2}}$　　(4) $\displaystyle\int_a^b f(x)\mathrm{d}x = S = \lim_{\substack{n \to \infty \\ |\Delta x| \to 0}} \sum_{i=1}^n f(\xi_i)\Delta x_i$

6. 如何制作单页出现的水印? 如何制作每页出现的水印?

7. 简述邮件合并的步骤。

8. 如何在邮件合并中实现数据筛选?

# 第4章

# Excel 2003 中公式和函数的使用

Microsoft Excel 2003 是 Office 2003 的组件之一，大多数 Excel 用户花了不少时间却只学到了这个软件中一些简单的功能，对一些实用、能大幅度提高工作效率的高级功能还没有掌握，比如公式和函数的使用方法等。Excel 函数即是预先定义，执行计算、分析等处理数据任务的特殊公式。函数与公式既有区别又互相联系。如果说前者是 Excel 预先定义好的特殊公式，后者就是由用户自行设计对工作表进行计算和处理的计算式。

公式和函数是 Excel 最基本、最重要的应用工具，是 Excel 的核心。因此，应对公式和函数熟练掌握，才能在实际应用中得心应手。

本章主要介绍 Excel 2003 电子表格中最强大的工具——公式与函数，重点讲解能在 Excel 中常用的各种公式和函数，包括处理文本的公式、使用日期和时间的公式、财务公式、数组公式等，并讲解了几种常见函数曲线图的绘制方法。

## 4.1 公式中的元素

在大型的数据报表中，计算、统计工作是不可避免的，Excel 的强大功能正是体现在计算上，通过在单元格中输入公式和函数，可以对表中的数据进行总计、平均、汇总以及其他更为复杂的运算。从而避免了用户手工计算的繁杂，减少出错。数据修改后，公式计算结果也自动更新，则更是手工计算无法可比的。

公式一般都可以直接输入，操作方法为：先选取要输入公式的单元格如 G4，再输入诸如"＝C4＋D4＋E4＋ F4"的公式。最后按回车键或鼠标单击编辑栏中的"√"按钮。

公式中元素的结构或次序决定了最终的计算结果。在 Excel 中的公式遵循一个特定的语法：最前面是等号(＝)，后面是参与计算的元素(运算数)，这些参与计算的元素又是通过运算符隔开的。每个运算数可以是不改变的数值(常量数值)、单元格或引用单元格区域、标志、名称或工作表函数。

### 4.1.1 运算符

Excel 包含 4 种类型的运算符：算术运算符、比较运算符、文本运算符和引用运算符。

算术运算符包括：＋(加号)、－(减号)、＊(乘)、/(除)、％(百分号)和＾(乘方)，完成基本的数学运算。

比较运算符包括：＝、＞、＞、＞＝(大于等于)、＜＝(小于等于)、＜＞(不等于)。当用比较运算符比较两个值时，结果是一个逻辑值，不是 TRUE 就是 FALSE。

文本运算符，使用 &(和号)将两个文本值连接或串起来产生一个连续的文本值。

引用运算符包括：:(冒号)——区域运算符，对两个引用之间，包括两个引用在内的所有单元格进行引用;,(逗号)——联合操作符，将多个引用合并为一个引用。

Excel 对运算符的优先级规定，由高到低各运算符的优先级是：()，％，＾，＊、/，＋、－，&，比较运算符。如果运算优先级相同，则按从左到右的顺序计算。

### 4.1.2 单元格地址

单元格的引用是由列坐标 A，B，C，D……IT，IU，IV 和行坐标 1，2，3，4……65536 所构成，例如 A5，B6 等。在公式中会用到单元格地址，单元格坐标引用的方式有两种：相对坐标和绝对坐标，也称为相对地址和绝对地址。

**1. 相对引用**

公式中的相对单元格引用(例如 A1)是基于包含公式和单元格引用的单元格的相对位置。如果公式所在单元格的位置改变，引用也随之改变。如果多行或多列地复制公式，引用会自动调整。默认情况下，新公式使用相对引用。例如，如果将单元格 B2 中的相对引用复制到单元格 B3，将自动从 ＝A1 调整到＝A2。

**2. 绝对引用**

单元格中的绝对单元格引用(例如 $A$1)总是在指定位置引用单元格。如果公式所在单元格的位置改变，绝对引用保持不变。如果多行或多列地复制公式，绝对引用将不做调整。默认情况下，新公式使用相对引用，需要将它们转换为绝对引用。例如，如果将单元格 B2 中的绝对引用复制到单元格 B3，则在两个单元格中一样，都是 $A$1。

**3. 混合引用**

混合引用具有绝对列和相对行，或是绝对行和相对列。绝对引用列采用 $A1、$B1 等形式。绝对引用行采用 A$1，B$1 等形式。如果公式所在单元格的位置改变，则相对引用改变，而绝对引用不变。如果多行或多列地复制公式，相对引用自动调整，而绝对引用不做调整。例如，如果将一个混合引用从 A2 复制到 B3，它将从 ＝A$1 调整到＝B$1。

在公式中，相对单元格引用基于包含公式的单元格与被引用的单元格之间的相对位置，如果公式被复制到别的位置，相对引用将自动调整，而绝对引用则与包含公式的单元格的位置无关。例如，在 A1 单元格中输入公式，其内容分别是对其下方单元格 A2 的几种引用方式，将单元格 A1 中的公式复制到单元格 C3 中，则其被引用单元格出现的变化如表 4-1 所示。

表 4-1　相对引用与绝对引用在复制之后的变化

| 引用（说明） | 更改为 |
|---|---|
| $A$2（绝对列和绝对行） | $A$2 |
| A$2（相对列和绝对行） | C$2 |
| $A2（绝对列和相对行） | $A4 |
| A2（相对列和相对行） | C4 |

如果创建了一个公式并希望将相对引用更换为绝对引用（反之亦然），有一种简便的方法，首先选定包含该公式的单元格，然后在编辑栏中选择要更改的引用并按<F4>键。每次按<F4>键时，Excel 会在以下组合间切换：绝对列与绝对行（例如 $A$1），相对列与绝对行（A$1），绝对列与相对行（A$1）以及相对列与相对行（A1）。当切换到用户所需要的引用时，按回车键确认即可。

**4. 三维引用**

三维引用包含单元格或区域引用，前面加上工作表名称的范围，其格式一般为"工作表标签! 单元格引用"。

如果需要使用三维引用来引用多个工作表上的同一单元格或区域，可按以下步骤进行操作。

① 单击需要输入公式的单元格。

② 输入＝（等号），如果需要使用函数，再输入函数名称，接着再键入左圆括号。

③ 单击需要引用的第一个工作表标签。

④ 按住<Shift>键，单击需要引用的最后一个工作表标签。

⑤ 选定需要引用的单元格或单元格区域。

⑥ 完成公式，按回车键确认。

## 4.1.3　名称与标志

为了更加直观地标识单元格或单元格区域，可以给它们赋予一个名称，从而在公式或函数中直接引用。例如"B2:B46"区域存放着学生的物理成绩，求解平均分的公式一般是"＝AVERAGE(B2:B46)"。在给 B2:B46 区域命名为"物理分数"以后，该公式就可以变为"＝AVERAGE(物理分数)"，从而使公式变得更加直观。

**1. 定义名称**

给一个单元格或区域命名的方法是：选中要命名的单元格或单元格区域，鼠标单击编辑栏顶端的"名称框"，在其中输入名称后回车。也可以选中要命名的单元格或单元格区域，单击"插入"菜单的"名称"子菜单中的"定义"命令，在打开的"定义名称"对话框中输入名称后确定即可，如图 4-1 所示。如果你要删除已经命名的区域，可以按相同方法打开"定义名称"对话框，选中你要删除的名称删除即可。

**2. 接受标志**

由于 Excel 工作表多数带有"列标志"。例如，一张成绩统计表的首行通常带有"序号"、"姓名"、"数学"、"物理"等"列标志"（也可以称为字段），如果单击"工具"菜单的"选项"命令，在打开的对话框中单击"重新计算"选项卡，选中"工作簿选项"选项组中的"接受

公式标志"选项,公式就可以直接引用"列标志"了,如图 4-2 所示。例如,"B2:B46"区域存放着学生的物理成绩,而 B1 单元格已经输入了"物理"字样,则求物理平均分的公式可以写成"=AVERAGE(物理)"。

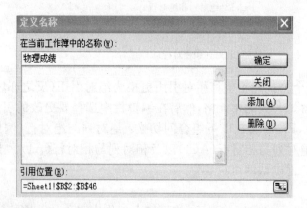

图 4-1 "定义名称"对话框

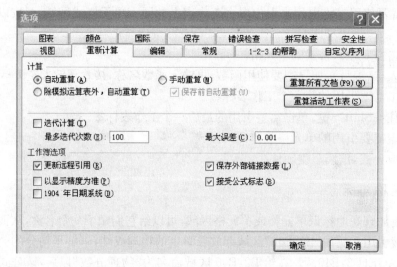

图 4-2 "选项"对话框之"重新计算"

### 3. 引用名称和列标志

引用名称的方法是,光标定位在编辑公式的中需要引入名称的位置,单击"插入"菜单的"名称"子菜单中的"粘贴"命令即可。

引用列名称的方法是,先复制列标志内容,光标定位在编辑公式中需要引入列标志的位置,单击"粘贴"命令即可。

需要特别说明的是,创建好的名称可以被所有工作表引用,而且引用时不需要在名称前面添加工作表名(这就是使用名称的主要优点),因此名称引用实际上是一种绝对引用。但是公式引用"列标志"时的限制较多,它只能在当前数据列的下方引用,不能跨越工作表引用,但是引用"列标志"的公式在一定条件下可以复制。从本质上讲,名称和标志都是单元格引用的一种方式。因为它们不是文本,使用时名称和标志都不能添加引号。

### 4.1.4　函数

函数是一些预定义的公式,它们使用一些称为参数的特定数值按特定的顺序或结构进行计算。例如,SUM 函数对单元格或单元格区域进行加法运算,PMT 函数在给定的利率、贷款期限和本金数额基础上计算偿还额。

函数的语法形式为"函数名称(参数 1,参数 2…)",其中的参数可以是常量、单元格、区域、区域名和其他函数。区域是连续的单元格,用单元格**左上角:右下角**表示,如 A3:B6。

函数输入有两种方法:一为粘贴函数法,一为直接输入法。

由于 Excel 有几百个函数,记住所有函数的难度很大。为此,Excel 提供了粘贴函数的方法,引导用户正确输入函数。下面以公式"＝SUM（A1:C2）"为例说明粘贴函数输入法。

① 选择要输入函数的单元格(如 C3)。

② 鼠标单击"常用"工具栏的 $fx$（粘贴函数）按钮,或选择"插入"菜单的"函数"命令,出现如图 4 - 3 所示"插入函数"对话框。

③ 在"函数类别"列表中选择函数

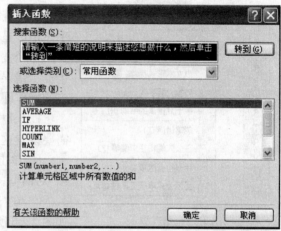

图 4 - 3　"插入函数"对话框

类型(如"常用函数"),在"函数名"列表框中选择函数名名称(如 SUM),单击"确定"按钮,出现如图 4 - 4 所示函数参数对话框。

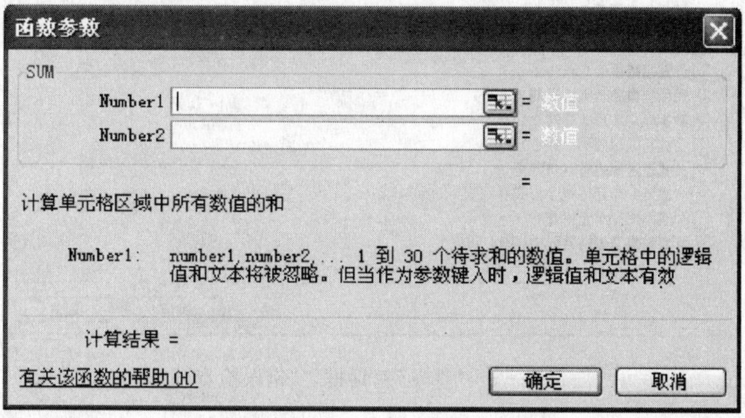

图 4 - 4　函数参数对话框

④ 在参数框中输入常量、单元格或区域。如果对单元格或区域没把握时,可单击参数框右侧"折叠对话框"按钮，以暂时折叠起对话框,显露出工作表,用户可选择单元格区域(如 A1 到 C2 的 6 个单元格),最后单击折叠后的输入框右侧按钮,恢复参数输入对

话框。

⑤ 输入完成函数所需的参数后,单击"确定"按钮,在单元格中显示计算结果,编辑栏中显示公式。

如果用户对函数名称和参数意义都非常清楚,也可以直接在单元格中输入该函数,如"SUM(A1:C2)",再按回车键得出函数结果。

### 4.1.5 公式中常见的错误

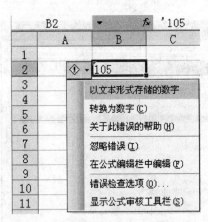

图 4-5 错误提示

在应用公式和函数的时候,Excel 能够用一定的规则来检查它们中出现的错误。出现错误时,会有一个三角形显示在单元格的左上角。单击该单元格,会弹出一个菱形的选项按钮,单击该按钮,可以弹出一个提示错误的下拉菜单,如图 4-5,根据提示进行相应的操作即可。

Excel 中有一些错误的检测规则,用户可以根据需要设置这些规则,其具体操作步骤如下。

① 单击"工具"菜单中的"选项"命令,在打开"选项"对话框。

② 在"选项"对话框中,单击"错误检查"选项卡,如图 4-6 所示。

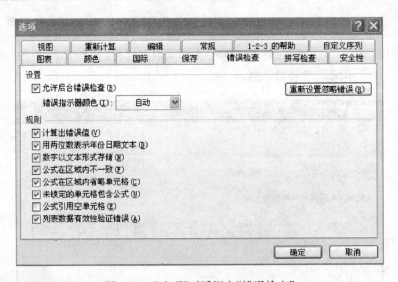

图 4-6 "选项"对话框之"错误检查"

③ 在规则区域中选中所需要的规则选项,然后单击"确定"按钮。

在"错误检查"选项卡的"规则"区域,有 8 个复选框,它们的含义分别如下。

(1) 计算机出错误值

如果选中,Excel 会对出现计算错误的单元格进行错误处理,并显示警告。错误值包括 #DIV/0,#N/A,#NAME?,#NULL!,#NUM!,#REF!,#VALUE!。

（2）两位数表示年份日期文本

如果选中，Excel 将把包含两位数表示年份日期的单元格格式文本的公式视为错误，并显示警告。

（3）数字以文本的形式存储

如果选中，Excel 将把设置为文本格式的数字视为错误，并显示警告。

（4）公式在区域内不一致

如果选中，Excel 将把工作表中同一区域内与其他公式不一致的公式视为错误，并显示警告。

（5）公式在区域内省略单元格

如果选中，Excel 将省略了区域中某些单元格的公式视为错误，并显示警告。

（6）未锁定的单元格包含公式

如果选中，Excel 在没有锁定公式对其进行保护时，将其中的未锁定的单元格视为错误，并显示警告。

（7）公式引用空单元格

如果选中，Excel 将应用空单元格的公式视为错误，并显示警告。

（8）列表数据有效性验证错误

如果选中，Excel 将超出有效性范围的单元格视为错误，并显示警告。

其实，任何错误均有它内在的原因，因此用户需要根据公式返回错误值的代码识别错误的类型和原因，从而找到相应的处理方法。

如果公式和函数不能正确计算出结果，有时会直接返回一个错误值。如表 4－2 所示，列出了包含公式的单元格尽可能出现的各类错误值。

表 4－2　Excel 中常见的错误值

| 错　误　值 | 原　因　说　明 |
| --- | --- |
| ＃＃＃＃ | 列宽不够，或者包含一个无效的时间或日期 |
| ＃DIV/0 | 该公式使用了 0 作为除数，或者公式中使用了一个空单元格 |
| ＃N/A | 公式中引用的数据对函数或者公式不可用 |
| ＃NAME? | 公式中使用了 Excel 中不能辨认的文本或名称 |
| ＃NULL! | 公式中使用了一种不允许出现相交但却相交了的两个区域 |
| ＃NUM! | 使用了无效的数字值 |
| ＃REF! | 公式引用了一个无效的单元格 |
| ＃VALUE! | 函数中使用的变量或参数类型错误 |

# 4.2　创建操作文本的公式

Excel 2003 处理数字的功能相当强大。然而在处理文本方面，它也有自己所独特的一面。正如你所了解的一样，Excel 可以帮助你输入文本，作为行或列的标题、客户名称、地址和产品号等等。并且它还可以按照你的要求，使用公式处理包含文本的单元格。

### 4.2.1 修改单元格中文本的公式

**1. 改变文本大小写**

Excel 2003 提供了 3 个现成的函数改变文本的大小写：

• UPPER 函数

用途：将文本全部转换成大写。

语法：UPPER（text）

参数：text 为需要转换成大写形式的文本，它可以是引用或文字串。

• LOWER 函数

用途：将文本全部转换成小写。

语法：LOWER（text）

参数：text 为需要转换成大写形式的文本，它可以是引用或文字串。

• PROPER 函数

用途：将文字更改为首字母大写。

语法：PROPER（text）

参数：text 为需要转换成大写形式的文本，它可以是引用或文字串。

这些函数只能针对字母字符，它们会忽略所有其他字符，并且不会做任何修改。具体的使用方法如图 4-7 所示，使用 3 种函数分别将姓名转换成相对应的结果。

|   | A | B | C | D | E | F | G | H | I | J | K | L |
|---|---|---|---|---|---|---|---|---|---|---|---|---|
| 1 | 姓名 | yao ming | 公式：=UPPER(B1) | | 姓名 | YAO MING | 公式：=LOWER(G1) | | 姓名 | YAO MING | 公式：=PROPER(L1) | |
| 2 | 结果 | YAO MING | | | 结果 | yao ming | | | 结果 | Yao Ming | | |
| 3 | | | | | | | | | | | | |
| 4 | | | | | | | | | | | | |
| 5 | | | | | | | | | | | | |

图 4-7 UPPER,LOWER,PROPER 3 个函数使用示例

**2. 替换文本**

在一些情况下，可能需要使用其他文本替换一个单元格文本字符串的某个部分。例如，可以导入包含星号的数据，并且需要把星号转换成其他字符。可以使用 Excel"编辑"菜单下的"替换"命令完成。如果习惯使用公式处理，也可以使用如下两种函数之一：

• SUBSTITUTE 函数

用途：E 替换文本字符串中具体的文本。如果知道被替换的字符是什么，而不知道它们的位置，可以使用此函数。

语法：SUBSTITUTE（text,old_text,new_text,instance_num）

参数：text 是需要替换其中字符的文本，或是含有文本的单元格引用；old_text 是需要替换的旧文本；new_text 用于替换 old_text 的文本；instance_num 为一数值，用来指定以 new_text 替换第几次出现的 old_text；如果指定了 instance_num，则只有满足要求的 old_text 被替换；否则将用 new_text 替换 Text 中出现的所有 old_text。

• REPLACE 函数

用途：替换文本字符串中具体位置上的文本。如果知道替换文本的位置，而不知道

实际上是哪些文本,可以使用此函数。

语法:REPLACE (old_text,start_num,num_chars,new_text)

参数:old_text 是要替换其部分字符的文本;start_num 是要用 new_text 替换的 old_text 中字符的位置;num_chars 是希望 REPLACE 使用 new_text 替换 old_text 中字符的个数;new_text 是要用于替换 old_text 中字符的文本。

两个函数的具体使用方法如图 4-8 所示:分别用两个函数把 Beijing 2008 中的 Beijing 替换成 China。

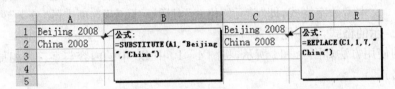

图 4-8　SUBSTITUTE、REPLACE 两个函数使用示例

### 3. 合并单元格文本

Excel 2003 合并单元格文本的方法有两种:

(1) 使用 &(和号)运算符

公式:=A1&A2 合并单元格 A1 和 A2 所包含文本

=A1&","&A2 或 =A1&" "&A2

在合并单元格 A1 和 A2 所包含文本时在二者之间加一个逗号或空格。

(2) 使用 CONCATENATE 函数

如果需要合并的单元格数量较多时用 CONCATENATE 函数。

语法:CONCATENATE (text1,text2,…)

参数:text1,text2,…为 1～30 个将要合并成单个文本的文本项,这些文本项可以是文字串、数字或对单个单元格的引用。

具体的使用方法如图 4-9 所示:分别用两种方法将 yes terday once more 4 个单元格中的内容合并到一个单元格,内容为 yesterday once more。

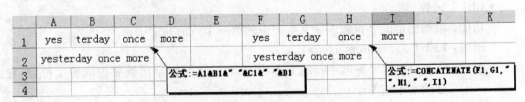

图 4-9　合并单元格文本方法示例

### 4. 格式化的值显示成文本

Excel 的文本函数可以显示一个指定数字格式的值,尽管这个函数可能出现比较含糊的值,但是在有些情况下仍然有用。如图 4-10 所示。把一个文本字符串和单元格 B3 中的内容相加,并且在 C1 显示结果。在这里引用 B3 的数字显示的格式不能带货币符号。

如果希望使用货币数字格式显示 B3 的内容,可以使用 TEXT 函数完成。

• TEXT 函数

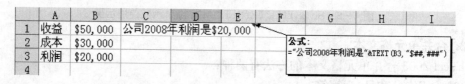

图 4-10　C1 中单元格不能显示格式化的数字

语法：TEXT（value,format_text）

参数：value 是数值、计算结果或对数值单元格的引用；format_text 是所要选用的文本型数字格式，即"单元格格式"对话框"数字"选项卡的"分类"列表框中显示的格式，它不能包含星号。

具体的使用方法如图 4-11 所示，将图 4-10 中 B3 中的内容与字符串相加后显示为货币数字格式。

| | A | B | C | D | E | F | G | H | I |
|---|---|---|---|---|---|---|---|---|---|
| 1 | 收益 | $50,000 | 公司2008年利润是$20,000 | | | | | | |
| 2 | 成本 | $30,000 | | | | | | | |
| 3 | 利润 | $20,000 | | | | | | | |
| 4 | | | | | | | | | |

公式：
="公司2008年利润是"&TEXT(B3,"$##,###")

图 4-11　C1 中单元格能显示格式化的数字

## 4.2.2　删除单元格中文本的公式

### 1. 删除文本中的字符

Excel 可以利用函数迅速地从文本右侧或左侧删除指定数量的字符，在处理一些特定表格时可以起到事半功倍的效果。用到的函数主要有以下 4 种：

- LEN 函数

  功能：返回文本串的字符数。

  语法：LEN（text）

  参数：text 待要查找其长度的文本。

- LEFT 函数

  功能：根据指定的字符数返回文本串中的第一个或前几个字符。

  语法：LEFT（text,num_chars）

  参数：text 是包含要提取字符的文本串；num_chars 指定函数要提取的字符数，它必须大于或等于 0。

- RIGHT 函数

  功能：根据所指定的字符数返回文本串中最后一个或后几个字符。

  语法：RIGHT（text,num_chars）

  参数：text 是包含要提取字符的文本串；num_chars 指定希望 RIGHT 提取的字符数，它必须大于或等于 0。如果 num_chars 大于文本长度，则 RIGHT 返回所有文本。如果忽略 num_chars，则假定其为 1。

- MID 函数

  功能：返回文本字符串中从指定位置开始的特定数目的字符，该数目由用户指定。

语法：MID（text，start_num，num_chars）

　　参数：text 是包含要提取字符的文本串。start_num 是文本中要提取的第一个字符的位置，文本中第一个字符的 start_num 为 1，以此类推；num_chars 指定希望 MID 从文本中返回字符的个数。

　　具体的使用方法如图 4-12 所示：用 3 种方法将 I love China 字符串中前两个字符以及后 6 个字符删除，最后返回结果为 love。

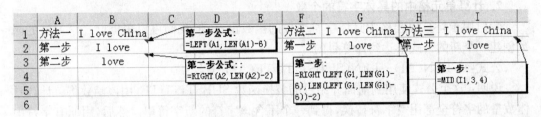

图 4-12　用两种方法删除文本字符串中前后字符

### 2. 删除额外的空格和非打印字符

　　导入 Excel 工作表的数据经常有一些多余的空格或莫名其妙的字符（通常是非打印字符）。Excel 提供了两个函数来帮助我们规范数据格式。

　　• TRIM 函数

　　　功能：删除数据前后的所有空格，用一个空格替换多个空格的内部字符串。

　　　语法：TRIM（text）

　　　参数：text 是需要清除其中空格的文本。

　　• CLEAN 函数

　　　功能：删除字符串中的所有非打印字符。

　　　语法：CLEAN（text）

　　　参数：text 为要从中删除不能打印字符的任何字符串。

　　具体的使用方法如图 4-13 所示：将 My　name is 　Barry 字符串中多余的空格删除，使得最后返回的字符串为 My name is Barry。函数 CLEAN 的使用方法与 TRIM 相同。

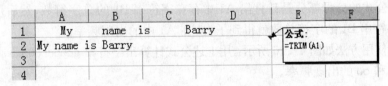

图 4-13　删除文本中额外的空格

## 4.2.3　单元格中文本的计算公式

### 1. 计算单元格字符串中字符的总数

　　Excel 中用 LEN 函数可以返回某个单元格中的字符数量。LEN 函数的语法和参数已在 4.2.2 中予以说明。具体使用方法如图 4-14 所示：用 LEN 函数计算 A1，A2 和 A3 三个单元格字符总数。

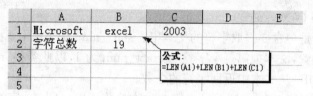

图4-14　用 LEN 函数计算 A1、A2 和 A3 三个单元格字符总数

### 2. 计算单元格中的具体字符的个数

专门用于计算单元格中具体字符个数的函数没有,但我们可以根据已经学习过的函数创建一个新的公式来达到计算目的。

公式：=LEN(A1)−LEN(SUBSTITUTE(A1,"B",""))

说明：这个公式使用到前面介绍过的替换函数 SUBSTITUTE,用该函数将待计算具体数量的字符全部用空字符替换,得到一个不含该字符的新字符串。然后,用原有字符串的长度减去这个新字符串的长度,从而得出原有字符串中包含字符 B 的数量。

具体使用方法如图4-15所示：用上述公式计算出字符串 Microsoft office 2003 中字符 o 的个数。

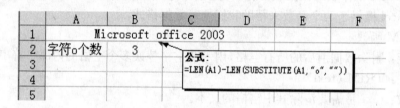

图4-15　计算单元格中的具体字符的个数

### 3. 计算单元格中子串的出现频率

上述公式是计算字符串中具体字符的出现次数。使用下面的公式可以统计多个字符的情况,它返回的是字符串中(单元格 A1 中包含的)具体字串(单元格 B1 中包含的)的出现次数,而且这个字串可以包括任意数量的字符。

公式：=(LEN(A1)−LEN(SUBSTITUTE(A1,B1,"")))/LEN(B1)

说明：公式的分母部分是计算出 A1 中存在字符串 B1 的总字符数,然后用总字符数除以单个字符串 B1 的字符总数就得到了 B1 在 A1 中的出现频率。

具体的使用方法如图4-16所示：用上述公式计算出字符串 gooodboooodlasdfoooeijaeoo 中子串 ooo 和 oo 的出现频率。

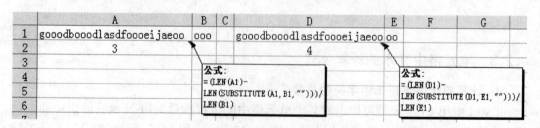

图4-16　计算单元格中子串的出现频率

### 4. 计算单元格中词的数量

通过 LEN 函数和 SUBSTITUTE 函数的组合使用,我们可以针对文本进行多种计算。在此基础上,通过引用 TRIM 函数可以创建一个新的公式,用来计算单元格中词的数量。

公式:＝LEN(TRIM(A1))－LEN(SUBSTITUTE(A1,"",""))+1

说明:在公式中,使用 TRIM 函数删除字符串中多余的空格,并用 LEN 函数计算出处理后字符串的个数。同时用 SUBSTITUTE 函数将字符串中的空格全部用空字符替换,并用 LEN 函数计算处理后字符串的个数。两次处理后得到的字符串个数相减即得到字符串中空格的个数,这个值加 1 就得到了词的数量。

具体的使用方法如图 4－17 所示:用上述公式计算字符串 the best things come when you least expect them to 中词的数量。

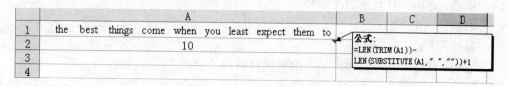

图 4－17　计算单元格中词的数量

## 4.3　使用日期和时间函数

一些初级使用者在对 Excel 中对日期和时间进行操作时经常失败,为了避免错误和由此造成的损失,需要真正掌握使用 Excel 处理日期和时间的高级技巧。

### 4.3.1　与日期有关的公式和函数

在 Excel 中,能够与日期一同运行的函数不多。表 4－3 总结了 Excel 中与日期有关的函数。在下面将会选择性地针对具体函数讲解其使用方法。

表 4－3　与日期有关的函数

| 函　　数 | 说　　明 |
| --- | --- |
| DATE | 返回代表指定日期的序列号 |
| DATEVALUE | 将文字表示的日期转换成一个序列号 |
| DAY | 返回用序列号(整数 1 到 31)表示的某日期的天数 |
| DAYS360 | 按照 360 天/年为基础返回两日期间相差的天数 |
| EDATE | 返回指定日期之前或之后指定月份的日期序列号 |
| EOMONTH | 返回之前或之后指定月份中最后一天的序列号 |
| MONTH | 返回以序列号表示的日期中的月份 |
| NETWORKDAYS | 返回两日期间的全部工作日数 |
| TODAY | 返回今日日期的序列号 |
| NOW | 返回当前日期和时间的序列号 |

续表

| 函　　数 | 说　　明 |
|---|---|
| WEEKDAY | 转换序列号为星期中的一天 |
| WEEKNUM | 返回当年中的星期数 |
| WORKDAY | 在确定工作日数字之前或之后,返回日期的序列号 |
| YEAR | 转换序列号为年号 |
| YEARFRAC | 返回年号部分,表示在开始日期和结束日期之间的全部天数 |

**1. 显示当前日期和任意日期**

Excel 提供的显示当前日期和任意日期的函数分别为:

- TODAY 函数

  功能:返回今日日期的序列号。

  语法:TODAY()

  参数:无。

  说明:执行公式时返回的是当前系统日期。

- DATE 函数

  功能:返回代表指定日期的序列号。

  语法:DATE (year,month,day)

  参数:year 为 1～4 位,根据使用的日期系统解释该参数。默认情况下,Excel for Windows 使用 1900 日期系统,而 Excel for Macintosh 使用 1904 日期系统。Month 代表每年中月份的数字。如果所输入的月份大于 12,将从指定年份的一月份执行加法运算。Day 代表在该月份中第几天的数字。如果 day 大于该月份的最大天数时,将从指定月份的第一天开始往上累加。

  说明:Excel 按顺序的序列号保存日期,这样就可以对其进行计算。如果工作簿使用的是 1900 日期系统,则 Excel 会将 1900 年 1 月 1 日保存为序列号 1。同理,会将 1998 年 1 月 1 日保存为序列号 35796,因为该日期距离 1900 年 1 月 1 日为 35 795 天。

具体的使用方法如图 4 - 17 所示:用上述函数分别显示当前日期和 2008 年 11 月 11 日。

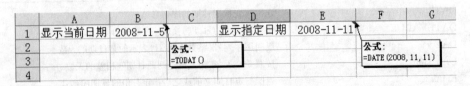

图 4 - 18　显示当前日期和任意日期

**2. 转换非日期字符串为日期**

可以利用前面已经学习过的几个函数,将文本字符串数据转换为一个日期。下面的文本

20081111

代表 2008 年 11 月 11 日(4 位年号,2 位月号,2 位日号)。具体的转换方法如图 4-19 所示。

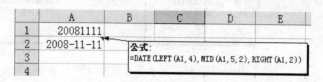

图 4-19　转换文本字符串为日期

### 3. 确定某一天为星期几

• WEEKDAY 函数

功能:可以接受一个日期参数,返回 1~7(相对星期的天数)之间的整数。

语法:WEEKDAY (serial_number,return_type)

参数:serial_number 是要返回日期数的日期;return_type 为确定返回值类型的数字,数字 1 或省略则 1~7 代表星期天到星期六,数字 2 则 1~7 代表星期一到星期天,数字 3 则 0~6 代表星期一到星期天。

具体的使用方法如图 4-20 所示:确定 2008 年 11 月 11 日是星期几。

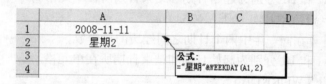

图 4-20　确定 2008 年 11 月 11 日是星期几

### 4. 确定某一年是否为闰年

如果需要确定某一年是否为闰年,可以用已学过函数创建一个公式。

• MONTH 函数

功能:返回以序列号表示的日期中的月份。

语法:MONTH (serial_number)

参数:serial_number 表示一个日期值,其中包含要查找的月份。

• YEAR 函数

功能:转换序列号为年号。

语法:YEAR (serial_number)

参数:serial_number 是一个日期值,其中包含要查找的年份。

公式:=IF(MONTH(DATE(YEAR(A1),2,29))=2,TRUE,FALSE),说明:A1 为待定日期所在单元格,要确定在 2 月或 3 月中是否出现了 2 月 29 日的情况。如果单元格 A1 中的日期的年份是闰年,上面的公式将返回闰年,否则返回非闰年。

具体的使用方法如图 4-21 所示,用上述公式分别判断 2008 年和 2010 年是否为闰年。

### 5. 计算两个日期之间的差值

在 Excel 中可以使用减号(—)运算符、MONTH 函数、YEAR 函数或 NETWORKDAYS

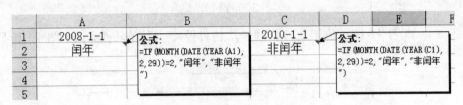

图 4-21 确定某一年是否为闰年

函数来完成。MONTH 函数和 YEAR 函数使用方法已在前面予以讲解。

(1) 公式：＝B1－A1

功能：计算两个日期之间的天数。

说明：A1 和 B1 分别为起始日期和结束日期所在单元格。

(2) 公式：＝MONTH(C1)－MONTH(D1)

功能：计算在同一年中两个日期之间经历的月份数。

说明：C1 和 D1 分别为起始日期和结束日期所在单元格。

(3) 公式：＝(YEAR(B1)－YEAR(A1))＊12＋MONTH(B1)－MONTH(A1)

功能：计算跨年份的两个日期之间经历的月份数。

说明：A1 和 B1 分别为起始日期和结束日期所在单元格。

(4) 公式：＝YEAR(B1)－YEAR(A1)

功能：计算在同一年中两个日期之间经历的年份数。

说明：A1 和 B1 分别为起始日期和结束日期所在单元格。

(5) 函数：NETWORKDAYS

功能：计算两个日期之间的工作日。

语法：NETWORKDAYS (start_date,end_date,holidays)

参数：start_date 代表开始日期,end_date 代表终止日;holidays 是表示不在工作日历中的一个或多个日期所构成的可选区域,法定假日以及其他非法定假日。此数据清单可以是包含日期的单元格区域,也可以是由代表日期的序列号所构成的数组常量。

具体的使用方法如图 4-22 所示：用上述公式和函数计算 2008 年 10 月 20 日至 2009 年 1 月 20 日之间的天数、工作日、月份数和年份数。

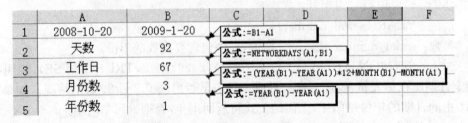

图 4-22　计算两个日期之间的差值

### 6. 计算具体年的天数

1 月 1 日是年度的第一天,12 月 31 日是最后一天。下在的公式可以返回在单元格

A1 中保存日期的本年度天数。

公式：＝DATE(YEAR(A1),12,31)－DATE(YEAR(A1),1,0)

具体的使用方法如图 4 - 23 所示，用上述公式计算 2008 年和 2009 年各有多少天。

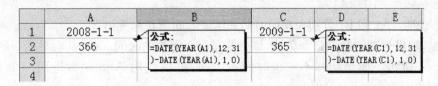

图 4 - 23　计算具体年的天数

### 4.3.2　与时间有关的公式和函数

Excel 还包括很多函数，可以在公式中使用与时间有关的函数。表 4 - 4 综合了 Excel 中与时间有关的函数。

表 4 - 4　与时间有关的函数

| 函　　数 | 说　　明 |
| --- | --- |
| HOUR | 将一个序列号转换为小时 |
| MINUTE | 将一个序列号转换为分钟 |
| NOW | 返回当前日期和时间的序列号 |
| SECOND | 将一个序列号转换为秒 |
| TIME | 返回一个具体时间的序列号 |
| TIMEVALUE | 转换以文本格式的时间成为序列号 |

**1. 显示当前时间和任何时间函数**

• NOW 函数

功能：显示当前时间。

语法：NOW()

参数：无

• TIME 函数

功能：显示参数给定的时间。

语法：TIME (hour,minute,second)

参数：hour 是 0～23 之间的数，代表小时；minute 是 0～59 之间的数，代表分；second 是 0～59 之间的数，代表秒。

具体的使用方法如图 4 - 24 所示：利用上述函数在单元格中 A1 中显示当前时间，并在时间前加上"现在时间是"；在 E1 中显示时间 18:30:45。

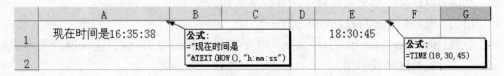

图 4 - 24　显示当前时间和任何时间

### 2. 计算两时间的差

因为时间都是用序列号来表示的，所以可以用晚一些的时间减去早一些的时间，从而得到它们的差。

(1) 公式：＝B1－A1

说明：A1 和 B1 分别为起始时间和结束时间所在单元格。

但是，如果相减的结果是个负数，那么这是一个无效的时间。Excel 会显示一串♯号。如图 4-25 所示。如果此时不考虑时间差方向，可以使用 ABS 函数返回一个差的绝对值。

|   | A | B | C | D | E | F | G |
|---|---|---|---|---|---|---|---|
| 1 | 8:00 AM | 5:30 PM | | 11:00 PM | 7:00 AM | 公式：=E1-D1 | |
| 2 | | 9:30 | 公式：=B1-A1或=ABS(A1-B1) | | ######## | 公式：=ABS(E1-D1) | |
| 3 | | | | | 16:00 | | |
| 4 | | | | | 8:00 | 公式：=IF(E1<D1,E1+1,E1)-D1 | |
| 5 | | | | | | | |

图 4-25　计算两时间的差

(2) 公式：＝ABS(E1－D1)

说明：D1 和 E1 分别为起始时间和结束时间所在单元格。

这种"负时间"问题在计算累计时间时经常会出现。例如，计算在规定的开始和结束时间内的工作小时数。如果两个时间在同一工作日，不会出现任何问题。但是，如果工作时间跨越了两个工作日，它的结果将会是一个无效的时间。例如，你在 11:00PM 开始工作，在次日 7:00AM 结束工作。如果采用 ABS 函数计算工作小时数，将会出现如下的情况。

在这种情况下，ABS 函数不能成为一种选择，因为它将返回错误的结果(16 h)。如图 4-25 所示。我们可以采用下面的公式进行计算。

(3) 公式：＝IF(D1＜E1,E3+1,E3)－D1

说明：D1 和 E1 分别为起始时间和结束时间所在单元格。

具体的使用方法如图 4-25 所示：分别计算 8:00AM 到 5:30PM 的时间差、11:00PM 到 7:00AM 的时间差，并对负时间问题以及 ABS 函数的局限性进行验证。

### 3. 计算超过 24 h 的时间

在 Excel 中，当合计一个时间系列的时候，如果数字和超过了 24 h，Excel 不能显示正确的合计数，如图 4-26 所示。要看到超过 24 h 的时间，需要改变这个单元格的格式，即把显示合计结果的单元格设置成数字格式。合计时间系列时主要用到以下函数。

• SUM 函数

功能：返回某一单元格区域中所有数字之和。

语法：SUM (number1,number2,…)

参数：number1,number2,…为 1～30 个需要求和的数值(包括逻辑值及文本表达式)、区域或引用。

具体的使用方法如图 4-26 所示，计算一周内总的工作时间。

| | A | B | C | D | E |
|---|---|---|---|---|---|
| 1 | 日期 | 工作时间 | | | |
| 2 | 星期一 | 8:00 | | | |
| 3 | 星期二 | 8:45 | | | |
| 4 | 星期三 | 8:00 | | | |
| 5 | 星期四 | 9:00 | | | |
| 6 | 星期五 | 8:00 | | | |
| 7 | 星期六 | 7:00 | | | |
| 8 | 星期日 | 0:00 | | | |
| 9 | 合计1 | 0:45 | | | |
| 10 | 合计2 | 48:45 | | | |
| 11 | | | | | |
| 12 | | | | | |

公式（错误值）：
=SUM(B2:B8)

公式：
=TEXT(SUM(B2:B8),"[h]:mm")

图 4-26　计算超过 24 h 的时间

#### 4. 在时间单位之间转换

- CONVERT 函数

　功能：将数字从一个度量系统转换到另一个度量系统中。

　语法：CONVERT（number,from_unit,to_unit）

　参数：number 是以 from_unit 为单位的需要进行转换的数值。from_unit 是数值 number 的单位。to_unit 是结果的单位。CONCERT 函数在时间和日期度量上可以接受的文本值（引号内）作为 from_units 和 to_unit，如表 4-5 所示。

表 4-5　from_units 和 to_unit 值

| 时间/日期 | from_unit 或 to_unit |
|---|---|
| 年 | "yr" |
| 日 | "day" |
| 小时 | "hr" |
| 分钟 | "mn" |
| 秒 | "sec" |

具体的使用方法如图 4-27 所示：将数字 6 以天为单位度量转换到以小时为单位度量；将数字 8 以小时为单位度量转换到以分钟为单位度量；将数字 2 以年为单位度量转换到以天为单位度量。

| | A | B | C | D | E | F |
|---|---|---|---|---|---|---|
| 1 | 6 | | 8 | | 2 | |
| 2 | 144 | | | | 730.5 | |
| 3 | | | | | | |
| 4 | | | | | | |

公式：
=CONVERT(A1,"day","hr")

公式：
=CONVERT(C1,"hr","mn")

公式：
=CONVERT(E1,"yr","day")

图 4-27　使用 CONVERT 函数转换时间度量单位

# 4.4　数　组　公　式

　　数组公式就是可以同时进行多重计算并返回一种或多种结果的公式。在数组公式中使用两组或多组数据称为数组参数，数组参数可以是一个数据区域，也可以是数组常量。数组公式中的每个数组参数必须有相同数量的行和列。

### 4.4.1 数组公式的创建、编辑及删除

**1. 创建数组公式**

（1）输入数组常量

在数组公式中，通常都使用单元格区域引用，但也可以直接键入数值数组，这样键入的数值数组被称为数组常量。当不想在工作表中按单元格逐个输入数值时，可以使用这种方法。如果要生成数组常量，必须按如下操作。

① 直接在公式中输入数值，并用大括号"{ }"括起来。

② 不同列的数值用逗号"，"分开。

③ 不同行的数值用分号"；"分开。

例如，要在单元格 A1:D1 中分别输入 10,20,30 和 40 这 4 个数值，则可采用下述的步骤：选取单元格区域 A1:D1；在公式编辑栏中输入数组公式"={10,20,30,40}"；同时按"<Ctrl>＋<Shift>＋<Enter>"组合键，即可在单元格 A1,B1,C1,D1 中分别输入了 10,20,30,40,如图 4-28(a)所示。

例如，要在单元格 A1,B1,C1,D1,A2,B2,C2,D2 中分别输入 10,20,30,40,50,60,70,80,则可以采用下述的方法：选取单元格区域 A1:D2；在编辑栏中输入公式"={10,20,30,40;50,60,70,80}"；按"<Ctrl>＋<Shift>＋<Enter>"组合键，就在单元格 A1,B1,C1,D1,A2,B2,C2,D2 中分别输入了 10,20,30,40 和 50,60,70,80,如图 4-28(b)所示。

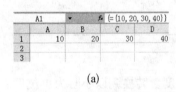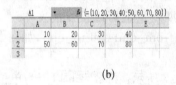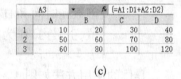

|     | (a)       |     | (b)       |     | (c)       |

图 4-28 创建数组公式举例

（2）输入数组公式

① 选定单元格或单元格区域。如果数组公式将返回一个结果，单击需要输入数组公式的单元格；如果数组公式将返回多个结果，则要选定需要输入数组公式的单元格区域。

② 输入数组公式。

③ 同时按"<Ctrl>＋<Shift>＋<Enter>"组合键，则 Excel 自动在公式的两边加上大括号{ }。

特别要注意的是，第③步相当重要，只有输入公式后同时按"<Ctrl>＋<Shift>＋<Enter>"组合键，系统才会把公式视为一个数组公式。否则，如果只按<Enter>键，则输入的只是一个简单的公式，也只在选中的单元格区域的第 1 个单元格显示出一个计算结果。

例如，在单元格 A3:D3 中均有相同的计算公式，它们分别为单元格 A1:D1 与单元格 A2:D2 中数据的和，即单元格 A3 中的公式为"=A1+A2"，单元格 B3 中的公式为"=B1+B2"，…，则可以采用数组公式的方法输入公式，方法如下：选取单元格区域 A3:D3；在公式编辑栏中输入数组公式"=A1:D1+A2:D2"；同时按"<Ctrl>＋<Shift>＋

<Enter>"组合键,即可在单元格 A3:D3 中得到数组公式"=A1:D1+A2:D2",如图 4-28(c)所示。

**2. 编辑数组公式**

数组公式的特征之一就是不能单独编辑、清除或移动数组公式所涉及的单元格区域中的某一个单元格。若在数组公式输入完毕后发现错误需要修改,则需要按以下步骤进行。

① 在数组区域中单击任一单元格。

② 单击公式编辑栏,当编辑栏被激活时,大括号"{ }"在数组公式中消失。

③ 编辑数组公式内容。

④ 修改完毕后,按"<Ctrl>+<Shift>+<Enter>"组合键。

如果编辑操作不是针对整个数组区域的,那么就会 Excel 就会给出"不能更改数组的某个部分"的错误提示,如图 4-29 所示。如果遇到这个情况,点击提示框中的"确定"按钮,然后单击编辑栏上的"取消"按钮**✗**,以撤销不正确的编辑。

**3. 删除数组公式**

删除数组公式的步骤是:首先选定存放数组公式的所有单元格,然后按<Delete>键。

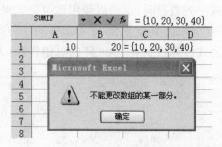

图 4-29 编辑数组区域时的错误提示

## 4.4.2 数组公式的应用

**1. 用数组公式计算两个数据区域的乘积**

例如,已知某产品 12 个月的销售量和产品单价,产品 12 个月的销售量分别保存在 B2:M2 中,产品 12 个月的单价分别保存在 B3:M3 中,则可以利用数组公式计算每个月的销售额,步骤如下。

① 选取单元格区域 B4:M4。

② 输入公式"=B2:M2 * B3:M3"。

③ 按"<Ctrl>+<Shift>+<Enter>"组合键。

如果需要计算 12 个月的月平均销售额,可在单元格 B5 中输入公式"=AVERAGE(B2:M2 * B3:M3)",然后按"<Ctrl>+<Shift>+<Enter>"组合键即可,如图 4-30 所示。

B5     *fx* {=AVERAGE(B2:M2*28)}

| | A | B | C | D | E |
|---|---|---|---|---|---|
| 1 | | 一月 | 二月 | 三月 | 四月 |
| 2 | 销售量 | 30 | 40 | 35 | 40 |
| 3 | 单价 | 28 | 28 | 28 | 28 |
| 4 | 销售额 | =B2:M2*B3:M3 | =B2:M2*B3:M3 | =B2:M2*B3:M3 | =B2:M2*B3:M3 |
| 5 | 月平均销售额 | =AVERAGE(B2:M2*28) | | | |

图 4-30 计算两个区域的乘积举例

在数组公式中,也可以将某一常量与数组公式进行加、减、乘、除,也可以对数组公式进行乘幂、开方等运算。

例如在图 4-30 中,每月的单价相同,故我们也可以在单元格 B4:M4 中输入公式"=B2:M2 * 28",然后按"<Ctrl>+<Shift>+<Enter>"组合键;在单元格 B5 中输入公式"=AVERAGE(B2:M2 * 28)",然后按"<Ctrl>+<Shift>+<Enter>"组合键。

在使用数组公式计算时,最好将不同的单元格区域定义不同的名称,如在图 4-30 中,将单元格区域 B2:M2 定义名称为"销售量",单元格区域 B3:M3 定义名称为"单价",则各月的销售额计算公式为"=销售量 * 单价",月平均销售额计算公式为"=AVERAGE(销售量 * 单价)",这样不容易出错。

**2. 用数组公式计算多个数据区域的和**

如果需要把多个对应的行或列数据进行相加或相减的运算,并得出与之对应的一行或一列数据时,也可以使用数组公式来完成。

例如,某企业 2008 年销售的 3 种产品的有关资料如图 4-31 所示,则可以利用数组公式计算该企业 2008 年的总销售额,方法如下。

| C8 | | | $f_x$ | {=C2:N2*C3:N3+C4:N4*C5:N5+C6:N6*C7:N7} | | | | | | | | | |
|---|---|---|---|---|---|---|---|---|---|---|---|---|---|
| | A | B | C | D | E | F | G | H | I | J | K | L | M | N |
| 1 | | | 一月 | 二月 | 三月 | 四月 | 五月 | 六月 | 七月 | 八月 | 九月 | 十月 | 十一月 | 十二月 |
| 2 | 产品A | 销售量 | 30 | 40 | 35 | 40 | 50 | 40 | 40 | 50 | 35 | 40 | 35 | 40 |
| 3 | | 单价 | 28 | 28 | 28 | 28 | 28 | 28 | 28 | 28 | 28 | 28 | 28 | 28 |
| 4 | 产品B | 销售量 | 30 | 40 | 35 | 40 | 50 | 40 | 40 | 50 | 35 | 40 | 35 | 40 |
| 5 | | 单价 | 39 | 39 | 39 | 39 | 39 | 39 | 39 | 39 | 39 | 39 | 39 | 39 |
| 6 | 产品C | 销售量 | 30 | 40 | 35 | 40 | 50 | 40 | 40 | 50 | 35 | 40 | 35 | 40 |
| 7 | | 单价 | 46 | 46 | 46 | 46 | 46 | 46 | 46 | 46 | 46 | 46 | 46 | 46 |
| 8 | | | 3390 | 4520 | 3955 | 4520 | 5650 | 4520 | 4520 | 5650 | 3955 | 4520 | 3955 | 4520 |

图 4-31 用数组公式计算多个数据区域和的举例

① 选取单元格区域 C8:N8。

② 输入公式"=C2:N2 * C3:N3+C4:N4 * C5:N5+C6:N6 * C7:N7"。

③ 按"<Ctrl>+<Shift>+<Enter>"组合键。

用数组公式同时对多个数据区域进行相同的计算,此外,当对结构相同的不同工作表数据进行合并汇总处理时,利用上述方法也将是非常方便的。

# 4.5 常用函数与公式

Excel 中的公式类型多样,为用户提供了充分的自由度。用户既可以使用简单的代数运算公式,也可以调用较为复杂的数学公式。充分利用公式能够节省大量的时间,并提高计算的可靠性和精度。

## 4.5.1 计数与求和的公式

一般情况下,一个计数公式可以返回满足具体筛选条件的确定范围的单元格数量。一个求和公式可以返回满足具体筛选条件的确定范围内单元格值的和。需要计数或求和的范围也不一定由工作表数据库构成。

表 4 - 6 列出了在创建计数和求和公式时需要使用的 Excel 工作表函数。

**表 4 - 6　Excel 计数和求和公式**

| 函　　数 | 说　　　　明 |
| --- | --- |
| COUNT | 返回包含数字值范围中单元格的数量 |
| COUNTA | 返回范围中非空的单元格数量 |
| COUNTBLANK | 返回范围中空单元格数量 |
| COUNTIF | 返回符合确定筛选条件范围中单元格的数量 |
| DCOUNT | 计算符合确定筛选条件工作表数据库中记录的数量 |
| DCOUNTA | 计算符合确定筛选条件工作表数据库非空记录的数量 |
| DEVSQ | 根据样品平均值返回数据点偏差的平方和,主要用于统计公式 |
| DSUM | 返回符合确定筛选条件的工作表数据库中某个列的和 |
| FREQUENTCY | 计算在值范围中的出现频率,返回一个纵向数字数组,这个函数只是用于多单元格数组公式 |
| SUBTOTAL | 在第一个参数为 2 或 3 时,返回构成分类汇总单元格的计数;如果第一个参数为 9,返回构成分类汇总单元格的和 |
| SUM | 返回变量的和 |
| SUMIF | 返回满足确定筛选条件范围单元格的和 |
| SUMPRODUCT | 乘以两个或两个以上范围中的相应单元格,返回总数 |
| SUMSQ | 返回参数平方和,主要用于统计公式 |
| SUMX2PY2 | 返回两个范围中相应值的平方和,主要用于统计公式 |
| SUMXMY2 | 返回两个范围中相应值差的平方和,主要用于统计公式 |
| SUMX2MY2 | 返回两个范围中相应值平方差的和,主要用于统计公式 |

**1. 使用筛选条件进行单元格计数**

（1）需同时满足多个筛选条件

在很多情况下,根据要求需要统计满足两种或多种筛选条件的单元格数量。这些筛选条件依据的是进行计数的单元格或相应单元格的范围。常见的用法是使用公式统计符合某一值范围的数字的数量。例如,要统计出包含值大于 1 小于 20 的单元格数量。可以使用 COUNTIF 函数实现这种统计。

函数：COUNTIF

语法：COUNTIF（range,criteria）

参数：range 为需要统计的符合条件的单元格数目的区域;criteria 为参与计算的单元格条件,其形式可以为数字、表达式或文本（如 36、">160" 和 " 男 " 等）。其中数字可以直接写入,表达式和文本必须加引号。

公式：=COUNTIF(data,">1")- COUNTIF(data,">20")

说明：先统计出大于 1 值的单元格数量,然后再减去大于 20 的值的单元格数量。最终得到的值即是满足筛选条件的计数值。

具体的使用方法如图 4 - 32 所示：统计出成绩表中分数在 80～90 之间的人数。

（2）满足多个筛选条件中的一个

在这种情况下的单元格计数,有时需要使用多个 COUNTIF 函数。例如,如果要统计在名为 data 的范围中包含 2,4,6 的单元格数量。

公式：=COUNTIF(data,2)+ COUNTIF(data,4)+ COUNTIF(data,6)

说明：分别统计出满足其中一个条件的单元格的数量，然后相加得到总数。

具体的使用方法如图 4 - 33 所示：统计出工资表中工资为 800,1500 和 2000 的人数。

| | A | B | C | D |
|---|---|---|---|---|
| 1 | 学号 | 成绩 | | |
| 2 | 3101801 | 85 | 分数在80-90的人数 | |
| 3 | 3101802 | 64 | 4 | |
| 4 | 3101803 | 75 | 公式：=COUNTIF(B2:B11,">=80")-COUNTIF(B2:B11,">90") | |
| 5 | 3101804 | 64 | | |
| 6 | 3101805 | 67 | | |
| 7 | 3101806 | 95 | | |
| 8 | 3101807 | 90 | | |
| 9 | 3101808 | 89 | | |
| 10 | 3101809 | 80 | | |
| 11 | 3101810 | 98 | | |

| | A | B | C |
|---|---|---|---|
| 1 | 工号 | 工资 | |
| 2 | 10001 | 900 | 工资为800、1500和2000的人数 |
| 3 | 10002 | 800 | 6 |
| 4 | 10003 | 1000 | 公式：=COUNTIF(B2:B11,800)+COUNTIF(B2:B11,1500)+COUNTIF(B2:B11,2000) |
| 5 | 10004 | 3000 | |
| 6 | 10005 | 2000 | |
| 7 | 10006 | 2000 | |
| 8 | 10007 | 1800 | |
| 9 | 10008 | 1500 | |
| 10 | 10009 | 2000 | |
| 11 | 10010 | 2000 | |

图 4 - 32  成绩表中分数在 80~90 之间的人数　　　图 4 - 33  统计出工资表中工资为 800、1500 和 2000 的人数

### 2. 出现频率最高子目的计数

Excel 的 MODE 函数可以返回某个范围中出现频率最高的值。

函数：MODE

语法：MODE（range）

参数：range 为需要统计的符合条件的单元格数目的区域。

说明：如果 range 范围不包含重复值，该公式返回 ♯ N/A 错误。

具体的使用方法如图 4 - 34 所示：统计成绩表中出现频率最高的成绩。

| | A | B | C | D | E |
|---|---|---|---|---|---|
| 1 | 学号 | 成绩 | | | |
| 2 | 20081001 | 80 | 出现频率最高的成绩 | | |
| 3 | 20081002 | 64 | 85 | | |
| 4 | 20081003 | 85 | 公式：=MODE(B2:B11) | | |
| 5 | 20081004 | 84 | | | |
| 6 | 20081005 | 85 | | | |
| 7 | 20081006 | 80 | 出现频率 | | |
| 8 | 20081007 | 85 | 5 | | |
| 9 | 20081008 | 85 | 公式：=COUNTIF(B2:B11,C3) | | |
| 10 | 20081009 | 80 | | | |
| 11 | 20081010 | 85 | | | |

图 4 - 34  统计成绩表中出现频率最高
的成绩及其出现频率

### 3. 使用条件求和

函数：SUMIF

语法：SUMIF（range,criteria,sum_range）

参数：range 为用于条件判断的单元格区域，criteria 为确定哪些单元格将被相加求和的条件，其形式可以为数字、表达式或文本。例如，条件可以表示为 32，"32"，">32" 或 "apples"，sum_range 是需要求和的实际单元格。

说明：只有在区域中相应的单元格符合条件的情况下，sum_range 中的单元格才求和。如果忽略了 sum_range，则对 range 区域中的单元格求和。

Microsoft Excel 还提供了其他一些函数，它们可根据条件来分析数据。例如，如果要

计算单元格区域内某个文本字符串或数字出现的次数，则可使用 COUNTIF 函数。如果要让公式根据某一条件返回两个数值中的某一值（例如，根据指定销售额返回销售红利），则可使用 IF 函数。

图 4-35　SUMIF 函数示例

例如，在 A7 单元格中输入公式"=SUMIF(A2:A5,">160000",B2:B5)"。第一个参数是条件适用的范围，第二个参数是条件，第三个参数是求和的区域。即，在 A2:A5 区域中满足 ">160000" 条件的行的 B2:B5 区域求和，如图 4-35 所示。

注意：若要在查看结果和查看返回结果的公式之间切换，请按"<Ctrl>＋`（重音符）"，或在"工具"菜单上，指向"公式审核"，再单击"公式审核模式"。如果是在"公式审核模式"下会弹出"公式审核"工具栏。

**4. 通配符在条件求和函数中的使用**

假定在 B2:B101 单元格区域中保存了学生的姓名，在 C2:C101 单元格区域中保存了学生的成绩。现在需要求所有"刘"姓同学的成绩总和，可以通过下面的公式来实现：

=SUMIF(B2:B31," 刘 * ",C2:C101)

其中通配符"＊"表示任何字符数的字符串，"?"代表任何单个字符。

**5. 数组乘积求和函数**

函数：SUMPRODUCT

语法：SUMPRODUCT（array1，array2，array3，…）

参数：式中，array1，array2，array3，…为 1～30 个数组。

说明：函数的功能是在给定的几组数组中，将数组间对应的元素相乘，并返回乘积之和。

需注意的是，数组参数必须具有相同的维数，否则，函数 SUMPRODUCT 将返回错误值 ＃VALUE！。对于非数值型的数组元素将作为 0 处理。

例如，要计算 2008 年产品 A 的销售总额，已知产品 A 的 12 个月的销量分别保存在 C2:N2 中，产品 A 的 12 个月的单价分别保存在 C3:N3 中，可在任一单元格（比如 O2）中输入公式"=SUMPRODUCT(C2:N2,C3:N3)"即可。

**6. 数据库中条件求和**

函数：DSUM

语法：DSUM（database，field，criteria）

参数：database 构成列表或数据库的单元格区域。数据库是包含一组相关数据的列表，其中包含相关信息的行为记录，而包含数据的列为字段。列表的第一行包含着每一列的标志项。field 指定函数所使用的数据列。列表中的数据列必须在第一行具有标志项。field 可以是文本，即两端带引号的标志项，如"使用年数"或"产量"；此外，Field 也可以是代表列表中数据列位置的数字：1 表示第 1 列，2 表示第 2 列等。criteria 为一组包含给定条件的单元格区域。可以为参数 criteria 指定任意区域，只要它至少包含一个列标志和列标志下方用于设定条件的单元格。

说明：返回列表或数据库的列中满足指定条件的数字之和，即，将数据库中符合条件

的记录的字段列中的数字相加。

例如，A12 单元格中输入公式："＝DSUM(A4:E10,"利润",A1:A2)"。第 1 个参数是数据库范围(二维表)，第 2 个参数是要求和的列，如果不写 "利润"，用数字 5，结果是一样的，表示对数据库的第 5 列求和，第 3 个参数表示条件，这里的条件是"树种"为"苹果树"。A12 单元格计算的是 A4:E10 区域内，"树种"为"苹果树"的利润和。

| A12 | ▼ | $f_x$ | =DSUM(A4:E10,"利润",A1:A2) | | |
|------|------|------|------|------|------|
| | A | B | C | D | E | F |
| 1 | 树种 | 高度 | 使用年数 | 产量 | 利润 | 高度 |
| 2 | 苹果树 | >10 | | | | <16 |
| 3 | 梨树 | | | | | |
| 4 | 树种 | 高度 | 使用年数 | 产量 | 利润 | |
| 5 | 苹果树 | 18 | 20 | 14 | 105 | |
| 6 | 梨树 | 12 | 12 | 10 | 96 | |
| 7 | 樱桃树 | 13 | 14 | 9 | 105 | |
| 8 | 苹果树 | 14 | 15 | 10 | 75 | |
| 9 | 梨树 | 9 | 8 | 8 | 76.8 | |
| 10 | 苹果树 | 8 | 9 | 6 | 45 | |
| 11 | 公式 | 说明 (结果) | | | | |
| 12 | =DSUM(A4:E10,"利润",A1:A2) | 此函数计算苹果树的总利润。(225) | | | | |

图 4 - 36　DSUM 函数示例

DSUM 函数还允许多个条件的求和，条件区域设置的原则是：不同行表示"或"关系，同一行表示"与"关系。具体条件区域设置分如下几种情况。

（1）单列上具有多个条件

如果对于某一列具有两个或多个筛选条件，那么可直接在各行中从上到下依次键入各个条件。例如，图 4 - 37（a）的条件区域显示"销售人员"列中包含"Davolio"、"Buchanan"或"Suyama"的行。

| 销售人员 |
|---------|
| Davolio |
| Buchanan |
| Suyama |

(a)

| 键入 | 销售人员 | 销售 |
|------|---------|------|
| 农产品 | Davolio | >1000 |

(b)

| 键入 | 销售人员 | 销售 |
|------|---------|------|
| 农产品 | | |
| | Davolio | |
| | | >1000 |

(c)

| 销售人员 | 销售 |
|---------|------|
| Davolio | >3000 |
| Buchanan | >1500 |

(d)

| 销售 | 销售 |
|------|------|
| >5000 | <8000 |
| <500 | |

(e)

图 4 - 37　多个条件的求和条件区域设置

（2）多列上具有单个条件

若要在两列或多列中查找满足单个条件的数据，请在条件区域的同一行中输入所有条件。例如，图 4 - 37(b)的条件区域将显示所有在"类型"列中包含"农产品"、在"销售人员"列中包含"Davolio"且"销售额"大于 $1000 的数据行。

（3）某一列或另一列上具有单个条件

若要找到满足一列条件或另一列条件的数据，请在条件区域的不同行中输入条件。例如，图 4 - 37(c) 的条件区域将显示所有在"类型"列中包含"农产品"、在"销售人员"列中包含"Davolio"或销售额大于 $1000 的行。

（4）两列上具有两组条件之一

若要找到满足两组条件（每一组条件都包含针对多列的条件）之一的数据行，请在各行中键入条件。例如，图 4 - 37(d) 的条件区域将显示所有在"销售人员"列中包含"Davolio"且销售额大于 $3000 的行，同时也显示"Buchanan"销售商的销售额大于 $1500 的行。

（5）一列有两组以上条件

若要找到满足两组以上条件的行，请用相同的列标题包括多列。例如，图 4 - 37(e) 条件区域显示介于 5000 和 8000 之间以及少于 500 的销售额。

注意：

① 可以为参数 criteria 指定任意区域，只要它至少包含一个列标志和列标志下方用于设定条件的单元格。例如，如果区域 G1：G2 在 G1 中包含列标志 Income，在 G2 中包含数量 10 000，可将此区域命名为 MatchIncome，那么在数据库函数中就可使用该名称作为参数 criteria。

② 虽然条件区域可以在工作表的任意位置，但不要将条件区域置于列表的下方。如果使用"数据"菜单中的"记录单"命令在列表中添加信息，新的信息将被添加在列表下方的第一行上。如果列表下方的行非空，Microsoft Excel 将无法添加新的信息。

③ 确定条件区域没有与列表相重叠。

④ 若要对数据库的整个列进行操作，请在条件区域的相应列标志下方保留一个空行。

⑤ 用作条件的公式必须使用相对引用来引用列标志（例如，"销售"），或者引用第一个记录的对应字段。公式中的所有其他引用都必须是绝对引用，并且公式必须计算出结果 TRUE 或 FALSE。在本公式示例中，C7 引用了列表中第一个记录（行 7）的字段（列 C）。

⑥ 可以在公式中使用列标志来代替相对的单元格引用或区域名称。当 Microsoft Excel 在包含条件的单元格中显示错误值 #NAME? 或 #VALUE! 时，可以忽略这些错误，因为它们不影响列表的筛选。

⑦ Microsoft Excel 在计算数据时不区分大小写。

### 4.5.2　查找与引用的公式

查找时数据处理时经常要用到的操作，Excel 提供了丰富的查找函数，方便用户进行各种数据查找。

**1. 查找函数**

（1）LOOKUP 函数

函数 LOOKUP 有两种语法形式：向量和数组。

向量为只包含一行或一列的区域。函数 LOOKUP 的向量形式是在单行区域或单列区域（向量）中查找数值，然后返回第二个单行区域或单列区域中相同位置的数值。如果需要指定包含待查找数值的区域，则可以使用函数 LOOKUP 的这种形式。函数

LOOKUP 的另一种形式为自动在第一列或第一行中查找数值。

**语法 1 向量形式**：LOOKUP（lookup_value,lookup_vector,result_vector）

参数：lookup_value 为函数 LOOKUP 在第一个向量中所要查找的数值。lookup_value可以为数字、文本、逻辑值或包含数值的名称或引用。lookup_vector 为只包含一行或一列的区域。lookup_vector 的数值可以为文本、数字或逻辑值。result_vector 只包含一行或一列的区域，其大小必须与 lookup_vector 相同。

要点：lookup_vector 的数值必须按升序排序：…，−2，−1，0，1，2，…，A−Z，FALSE,TRUE;否则,函数 LOOKUP 不能返回正确的结果。文本不区分大小写。

说明：如果函数 LOOKUP 找不到 lookup_value，则查找 lookup_vector 中小于或等于 lookup_value 的最大数值。如果 lookup_value 小于 lookup_vector 中的最小值，函数 LOOKUP 返回错误值 ♯N/A。

例如，如图 4−38 所示，在单元格 A8 中输入公式："=LOOKUP(,A2:A6,)"。表示在 A2:A6 单元格区域中查找等于"4.91"的行，并返回在 B2:B6 区域中相应行的值。

| | A | B |
|---|---|---|
| | 频率 | 颜色 |
| 2 | 4.14 | red |
| 3 | 4.91 | orange |
| 4 | 5.17 | yellow |
| 5 | 5.77 | green |
| 6 | 6.39 | blue |
| 7 | 公式 | 说明（结果） |
| 8 | =LOOKUP(4.91,A2:A6,B2:B6) | 在 A 列中查找 4.91，并返回同一行 B 列的值（orange） |
| 9 | =LOOKUP(5,A2:A6,B2:B6) | 在 A 列中查找 5.00，并返回同一行 B 列的值（orange） |
| 10 | =LOOKUP(7.66,A2:A6,B2:B6) | 在 A 列中查找 7.66（最接近的下一个值为6.39），并返回同一行 B 列的值（blue） |
| 11 | =LOOKUP(0,A2:A6,B2:B6) | 在 A 列中查找 0，由于 0 小于查找向量A2:A7 中的最小值，所以返回错误值（#N/A） |

（A8 单元格栏：=LOOKUP(4.91,A2:A6,B2:B6)）

图 4−38　LOOKUP 函数向量形式举例

注意：如果 lookup_vector 表示的区域中有多个等于 lookup_value 的值，则取最后一个值所在的行或者列。

**语法 2 数组形式**：LOOKUP（lookup_value,array）

参数：lookup_value 为函数 LOOKUP 在数组中所要查找的数值。lookup_value 可以为数字、文本、逻辑值或包含数值的名称或引用。如果函数 LOOKUP 找不到lookup_value，则使用数组中小于或等于 lookup_value 的最大数值。如果 lookup_value 小于第一行或第一列（取决于数组的维数）的最小值，函数 LOOKUP 返回错误值 ♯N/A。Array 为包含文本、数字或逻辑值的单元格区域，它的值用于与 lookup_value 进行比较。

如果数组所包含的区域宽度大，高度小（即列数多于行数），函数 LOOKUP 在第一行查找 lookup_value。如果数组为正方形，或者所包含的区域高度大，宽度小（即行数多于列数),函数 LOOKUP 在第一列查找 lookup_value。

要点:数组中的数值必须按升序排序:…,−2,−1,0,1,2,…,A−Z,FALSE, TRUE;否则,函数 LOOKUP 不能返回正确的结果。文本不区分大小写。

例如,如图 4-39 所示,在单元格 A2 中输入公式:"＝LOOKUP("C",{"a","b", "c","d";1,2,3,4})",在数组区域内第一行查找"C",并返回同一列最后一行的值"3"。因为该数组是 2 行,4 列的数组,列数多于行数,则在第一行进行查找。而 A3 中的公式涉及的数组区域是 3 行,2 列,行数多于列数,则在第一列进行查找。

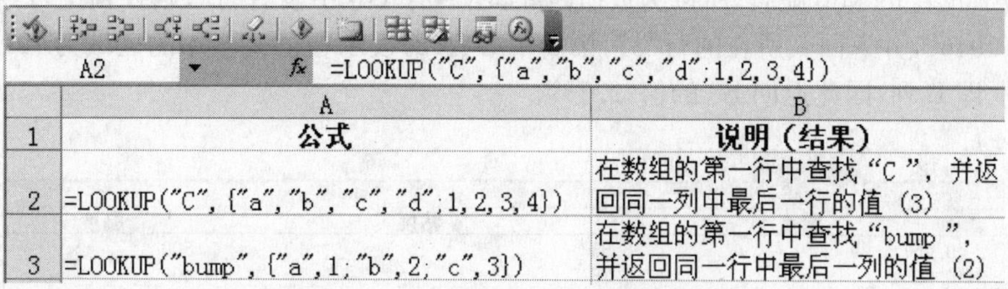

| | A | B |
|---|---|---|
| | A2　　▼　　 fx　=LOOKUP("C", {"a","b","c","d";1,2,3,4}) | |
| 1 | **公式** | **说明(结果)** |
| 2 | =LOOKUP("C", {"a","b","c","d";1,2,3,4}) | 在数组的第一行中查找"C",并返回同一列中最后一行的值(3) |
| 3 | =LOOKUP("bump", {"a",1;"b",2;"c",3}) | 在数组的第一行中查找"bump",并返回同一行中最后一列的值(2) |

图 4-39　LOOKUP 函数数组形式举例

(2) VLOOKUP 函数

在表格或数值数组的首列查找指定的数值,并由此返回表格或数组当前行中指定列处的数值。在 VLOOKUP 中的 V 代表垂直。

语法:VLOOKUP (lookup_value,table_array,col_index_num,range_lookup)

参数:lookup_value 为需要在数组第一列中查找的数值。lookup_value 可以为数值、引用或文本字符串。table_array 为需要在其中查找数据的数据表。可以使用对区域或区域名称的引用,例如数据库或列表。

如果 range_lookup 为 TRUE,则 table_array 的第一列中的数值必须按升序排列:…,−2,−1,0,1,2,…,−Z,FALSE,TRUE;否则,函数 VLOOKUP 不能返回正确的数值。如果 range_lookup 为 FALSE,table_array 不必进行排序。通过在"数据"菜单中的"排序"中选择"升序",可将数值按升序排列。table_array 的第一列中的数值可以为文本、数字或逻辑值。文本不区分大小写。

col_index_num 为 table_array 中待返回的匹配值的列序号。col_index_num 为 1 时,返回 table_array 第一列中的数值;col_index_num 为 2,返回 table_array 第二列中的数值,以此类推。如果 col_index_num 小于 1,函数 VLOOKUP 返回错误值＃VALUE!;如果 col_index_num 大于 table_array 的列数,函数 VLOOKUP 返回错误值 ＃REF!。

range_lookup 为一逻辑值,指明函数 VLOOKUP 返回时是精确匹配还是近似匹配。如果为 TRUE 或省略,则返回近似匹配值,也就是说,如果找不到精确匹配值,则返回小于 lookup_value 的最大数值;如果 range_value 为 FALSE,函数 VLOOKUP 将返回精确匹配值。如果找不到,则返回错误值 ＃N/A。

说明:

① 如果函数 VLOOKUP 找不到 lookup_value,且 range_lookup 为 TRUE,则使用小于等于 lookup_value 的最大值。

② 如果 lookup_value 小于 table_array 第一列中的最小数值,函数 VLOOKUP 返回错误值 ♯N/A。

③ 如果函数 VLOOKUP 找不到 lookup_value 且 range_lookup 为 FALSE,函数 VLOOKUP 返回错误值 ♯N/A。

例如,如图 4-40 所示,在单元格 A12 中输入公式:"=VLOOKUP(1,A2:C10,2)"。第一个参数表示要找的值"1",第 2 个参数表示公式作用的区域为 A2:C1,VLOOKUP 函数要求在第 2 个参数定义的区域的第 1 列中查找给定值为参数一的行 A2:A10,因为第 4 个参数 range_lookup 缺省,所以为近似匹配,在 A2:A10 中没有"1",则找到比"1"小的最大值"0.946",并返回其所在的行"8",第 3 个参数"2"表示在公式作用的区域为 A2:C1 的第 2 列,即 B 列,因此返回 B8 的值"2.17"。

| A12 | ▾ | $f_x$ | =VLOOKUP(1,A2:C10,2) |
|---|---|---|---|

| | A 密度 | B 粘度 | C 温度 |
|---|---|---|---|
| 1 | 密度 | 粘度 | 温度 |
| 2 | 0.457 | 3.55 | 500 |
| 3 | 0.525 | 3.25 | 400 |
| 4 | 0.616 | 2.93 | 300 |
| 5 | 0.675 | 2.75 | 250 |
| 6 | 0.746 | 2.57 | 200 |
| 7 | 0.835 | 2.38 | 150 |
| 8 | 0.946 | 2.17 | 100 |
| 9 | 1.09 | 1.95 | 50 |
| 10 | 1.29 | 1.71 | 0 |
| 11 | 公式 | 说明(结果) | |
| 12 | =VLOOKUP(1,A2:C10,2) | 在 A 列中查找 1,并从相同行的 B 列中返回值(2.17) | |
| 13 | =VLOOKUP(1,A2:C10,3,TRUE) | 在 A 列中查找 1,并从相同行的 C 列中返回值(100) | |
| 14 | =VLOOKUP(0.7,A2:C10,3,FALSE) | 在 A 列中查找 0.746。因为 A 列中没有精确地匹配,所以返回了一个错误值(#N/A) | |
| 15 | =VLOOKUP(0.1,A2:C10,2,TRUE) | 在 A 列中查找 0.1。因为 0.1 小于 A 列的最小值,所以返回了一个错误值(#N/A) | |
| 16 | =VLOOKUP(2,A2:C10,2,TRUE) | 在 A 列中查找 2,并从相同行的 B 列中返回值(1.71) | |

图 4-40 VLOOKUP 函数举例

(3) HLOOKUP 函数

在表格或数值数组的首行查找指定的数值,并由此返回表格或数组当前列中指定行处的数值。当比较值位于数据表的首行,并且要查找下面给定行中的数据时,请使用函数 HLOOKUP。当比较值位于要查找的数据左边的一列时,请使用函数 VLOOKUP。HLOOKUP 中的 H 代表"行"。

语法:HLOOKUP (lookup_value,table_array,row_index_num,range_lookup)

参数:lookup_value 为需要在数据表第一行中进行查找的数值。lookup_value 可以为数值、引用或文本字符串。table_array 为需要在其中查找数据的数据表,可以使用对区域或区域名称的引用。table_array 的第一行的数值可以为文本、数字或逻辑值。

如果 range_lookup 为 TRUE,则 table_array 的第一行的数值必须按升序排列:…,−2,−1,0,1,2,…,A−Z,FALSE,TRUE;否则,函数 HLOOKUP 将不能给出正确的数值。如果 range_lookup 为 FALSE,则 table_array 不必进行排序。文本不区分大小写。可以用下面的方法实现数值从左到右的升序排列:选定数值,在"数据"菜单中单击"排序",再单击"选项",然后单击"按行排序"选项,最后单击"确定"。在"排序依据"下拉列表框中,选择相应的行选项,然后单击"升序"选项。

row_index_num 为 table_array 中待返回的匹配值的行序号。row_index_num 为 1 时,返回 table_array 第一行的数值,row_index_num 为 2 时,返回 table_array 第二行的数值,以此类推。如果 row_index_num 小于 1,函数 HLOOKUP 返回错误值 ♯VALUE!;如果 row_index_num 大于 table_array 的行数,函数 HLOOKUP 返回错误值 ♯REF!。

range_lookup 为一逻辑值,指明函数 HLOOKUP 查找时是精确匹配,还是近似匹配。如果为 TRUE 或省略,则返回近似匹配值。也就是说,如果找不到精确匹配值,则返回小于 lookup_value 的最大数值。如果 range_value 为 FALSE,函数 HLOOKUP 将查找精确匹配值,如果找不到,则返回错误值 ♯N/A!。

说明:

① 如果函数 HLOOKUP 找不到 lookup_value,且 range_lookup 为 TRUE,则使用小于 lookup_value 的最大值。

② 如果函数 HLOOKUP 小于 table_array 第一行中的最小数值,函数 HLOOKUP 返回错误值 ♯N/A!。

例如,如图 4-41 所示,在单元格 A6 中输入公式:"=HLOOKUP("Axles",A1:C4,2,TRUE)"。在第二个参数 A1:C4 的第一行 A1:C1 范围内查找等于第一个参数"Axles"的列号,并返回该列的第三个参数给出的在查找范围表内的行数"2"的值,即 A2 的值为"4"。

| | A | B | C |
|---|---|---|---|
| 1 | Axles | Bearings | Bolts |
| 2 | 4 | 4 | 9 |
| 3 | 5 | 7 | 10 |
| 4 | 6 | 8 | 11 |
| 5 | 公式 | 说明（结果） | |
| 6 | =HLOOKUP("Axles",A1:C4,2,TRUE) | 在首行查找 Axles,并返回同列中第 2 行的值。(4) | |
| 7 | =HLOOKUP("Bearings",A1:C4,3,FALSE) | 在首行查找 Bearings,并返回同列中第 3 行的值。(7) | |
| 8 | =HLOOKUP("B",A1:C4,3,TRUE) | 在首行查找 B,并返回同列中第 3 行的值。由于 B 不是精确匹配,因此将使用小于 B 的最大值 Axles。(5) | |
| 9 | =HLOOKUP("Bolts",A1:C4,4) | 在首行查找 Bolts,并返回同列中第 4 行的值。(11) | |

图 4-41　HLOOKUP 函数举例

函数 LOOKUP 的数组形式与函数 HLOOKUP 和函数 VLOOKUP 非常相似。不同之处在于函数 HLOOKUP 在第一行查找 lookup_value,函数 VLOOKUP 在第一列查找,而函数 LOOKUP 则按照数组的维数查找。

函数 HLOOKUP 和函数 VLOOKUP 允许按行或按列索引,而函数 LOOKUP 总是选择行或列的最后一个数值。

**2. 引用函数**

在 Excel 中引用的作用在于标识工作表上的单元格或单元格区域,并指明公式中所使用的数据的位置。通过引用,可以在公式中使用工作表不同部分的数据,或者在多个公式中使用同一单元格的数值。还可以引用同一工作簿不同工作表的单元格、不同工作簿的单元格,甚至其他应用程序中的数据。Excel 提供了返回一个单元格地址的 ADDRESS,COLUMN,ROW 函数,和返回单元格区域的 AREAS,COLUMNS,INDEX,ROWS 函数等。

(1) ADDRESS 函数

按照给定的行号和列标,建立文本类型的单元格地址。

语法:ADDRESS (row_num,column_num,abs_num,a1,sheet_text)

参数:row_num 在单元格引用中使用的行号。column_num 在单元格引用中使用的列标。abs_num 指定返回的引用类型。abs_num 返回的引用类型:1 或省略为绝对引用,2 为绝对行号相对列标,3 相对行号绝对列标,4 为相对引用。a1 用以指定 A1 或 R1C1 引用样式的逻辑值。如果 a1 为 TRUE 或省略,函数 ADDRESS 返回 A1 样式的引用;如果 a1 为 FALSE,函数 ADDRESS 返回 R1C1 样式的引用。sheet_text 为一文本,指定作为外部引用的工作表的名称,如果省略 sheet_text,则不使用任何工作表名。

例如,如图 4 - 42 所示,在单元格 A6 中输入公式:"=ADDRESS(2,3,1,FALSE,"Excel SHEET")"。第 1 个参数表示引用的单元格在第 2 行,第 2 个参数表示引用的单元格在第 3 列,第 3 个参数表示返回结果为绝对引用,第 4 个参数表示返回结果为 R2C3 行列的形式,第 5 个参数表示引用单元格所在的工作表。

| | A | B |
|---|---|---|
| | **公式** | **说明 (结果)** |
| 1 | | |
| 2 | =ADDRESS(2,3) | 绝对引用 ($C$2) |
| 3 | =ADDRESS(2,3,2) | 绝对行号,相对列标 (C$2) |
| 4 | =ADDRESS(2,3,2,FALSE) | 在 R1C1 引用样式中的绝对行号,相对列标 (R2C[3]) |
| 5 | =ADDRESS(2,3,1,FALSE,"[Book1]Sheet1") | 对其他工作簿或工作表的绝对引用 ([Book1]Sheet1!R2C3) |
| 6 | =ADDRESS(2,3,1,FALSE,"EXCEL SHEET") | 对其他工作表的绝对引用 ('EXCEL SHEET'!R2C3) |

图 4 - 42 ADDRESS 函数示例

(2) COLUMN 函数

返回给定引用的列标。

语法:COLUMN (reference)

参数:reference 为需要得到其列标的单元格或单元格区域。如果省略 reference,则假定为是对函数 COLUMN 所在单元格的引用。如果 reference 为一个单元格区域,并且函数 COLUMN 作为水平数组输入,则函数 COLUMN 将 reference 中的列标以水平数组的形式返回。reference 不能引用多个区域。

例如,如图 4-43 所示,在 A2 单元格中输入公式:"=COLUMN( )",返回值为 A2 的列号 1。在 A3 单元格中输入公式:"=COLUMN(A10)",返回值为 A10 的列号 1。

| | A | B |
|---|---|---|
| 1 | 公式 | 说明(结果) |
| 2 | =COLUMN() | 公式所在的列(1) |
| 3 | =COLUMN(A10) | 引用的列(1) |

图 4-43　COLUMN 函数示例

(3) ROW 函数

返回引用的行号。

语法:ROW(reference)

参数:reference 为需要得到其行号的单元格或单元格区域。如果省略 reference,则假定是对函数 ROW 所在单元格的引用。如果 reference 为一个单元格区域,并且函数 ROW 作为垂直数组输入,则函数 ROW 将 reference 的行号以垂直数组的形式返回。reference 不能引用多个区域。

例如,如图 4-44 所示,示例中的公式必须以数组公式的形式输入。选择以公式单元格开头的区域 A2:A4,输入公式"=ROW(C4:D6)",按<F2>,再按"<Ctrl>+<Shift>+<Enter>"。如果不以数组公式的形式输入公式,则只返回单个结果值 4。

| A2 | ▼ | fx | {=ROW(C4:D6)} |
|---|---|---|---|

| | A | B |
|---|---|---|
| 1 | 公式 | 说明(结果) |
| 2 | 4 | 引用中的第一行的行号(4) |
| 3 | 5 | 引用中的第二行的行号(5) |
| 4 | 6 | 引用中的第三行的行号(6) |

图 4-44　ROW 函数示例

(4) AREAS 函数

用于返回引用中包含的区域个数。其中区域表示连续的单元格组或某个单元格。

语法:AREAS(reference)

参数:对某个单元格或单元格区域的引用,也可以引用多个区域。如果需要将几个引用指定为一个参数,则必须用括号括起来,以免 Microsoft Excel 将逗号作为参数间的分隔符。

例如,如图 4-45 所示,在 A3 单元格中输入公式:"=AREAS((B2:D4,E5,F6:I9))",函数返回值为 3。

| | A | B |
|---|---|---|
| 1 | =AREAS(B2:D4) | 引用中包含的区域个数(1) |
| 2 | =AREAS((B2:D4,E5,F6:I9)) | 引用中包含的区域个数(3) |
| 3 | =AREAS(B2:D4 B2) | 引用中包含的区域个数(1) |

图 4-45　AREAS 函数示例

(5) COLUMNS 函数

用于返回数组或引用的列数。

语法:COLUMNS(array)

参数：array 为需要得到其列数的数组、数组公式或对单元格区域的引用。

例如，如图 4-46 所示，在 A3 单元格中输入公式："＝COLUMNS({1,2,3;4,5,6})"，函数返回值为 3。

| | A | B |
|---|---|---|
| 1 | 公式 | 说明（结果） |
| 2 | =COLUMNS(C1:E4) | 引用中的列数（3） |
| 3 | =COLUMNS({1,2,3;4,5,6}) | 数组常量中的列数（3） |

图 4-46　COLUMNS 函数示例

（6）ROWS 函数

用于返回引用或数组的行数。

语法：ROWS（array）

参数：array 为需要得到其列数的数组、数组公式或对单元格区域的引用。

例如，如图 4-47 所示，在 A3 单元格中输入公式："＝ROWS({1,2,3;4,5,6})"，函数返回值为 2。

| | A | B |
|---|---|---|
| 1 | 公式 | 说明（结果） |
| 2 | =ROWS(C1:E4) | 引用中的行数（4） |
| 3 | =ROWS({1,2,3;4,5,6}) | 数组常量中的行数（2） |

图 4-47　ROWS 函数示例

### 4.5.3　为统计应用创建公式

Excel 的统计工作表函数用于对数据区域进行统计分析。例如，统计工作表函数可以用来统计样本的方差、数据区间的频率分布等。统计工作表函数中提供了很多属于统计学范畴的函数，但也有些函数其实在你我的日常生活中是很常用的，比如求班级平均成绩，排名等。在本文中，主要介绍一些常见的统计函数，而属于统计学范畴的函数不在此赘述，详细的使用方法可以参考 Excel 帮助及相关的书籍。

在介绍统计函数之前，请大家先看一下附表中的函数名称。是不是发现有些函数是很类似的，只是在名称中多了一个字母 A？比如，AVERAGE 与 AVERAGEA；COUNT 与 COUNTA。基本上，名称中带 A 的函数在统计时不仅统计数字，而且文本和逻辑值（如 TRUE 和 FALSE）也将计算在内。在下文中将主要介绍不带 A 的几种常见函数的用法。

**1. 用于求平均值的统计函数 AVERAGE、TRIMMEAN**

（1）求参数的算术平均值函数 AVERAGE

语法：AVERAGE（number1，number2，…）

参数：number1，number2，…为要计算平均值的 1～30 个参数。这些参数可以是数字，或者是涉及数字的名称、数组或引用。如果数组或单元格引用参数中有文字、逻辑值或空单元格，则忽略其值。但是，如果单元格包含零值则计算在内。函数 AVERAGEA 如果数组或单元格引用参数中有文字、逻辑值或空单元格，则按零值计算。

（2）求数据集的内部平均值函数 TRIMMEAN

语法：TRIMMEAN（array，percent）

参数：array 为需要进行筛选并求平均值的数组或数据区域。percent 为计算时所要除去的数据点的比例，例如，如果 percent ＝ 0.4，在 10 个数据点的集合中，就要除去 4 个数据点(10 × 0.4)，头部除去 2 个，尾部除去 2 个。函数 TRIMMEAN 将除去的数据点数目向下舍为最接近的 2 的倍数。

图 4－48 给出了求平均值的统计函数的示例，B13、B14 与 B15 是公式，C13、C14 与 C15 是与之对应的结果。

| | A | B | C |
|---|---|---|---|
| 1 | | 8号选手成绩 | |
| 2 | 编号 | 评委 | 分数 |
| 3 | 1 | 评委A | 9.98 |
| 4 | 2 | 评委B | 9.65 |
| 5 | 3 | 评委C | 9.55 |
| 6 | 4 | 评委D | 9.5 |
| 7 | 5 | 评委E | 9.4 |
| 8 | 6 | 评委F | 9.35 |
| 9 | 7 | 评委G | 评分无效 |
| 10 | 8 | 评委H | 9.3 |
| 11 | 9 | 评委I | 9.1 |
| 12 | 10 | 评委J | 8.6 |
| 13 | AVERAGE | =AVERAGE(C3:C12) | 9.38 |
| 14 | AVERAGEA | =AVERAGEA(C3:C12) | 8.44 |
| 15 | TRIMMEAN | =TRIMMEAN(C3:C12,0 | 9.41 |

图 4－48　求平均值的统计函数示例

**2. 用于求单元格个数的统计函数 COUNT**

语法：COUNT (value1,value2,…)

参数：value1,value2,…为包含或引用各种类型数据的参数(1～30 个)，但只有数字类型的数据才被计数。函数 COUNT 在计数时，将把数字、空值、逻辑值、日期或以文字代表的数计算进去；但是错误值或其他无法转化成数字的文字则被忽略。

如果参数是一个数组或引用，那么只统计数组或引用中的数字；数组中或引用的空单元格、逻辑值、文字或错误值都将忽略。如果要统计逻辑值、文字或错误值，应当使用函数 COUNTA。

举例说明 COUNT 函数的用途，示例中也列举了带 A 的函数 COUNTA 的用途。仍以上例为例，要计算一共有多少评委参与评分(用函数 COUNTA)，以及有几个评委给出了有效分数(用函数 COUNT)。

| | A | B | C | D |
|---|---|---|---|---|
| 1 | | 8号选手成绩 | | |
| 2 | 编号 | 评委 | 分数 | 备注 |
| 3 | 1 | 评委A | 9.98 | |
| 4 | 2 | 评委B | 9.65 | |
| 5 | 3 | 评委C | 9.55 | |
| 6 | 4 | 评委D | 9.5 | |
| 7 | 5 | 评委E | 9.4 | |
| 8 | 6 | 评委F | 9.35 | |
| 9 | 7 | 评委G | FALSE | 指评分无效 |
| 10 | 8 | 评委H | 9.3 | |
| 11 | 9 | 评委I | 9.1 | |
| 12 | 10 | 评委J | 8.6 | |
| 13 | COUNT | =COUNT(C3:C12) | 9 | 求有效分数的个数 |
| 14 | COUNTA | =COUNTA(C3:C12) | 10 | 求评委的人数 |

图 4－49　求单元格个数的统计函数示例

117

### 3. 求区域中数据的频率分布 FREQUENCY

由于函数 FREQUENCY 返回一个数组,必须以数组公式的形式输入。

语法:FREQUENCY(data_array,bins_array)

参数:data_array 为一数组或对一组数值的引用,用来计算频率。如果 data_array 中不包含任何数值,函数 FREQUENCY 返回零数组。bins_array 为一数组或对数组区域的引用,设定对 data_array 进行频率计算的分段点。如果 bins_array 中不包含任何数值,函数 FREQUENCY 返回 data_array 元素的数目。

FREQUENCY 的用法比较复杂,但其用处很大。比如可以计算不同工资段的人员分布,公司员工的年龄分布,学生成绩的分布情况等。下面以具体示例说明其基本的用法。

以计算某公司的员工年龄分布情况为例说明。如图 4-50 所示,在工作表里列出了员工的年龄。这些年龄为 28,26,31,21,44,33,22 和 37,并分别输入到单元格 C4:C11。这一列年龄就是 data_array。bins_array 是另一列用来对年龄分组的区间值。在本例中,bins_array 是指 C13:C16 单元格,分别含有值 25,30,35 和 40。以数组形式输入函数 FREQUENCY,就可以计算出年龄在 25 岁以下,26～30 岁,31～35 岁,36～40 岁和 40 岁以上各区间中的数目。本例中选择了 5 个垂直相邻的单元格后,即以数组

| | B13 | ▼ | *fx* | {=FREQUENCY(C4:C11,C13:C16)} | |
|---|---|---|---|---|---|
| | A | B | C | D | E |
| 1 | XX公司员工年龄分布情况统计表 | | | | |
| 2 | | | | | |
| 3 | 员工姓名 | 出生日期 | 年龄 | | |
| 4 | 赵 | 1980年10月25日 | 28 | | |
| 5 | 钱 | 1982年12月25日 | 26 | | |
| 6 | 孙 | 1978年5月25日 | 31 | | |
| 7 | 李 | 1988年3月12日 | 21 | | |
| 8 | 周 | 1964年12月31日 | 44 | | |
| 9 | 吴 | 1976年7月8日 | 33 | | |
| 10 | 郑 | 1987年8月25日 | 22 | | |
| 11 | 王 | 1972年1月5日 | 37 | | |
| 12 | | | | | |
| 13 | 25岁以下 | 2 | 25 | | |
| 14 | 26-30岁 | 2 | 30 | | |
| 15 | 31-35岁 | 2 | 35 | | |
| 16 | 36-40岁 | 1 | 40 | | |
| 17 | 40岁以上 | 1 | | | |

图 4-50 求区域中数据的频率分布公式示例

公式输入下面的公式。返回的数组中的元素个数比 bins_array(数组)中的元素个数多 1。第 5 个数字 1 表示大于最高间隔(40)的数值的个数。函数 FREQUENCY 忽略空白单元格和文本值。公式为:{=FREQUENCY(C4:C11,C13:C16)},结果为:{2;2;2;1;1}。

### 4. 求数据集的满足不同要求的数值的函数

(1) 求数据集的最大值 MAX 与最小值 MIN

这两个函数 MAX、MIN 就是用来求解数据集的极值(即最大值、最小值)。函数的用法非常简单。

语法:函数名(number1,number2,…)

参数:number1,number2,…为需要找出最大数值的 1～30 个数值。如果要计算数组或引用中的空白单元格、逻辑值或文本将被忽略。因此如果逻辑值和文本不能忽略,请使用带 A 的函数 MAXA 或者 MINA 来代替。

(2) 求数据集中第 k 个最大值 LARGE 与第 k 个最小值 SMALL

这两个函数 LARGE、SMALL 与 MAX、MIN 非常相像,区别在于它们返回的不是极值,而是第 k 个值。

语法:函数(array,k)

参数:array 为需要找到第 k 个最小值的数组或数字型数据区域。k 为返回的数据在数组或数据区域里的位置(如果是 LARGE 为从大到小排,若为 SMALL 函数则从小到大排)。

说到这,大家可以想得到吧。如果 k=1 或者 k=n(假定数据集中有 n 个数据)的时候,是不是就可以返回数据集的最大值或者最小值了呢。

(3) 求数据集中的中位数 MEDIAN

MEDIAN 函数返回给定数值集合的中位数。所谓中位数是指在一组数据中居于中间的数,换句话说,在这组数据中,有一半的数据比它大,有一半的数据比它小。

语法:MEDIAN (number1,number2,…)

参数:其中 number1,number2,…是需要找出中位数的 1~30 个数字参数。如果数组或引用参数中包含有文字、逻辑值或空白单元格,则忽略这些值,但是其值为零的单元格会计算在内。需要注意的是,如果参数集合中包含有偶数个数字,函数 MEDIAN 将返回位于中间的两个数的平均值。

(4) 求数据集中出现频率最多的数 MODE

MODE 函数用来返回在某一数组或数据区域中出现频率最多的数值。跟 MEDIAN 一样,MODE 也是一个位置测量函数。

语法:MODE (number1,number2,…)

参数:number1, number2, …是用于众数(众数指在一组数值中出现频率最高的数值)计算的 1~30 个参数,也可以使用单一数组(即对数组区域的引用)来代替由逗号分隔的参数。

求数据集的满足不同要求的数值的示例:以某单位年终奖金分配表为例说明。在示例中,我们将利用这些函数求解该单位年终奖金分配中的最高金额、最低金额、平均金额、中间金额、众数金额以及第二高金额等。

| | A | B | C | D | E |
|---|---|---|---|---|---|
| 1 | XX公司2008年年终奖金分配表 | | | | |
| 2 | 编号 | 部门 | 职位 | 员工姓名 | 年终奖金额 |
| 3 | A001 | 业务部 | 经理 | 赵 | 50000 |
| 4 | A002 | 业务部 | 副经理 | 钱 | 35000 |
| 5 | A003 | 业务部 | 职员 | 孙 | 18000 |
| 6 | A004 | 业务部 | 职员 | 李 | 15000 |
| 7 | A005 | 管理部 | 经理 | 周 | 35000 |
| 8 | A006 | 管理部 | 职员 | 吴 | 20000 |
| 9 | A007 | 管理部 | 职员 | 郑 | 15000 |
| 10 | A008 | 技术部 | 经理 | 王 | 40000 |
| 11 | A009 | 技术部 | 职员 | 冯 | 15000 |
| 12 | A010 | 技术部 | 职员 | 陈 | 18000 |
| 13 | A011 | 后勤 | 职员 | 褚 | 6000 |
| 14 | A012 | 后勤 | 职员 | 卫 | 8000 |
| 15 | 最高奖金额 | 50000 | =MAX(E3:E14) | | |
| 16 | 最高奖额算法二 | 50000 | =LARGE(E3:E14,1) | | |
| 17 | 最低奖金额 | 6000 | =MIN(E3:E14) | | |
| 18 | 第二高奖额 | 40000 | =LARGE(E3:E14,2) | | |
| 19 | 平均奖额 | 22917 | =AVERAGE(E3:E14) | | |
| 20 | 中间奖额 | 18000 | =MEDIAN(E3:E14) | | |
| 21 | 众数奖额 | 15000 | =MODE(E3:E14) | | |

详细的公式写法可从图 4-51 中清楚地看出,在此不再赘述。

图 4-51　求数据集的满足不同要求的数值的函数示例

**5. 用来排位的函数 RANK、PERCENTRANK**

(1) 一个数值在一组数值中的排位的函数 RANK

数值的排位是与数据清单中其他数值的相对大小,也可以通过排位函数 RANK 实现。当然如果数据清单已经排过序了,则数值的排位就是它当前的位置。数据清单的排序可以使用 Excel 提供的排序功能完成。

语法:RANK (number,ref,order)

参数:number 为需要找到排位的数字;ref 为包含一组数字的数组或引用。order 为一数字用来指明排位的方式:如果 order 为 0 或省略,则 Excel 将 ref 当作按降序排列的数据清单进行排位;如果 order 不为零,Microsoft Excel 将 ref 当作按升序排列的数据清单进行排位。

需要说明的是,函数 RANK 对重复数的排位相同。但重复数的存在将影响后续数值的排位,类似于并列第几的概念。例如,在一列整数里,如果整数 10 出现两次,其排位为

5,则 11 的排位为 7,没有排位为 6 的数值。

（2）求特定数值在一个数据集中的百分比排位的函数 PERCENTRANK

此 PERCENTRANK 函数可用于查看特定数据在数据集中所处的位置。例如,可以使用函数 PERCENTRANK 计算某个特定的能力测试得分在所有的能力测试得分中的位置。

语法：PERCENTRANK（array,x,significance）

参数：array 为彼此间相对位置确定的数字数组或数字区域。x 为数组中需要得到其排位的值。significance 为可选项,表示返回的百分数值的有效位数。如果省略,函数 PERCENTRANK 保留 3 位小数。

图 4-52 是与排名有关的示例,仍以某单位的年终奖金分配为例说明,这里以员工"赵"的排名为例说明公式的写法。

| | A | B | C | D | E |
|---|---|---|---|---|---|
| 1 | XX公司2008年年终奖金分配表 | | | | |
| 2 | 编号 | 员工姓名 | 年终奖金额 | 奖金排名 | 百分比排名 |
| 3 | A001 | 赵 | ￥50,000 | 1 | 1 |
| 4 | A002 | 钱 | ￥35,000 | 3 | 0.666 |
| 5 | A003 | 孙 | ￥18,000 | 6 | 0.333 |
| 6 | A004 | 李 | ￥15,000 | 8 | 0 |
| 7 | A005 | 周 | ￥35,000 | 3 | 0.666 |
| 8 | A006 | 吴 | ￥20,000 | 5 | 0.555 |
| 9 | A007 | 郑 | ￥15,000 | 8 | 0 |
| 10 | A008 | 王 | ￥40,000 | 2 | 0.888 |
| 11 | A009 | 冯 | ￥15,000 | 8 | 0 |
| 12 | A010 | 陈 | ￥18,000 | 6 | 0.333 |

图 4-52 用来排位的函数公式示例

奖金排名的公式写法为：＝RANK（C3,$C$3:$C$12）。

百分比排名的公式写法为：＝PERCENTRANK（$C$3:$C$12,C3）。

以上我们介绍了 Excel 统计函数中比较常用的几种函数,更多的涉及专业领域的统计函数可以参看附表以及各种相关的统计学书籍。

### 4.5.4 为工程应用创建公式

Excel 的工程函数与统计函数类似,都是属于比较专业范畴的函数。因此,在本小节也仅介绍几种比较常用的工程函数,更多的请参考 Excel 帮助和专业的书籍。顾名思义,工程工作表函数就是用于工程分析的函数。Excel 中一共提供了近 40 个工程函数。工程工作表函数由"分析工具库"提供。如果找不到此类函数的话,可能需要安装"分析工具库"。

**1. "分析工具库"的安装**

① 在"工具"菜单中,单击"加载宏"命令,弹出"加载宏"对话框,如图 4-53 所示。

② 如果"加载宏"对话框中没有"分析工具库",请单击"浏览"按钮,定位到"分析工具库"

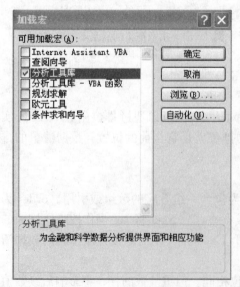

图 4-53 "分析工具库"安装

加载宏文件"Analys32. xll"所在的驱动器和文件夹(通常位于 ''Microsoft Office\Office\ Library\Analysis'' 文件夹中);如果没有找到该文件,应运行"安装"Office 程序。

③ 选中"分析工具库"复选框,单击确定按钮。

**2. 工程函数的分类**

在 Excel 帮助系统中将工程函数大体可分为 3 种类型,即:

① 对复数进行处理的函数。

② 在不同的数字系统(如十进制系统、十六进制系统、八进制系统和二进制系统)间进行数值转换的函数。

③ 在不同的度量系统中进行数值转换的函数。

为了对函数的解释更清晰,Excel 又把工程函数分为如下的 6 种类型,即:

① 贝赛尔(Bessel)函数。

② 在不同的数字系统间进行数值转换的函数。

③ 用于筛选数据的函数。

④ 度量衡转换函数。

⑤ 与积分运算有关的函数。

⑥ 对复数进行处理的函数。

下面逐一的对于这些工程函数进行介绍。

(1) 贝赛尔(Bessel)函数

贝赛尔(Bessel)函数是特殊函数中应用最广泛的一种函数,在理论物理研究、应用数学、大气科学以及无线电等工程领域都有广泛的应用。在 Excel 中一共提供了 4 个函数,即:BESSELI,BESSELJ,BESSELK,BESSELY。

语法:函数名(x, n)

参数:其中,x 为参数值,n 为函数的阶数。如果 n 非整数,则截尾取整。需说明的是,如果 x 为非数值型,则贝赛尔(Bessel)函数返回错误值 ♯VALUE!。如果 n 为非数值型,则贝赛尔(Bessel)函数返回错误值 ♯VALUE!。如果 n < 0,则贝赛尔(Bessel)函数返回错误值 ♯NUM!。

(2) 在不同的数字系统间进行数值转换的函数

Excel 工程函数中提供二进制、八进制、十进制与十六进制之间的数值转换函数。

这类工程函数名称非常容易记忆,只要记住二进制为 BIN,八进制为 OCT,十进制为 DEC,十六进制为 HEX。再记住函数名称中间有个数字 2 就可以容易的记住这些数值转换函数了。比如,如果需要将二进制数转换为十进制,应用的函数为前面 BIN,中间加个 2,后面为 DEC,合起来这个函数就是 BIN2DEC,如表 4-7 所示。

表 4-7　不同数制转换函数表

| 二进制转换 | 八进制转换 | 十进制转换 | 十六进制转换 |
| --- | --- | --- | --- |
| BIN2OCT | OCT2BIN | DEC2BIN | HEX2BIN |
| BIN2DEC | OCT2DEC | DEC2OCT | HEX2OCT |
| BIN2HEX | OCT2HEX | DEC2HEX | HEX2DEC |

此类数值转换函数的语法形式也很容易记忆。比如,将不同进制的数值转为十进制的语法形式为:函数(number),其中 number 为待转换的某种进制数。又如,将不同进制转换为其他进制的数值的语法形式为:函数(number,places)其中 number 为待转换的数。places 为所要使用的字符数。如果省略 places,函数用能表示此数的最少字符来表示。当需要在返回的数值前置零时,places 尤其有用。

(3) 用于筛选数据的函数 DELTA 与 GESTEP

函数 DELTA 用以测试两个数值是否相等。DELTA 用以测试两个数值是否相等。如果 number1=number2,则返回 1,否则返回 0。可用此函数筛选一组数据,例如,通过对几个 DELTA 函数求和,可以计算相等数据对的数目。该函数也称为 Kronecker Delta 函数。

语法:DELTA (number1,number2)

参数:number1 为第一个参数,number2 为第二个参数。如果省略,假设 number2 值为零。如果 number1 或者 number2 为非数值型,则函数 DELTA 返回错误值 ♯VALUE!。

使用 GESTEP 函数可筛选数据。如果 number 大于等于 step,返回 1,否则返回 0。例如,通过计算多个函数 GESTEP 的返回值,可以检测出数据集中超过某个临界值的数据个数。

语法:GESTEP (number,step) 其中 number 为待测试的数值。step 称为阀值。如果省略 step,则函数 GESTEP 假设其为零。需注意的是,如果任一参数非数值,则函数 GESTEP 返回错误值 ♯VALUE!

示例:以考试成绩统计为例说明 GESTEP 函数的用法。例:某院校举行数学模拟考试,正在进行成绩排定。提出的评定方案为求出成绩超过 90 分的考生人数有哪些人,如图 4-54 所示。

| | A | B | C | D | E |
|---|---|---|---|---|---|
| 1 | | | XX学校数学模拟考试成绩 | | |
| 2 | | | | | |
| 3 | 考号 | 考生 | 成绩 | 超出90分 | 计算结果 |
| 4 | 1 | 赵 | 98 | =GESTEP(C4, 90) | 1 |
| 5 | 2 | 钱 | 95 | =GESTEP(C5, 90) | 1 |
| 6 | 3 | 孙 | 60 | =GESTEP(C6, 90) | 0 |
| 7 | 4 | 李 | 85 | =GESTEP(C7, 90) | 0 |
| 8 | 5 | 周 | 95 | =GESTEP(C8, 90) | 1 |
| 9 | | 总计 | | =SUM(D4:D8) | |

图 4-54 GESTEP 函数的用法示例

在这里采用 GESTEP 函数来完成统计,首先会为每位考生的成绩做标记。超过 90 分的标记为 1,否则为 0,然后对所有考生的标记进行汇总,即可求出有多少人超过 90 分。

以 1 号"赵"的成绩为例,成绩为 98 分,超 90 分。具体公式为:=GESTEP(C4,90)。

(4) 度量衡转换函数 CONVERT

CONVERT 函数可以将数字从一个度量系统转换到另一个度量系统中。

语法:CONVERT (number,from_unit,to_unit)

参数:number 为以 from_units 为单位的需要进行转换的数值。from_unit 为数值 number 的单位。to_unit 为结果的单位。

说明：如果输入数据的拼写有误，函数 CONVERT 返回错误值 ♯VALUE！。如果单位不存在，函数 CONVERT 返回错误值 ♯N/A。如果单位不支持缩写的单位前缀，函数 CONVERT 返回错误值 ♯N/A。如果单位在不同的组中，函数 CONVERT 返回错误值 ♯N/A。单位名称和前缀要区分大小写。

　　例如，图 4-55 说明了度量衡转换函数 CONVERT。函数 CONVERT 中 from_unit 和 to_unit 的参数可参见 Excel 帮助中的说明。

| | A | B |
|---|---|---|
| 1 | 公式 | 说明（结果） |
| 2 | =CONVERT(1, "lbm", "kg") | 将 1 磅转换为千克（0.453592） |
| 3 | =CONVERT(68, "F", "C") | 将 68 华氏度转换为摄氏度（20） |
| 4 | =CONVERT(2.5, "ft", "sec") | 由于数据类型不同，因此返回错误值（#N/A） |
| 5 | =CONVERT(CONVERT(100,"ft","m"),"ft","m") | 将 100 平方英尺转换为平方米（9.290304）。 |

图 4-55　度量衡转换函数 CONVERT 示例

　　(5) 与积分运算有关的函数 ERF 与 ERFC

　　ERF 为返回误差函数在上下限之间的积分。

　　语法：ERF (lower_limit, upper_limit)

　　参数：lower_limit 为 ERF 函数的积分下限。upper_limit 为 ERF 函数的积分上限。如果省略，默认为零。

　　ERFC 为返回从 x 到∞(无穷)积分的 ERF 函数的余误差函数。

　　语法：ERFC (x)

　　参数：x 为 ERF 函数积分的下限。

　　(6) 与复数运算有关的函数

　　求复数的模等计算，比较复杂，用 Excel 的工程函数中提供的多种与复数运算有关的函数，可以用它来验证自己的运算结果的正确性。关于有哪些函数与复数运算有关，这里将以简单的事例说明函数的使用方法。注意到在工程函数中有一些前缀为 im 的函数了吗？这些就是与复数运算有关的函数。

　　例如，已知复数 5+12i，用函数求解该复数的共轭复数、实系数、虚系数、模等，如图 4-56所示。

| | A | B | C |
|---|---|---|---|
| 1 | | 5+12i | |
| 2 | 求共轭复数 | 5-12i | =IMCONJUGATE(B1) |
| 3 | 求复数的模 | 13 | =IMABS(B1) |
| 4 | 求实系数 | 5 | =IMREAL(B1) |
| 5 | 求虚系数 | 12 | =IMAGINARY(B1) |

图 4-56　复数运算有关的函数示例

## 4.5.5　为财务应用创建公式

　　像统计函数、工程函数一样，在 Excel 中还提供了许多财务函数。财务函数可以进行一般的财务计算，如确定贷款的支付额、投资的未来值或净现值，以及债券或息票的价值。这些财务函数大体上可分为 4 类：投资计算函数、折旧计算函数、偿还率计算函数、债券及其他金融函数。它们为财务分析提供了极大的便利。使用这些函数不必理解高级财务

知识,只要填写变量值就可以了。在下文中,凡是投资的金额都以负数形式表示,收益以正数形式表示。

在介绍具体的财务函数之前,我们首先来了解一下财务函数中常见的参数:

未来值(fv)——在所有付款发生后的投资或贷款的价值。

期间数(nper)——为总投资(或贷款)期,即该项投资(或贷款)的付款期总数。

付款(pmt)——对于一项投资或贷款的定期支付数额。其数值在整个年金期间保持不变。通常 pmt 包括本金和利息,但不包括其他费用及税款。

现值(pv)——在投资期初的投资或贷款的价值。例如,贷款的现值为所借入的本金数额。

利率(rate)——投资或贷款的利率或贴现率。

类型(type)——付款期间内进行支付的间隔,如在月初或月末,用 0 或 1 表示。

日计数基准类型(basis)——为日计数基准类型。Basis 为 0 或省略代表 US (NASD) 30/360,为 1 代表实际天数/实际天数,为 2 代表实际天数/360,为 3 代表实际天数/365,为 4 代表欧洲 30/360。

下面将分别举例说明各种不同的财务函数的应用。在本文中主要介绍各类型的典型财务函数,更多的财务函数请参看附表及相关书籍。如果下文中所介绍的函数不可用,返回错误值 ♯NAME?,请安装并加载"分析工具库"加载宏,操作方法如下。

① 在"工具"菜单上,单击"加载宏"。

② 在"可用加载宏"列表中,选中"分析工具库"框,再单击"确定"。

**1. 投资计算函数**

投资计算函数可分为与未来值 fv 有关,与付款 pmt 有关,与现值 pv 有关,与复利计算有关及与期间数有关几类函数。

- 与未来值 fv 有关的函数——FV,FVSCHEDULE。
- 与付款 pmt 有关的函数——IPMT,ISPMT,PMT,PPMT。
- 与现值 pv 有关的函数——NPV,PV,XNPV。
- 与复利计算有关的函数——EFFECT,NOMINAL。
- 与期间数有关的函数——NPER。

在投资计算函数中,将重点介绍 FV,NPV,PMT,PV 函数。

(1)求投资的未来值 FV 函数

在日常工作与生活中,我们经常会遇到要计算某项投资的未来值的情况,此时利用 Excel 函数 FV 进行计算后,可以帮助我们进行一些有计划、有目的、有效益的投资。FV 函数基于固定利率及等额分期付款方式,返回某项投资的未来值。

语法:FV(rate,nper,pmt,pv,type)

参数:rate 为各期利率,是一固定值,nper 为总投资(或贷款)期,即该项投资(或贷款)的付款期总数,pv 为各期所应付给(或得到)的金额,其数值在整个年金期间(或投资期内)保持不变,通常 pv 包括本金和利息,但不包括其他费用及税款,pv 为现值,或一系列未来付款当前值的累积和,也称为本金;如果省略 pv,则假设其值为零,type 为数字 0 或 1,用以指定各期的付款时间是在期初还是期末,如果省略 t,则假设其值为零。

例如,假如某人两年后需要一笔比较大的学习费用支出,计划从现在起每月初存入2000 元,如果按年利 2.25%,按月计息(月利为 2.25%/12),那么两年以后该账户的存款额会是多少呢? 公式写为:FV(2.25%/12, 24,-2000,0,1),如图 4-57 所示。

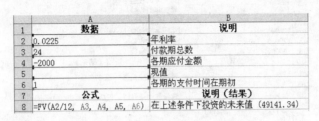

| | A | B |
|---|---|---|
| 1 | **数据** | **说明** |
| 2 | 0.0225 | 年利率 |
| 3 | 24 | 付款期总数 |
| 4 | -2000 | 各期应付金额 |
| 5 | | 现值 |
| 6 | 1 | 各期的支付时间在期初 |
| 7 | **公式** | **说明(结果)** |
| 8 | =FV(A2/12, A3, A4, A5, A6) | 在上述条件下投资的未来值 (49141.34) |

图 4-57　求投资的未来值 FV 函数示例

### (2) 求投资的净现值 NPV 函数

NPV 函数基于一系列现金流和固定的各期贴现率,返回一项投资的净现值。投资的净现值是指未来各期支出(负值)和收入(正值)的当前值的总和。

语法:NPV (rate,value1,value2,…)

参数:rate 为各期贴现率,是一固定值;value1,value2,…代表 1~29 笔支出及收入的参数值,value1,value2,…所属各期间的长度必须相等,而且支付及收入的时间都发生在期末。

需要注意的是:NPV 按次序使用 value1,value2 来注释现金流的次序。所以一定要保证支出和收入的数额按正确的顺序输入。如果参数是数值、空白单元格、逻辑值或表示数值的文字表示式,则都会计算在内;如果参数是错误值或不能转化为数值的文字,则被忽略,如果参数是一个数组或引用,只有其中的数值部分计算在内。忽略数组或引用中的空白单元格、逻辑值、文字及错误值。

例如,假设开一家电器经销店。初期投资￥200 000,而希望未来 5 年中各年的收入分别为￥20 000、￥40 000、￥50 000、￥80 000 和￥120 000。假定每年的贴现率是 8%(相当于通货膨胀率或竞争投资的利率),则投资的净现值的公式是:=NPV(A2, A4:A8)+A3。

在该例中,一开始投资的￥200 000 并不包含在 v 参数中,因为此项付款发生在第一期的期初。假设该电器店的营业到第 6 年时,要重新装修门面,估计要付出￥40 000,则 6年后书店投资的净现值为:=NPV(A2, A4:A8, A9)+A3。

如果期初投资的付款发生在期末,则投资的净现值的公式是:=NPV(A2, A3:A8)。

### (3) 求贷款分期偿还额 PMT 函数

PMT 函数基于固定利率及等额分期付款方式,返回投资或贷款的每期付款额。PMT函数可以计算为偿还一笔贷款,要求在一定周期内支付完时,每次需要支付的偿还额,也就是平时所说的"分期付款"。比如借购房贷款或其它贷款时,可以计算每期的偿还额。

语法:PMT (rate,nper,pv,fv,type)

参数:rate 为各期利率,是一固定值,nper 为总投资(或贷款)期,即该项投资(或贷款)的付款期总数,pv 为现值,或一系列未来付款当前值的累积和,也称为本金。fv 为未来值,或在最后一次付款后希望得到的现金余额,如果省略 fv,则假设其值为零(例如,一

| | A | B |
|---|---|---|
| 1 | 数据 | 说明 |
| 2 | 0.08 | 年贴现率。可表示整个投资的通货膨胀率或利率。 |
| 3 | -200000 | 初期投资 |
| 4 | 20000 | 第一年的收益 |
| 5 | 40000 | 第二年的收益 |
| 6 | 50000 | 第三年的收益 |
| 7 | 80000 | 第四年的收益 |
| 8 | 120000 | 第五年的收益 |
| 9 | -40000 | 第六年装修费 |
| 10 | **公式** | **说明（结果）** |
| 11 | =NPV(A2, A4:A8)+A3 | 该投资的净现值（32,976.06） |
| 12 | =NPV(A2, A4:A8, A9)+A3 | 该投资的净现值，包括第六年中40,000的装修费（7,769.27） |
| 13 | =NPV(A2, A3:A8) | 该投资的经现值（30,533.38） |

图4-58 求投资的净现值 NPV 函数示例

笔贷款的未来值即为零）。type 为 0 或 1，用以指定各期的付款时间是在期初还是期末，如果省略 type，则假设其值为零。

例如，需要 10 个月付清的年利率为 8％的￥10 000 贷款的月支额为：

PMT(8％/12，10，10 000) 计算结果为−￥1037.03。

（4）求某项投资的现值 PV 函数

PV 函数用来计算某项投资的现值。年金现值就是未来各期年金现在的价值的总和。如果投资回收的当前价值大于投资的价值，则这项投资是有收益的。

语法：PV (rate,nper,pmt,fv,type)

参数：rate 为各期利率。nper 为总投资（或贷款）期，即该项投资（或贷款）的付款期总数。pmt 为各期所应支付的金额，其数值在整个年金期间保持不变。通常 pmt 包括本金和利息，但不包括其他费用及税款。fv 为未来值，或在最后一次支付后希望得到的现金余额，如果省略 fv，则假设其值为零（一笔贷款的未来值即为零）。Type 用以指定各期的付款时间是在期初还是期末。

例如，假设要购买一项保险年金，该保险可以在今后 20 年内于每月末回报￥600。此项年金的购买成本为 80 000，假定投资回报率为 8％。那么该项年金的现值为：

PV(0.08/12，12＊20，600，0) 计算结果为￥−71 732.58。

负值表示这是一笔付款，也就是支出现金流。年金（￥−71 732.58）的现值小于实际支付的（￥80 000）。因此，这不是一项合算的投资。

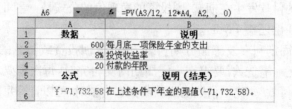

图4-59 求某项投资的现值 PV 函数示例

### 2. 折旧计算函数

折旧计算函数主要包括 AMORDEGRC, AMORLINC, DB, DDB, SLN, SYD, VDB。

这些函数都是用来计算资产折旧的,只是采用了不同的计算方法。这里,对于具体的计算公式不再赘述,具体选用哪种折旧方法,则须视各单位情况而定。

**3. 偿还率计算函数**

偿还率计算函数主要用以计算内部收益率,包括 IRR,MIRR,RATE 和 XIRR 几个函数。

(1) 返回内部收益率的函数 IRR

IRR 函数返回由数值代表的一组现金流的内部收益率。这些现金流不一定必须为均衡的,但作为年金,它们必须按固定的间隔发生,如按月或按年。内部收益率为投资的回收利率,其中包含定期支付(负值)和收入(正值)。

语法：IRR (values,guess)

参数：values 为数组或单元格的引用,包含用来计算内部收益率的数字,values 必须包含至少一个正值和一个负值,以计算内部收益率,函数 IRR 根据数值的顺序来解释现金流的顺序,故应确定按需要的顺序输入了支付和收入的数值,如果数组或引用包含文本、逻辑值或空白单元格,这些数值将被忽略;guess 为对函数 IRR 计算结果的估计值,Excel 使用迭代法计算函数 IRR 从 guess 开始,函数 IRR 不断修正收益率,直至结果的精度达到 0.000 01%,如果函数 IRR 经过 20 次迭代,仍未找到结果,则返回错误值♯NUM!,在大多数情况下,并不需要为函数 IRR 的计算提供 guess 值,如果省略 guess,假设它为 0.1(10%)。如果函数 IRR 返回错误值♯NUM!,或结果没有靠近期望值,可以给 guess 换一个值再试一下。

例如,如果要开办一家服装商店,预计投资为 ¥110 000,并预期为今后 5 年的净收益为：¥15 000、¥21 000、¥28 000、¥36 000 和 ¥45 000。分别求出投资 2 年、4 年以及 5 年后的内部收益率,如图 4 - 60 所示。

| | A | B |
|---|---|---|
| 1 | 某项业务的初期成本费用 | -110000 |
| 2 | 第一年的净收入 | 15000 |
| 3 | 第二年的净收入 | 21000 |
| 4 | 第三年的净收入 | 28000 |
| 5 | 第四年的净收入 | 36000 |
| 6 | 第五年的净收入 | 45000 |
| 7 | 投资二年后的内部收益率 (-48.96%) | =IRR(B1:B3,-10%) |
| 8 | 四年后的内部收益率 (-3.27%) | =IRR(B1:B5) |
| 9 | 五年后的内部收益率 (8.35%) | =IRR(B1:B6) |

图 4 - 60　返回内部收益率的函数 IRR 示例

在工作表的 B1:B6 输入数据"函数. xls"所示,计算此项投资 4 年后的内部收益率 IRR(B1:B5)为 -3.27%;计算此项投资 5 年后的内部收益率 IRR(B1:B6)为 8.35%;计算两年后的内部收益率时必须在函数中包含 guess,即 IRR(B1:B3, -10%)为 -48.96%。

(2) 用 RATE 函数计算某项投资的实际赢利

在经济生活中,经常要评估当前某项投资的运作情况,或某个新企业的现状。例如某承包人建议你贷给他 30 000 元,用作公共工程建设资金,并同意每年付给你 9000 元,共付 5 年,以此作为这笔贷款的最低回报。那么你如何去决策这笔投资？如何知道这项投资的回报率呢？对于这种周期性偿付或是一次偿付完的投资,用 RATE 函数可以很快地

计算出实际的赢利。其语法形式为 RATE（nper,pmt,pv,fv,type,guess）。

具体操作步骤如下。

① 选取存放数据的单元格，并按上述相似的方法把此单元格指定为"百分数"的格式。

② 插入函数 RATE，打开"粘贴函数"对话框。

③ 在"粘贴函数"对话框中，在"nper"中输入偿还周期 5（年），在"pmt"中输入 7000（每年的回报额），在"pv"中输入－30 000（投资金额）。即公式为"＝RATE（5，9000，－30 000）"。

④ 确定后计算结果为 15.24%。这就是本项投资的每年实际赢利，你可以根据这个值判断这个赢利是否满意，或是决定投资其它项目，或是重新谈判每年的回报。

**4. 债券及其他金融函数**

债券及其他金融函数又可分为计算本金、利息的函数，与利息支付时间有关的函数、与利率收益率有关的函数、与修正期限有关的函数、与有价证券有关的函数以及与证券价格表示有关的函数。

- 计算本金、利息的函数——CUMPRINC，ACCRINT，ACCRINTM，CUMIPMT，COUPNUM。

- 与利息支付时间有关的函数——COUPDAYBS，COUPDAYS，COUPDAYSNC，COUPNCD，COUPPCD。

- 与利率收益率有关的函数——INTRATE，ODDFYIELD，ODDLYIELD，TBILLEQ，TBILLPRICE，TBILLYIELD，YIELD，YIELDDISC，YIELDMAT。

- 与修正期限有关的函数——DURATION，MDURATION。

- 与有价证券有关的函数——DISC，ODDFPRICE，ODDLPRICE，PRICE，PRICEDISC，PRICEMAT，RECEIVED。

- 与证券价格表示有关的函数——DOLLARDE，DOLLARFR。

在债券及其他金融函数中，笔者将重点介绍函数 ACCRINT，CUMPRINC，DISC。

（1）求定期付息有价证券的应计利息的函数 ACCRINT

ACCRINT 函数可以返回定期付息有价证券的应计利息。

语法：ACCRINT（issue,first_interest,settlement,rate,par,frequency,basis）

参数：issue 为有价证券的发行日，first_interest 为有价证券的起息日，settlement 为有价证券的成交日，即在发行日之后，有价证券卖给购买者的日期，rate 为有价证券的年息票利率，par 为有价证券的票面价值，如果省略 par，函数 ACCRINT 就会自动将 par 设置为￥1000，frequency 为年付息次数，basis 为日计数基准类型。

例如，某国库券的交易情况如下：发行日为 2008 年 3 月 1 日；起息日为 2008 年 8 月 31 日；成交日为 2008 年 5 月 1 日，息票利率为 10.0%；票面价值为￥1000；按半年期付息；日计数基准为 30/360，那么应计利息为 16.666 666 67。

| A10 | ▼ | $f_x$ =ACCRINT(A2,A3,A4,A5,A6,A7,A8) |
|---|---|---|
| | A | B |
| 1 | **数据** | **说明** |
| 2 | 2008-3-1 | 发行日 |
| 3 | 2008-8-31 | 起息日 |
| 4 | 2008-5-1 | 成交日 |
| 5 | 10.00% | 息票利率 |
| 6 | 1,000 | 票面价值 |
| 7 | 2 | 按半年期支付 |
| 8 | 0 | 以 30/360 为日计数基准 |
| 9 | **公式** | **说明（结果）** |
| 10 | 16.66666667 | 满足上述条件的应付利息（16.66666667） |

图 4-61　求定期付息有价证券的应计
利息函数 ACCRINT 示例

（2）求本金数额函数 CUMPRINC

CUMPRINC 函数用于返回一笔货款在给定的 st 到 en 期间累计偿还的本金数额。

语法：CUMPRINC（rate,nper,pv,start_period,end_period,type）

参数：rate 为利率,nper 为总付款期数,pv 为现值,start_period 为计算中的首期,付款期数从 1 开始计数,end_period 为计算中的末期,type 为付款时间类型。

例如,一笔住房抵押贷款的交易情况如下：年利率为 9.00%；期限为 30 年；现值为¥125 000。由上述已知条件可以计算出：r＝9.00%/12＝0.0075,np＝30＊12＝360。那么该笔贷款在第下半年偿还的全部本金之中（第 7 期到第 12 期）为："＝CUMPRINC（A2/12，A3＊12，A4，7，12，0）"。计算结果为－436.568 194。

该笔贷款在第一个月偿还的本金为："＝CUMPRINC（A2/12，A3＊12，A4，1，1，0）"。计算结果为－68.278 271 18,如图 4-62 所示。

| | A | B |
|---|---|---|
| | 数据 | 说明 |
| 1 | | |
| 2 | 9.00% | 年利率 |
| 3 | 30 | 贷款期限 |
| 4 | 125,000 | 现值 |
| 5 | 公式 | 说明（结果） |
| 6 | -934.1071234 | 该笔贷款在第二年偿还的全部本金之和（第 13 期到第 24 期）(-934.1071) |
| 7 | -68.27827118 | 该笔贷款在第一个月偿还的本金(-68.27827) |

A6 ＝CUMPRINC(A2/12,A3*12,A4,13,24,0)

图 4-62　求本金数额函数 CUMPRINC 示例

（3）求有价证券的贴现率函数 DISC

DISC 函数返回有价证券的贴现率。

语法：DISC（settlement,maturity,pr,redemption,basis）

参数：settlement 为有价证券的成交日,即在发行日之后,有价证券卖给购买者的日期,maturity 为有价证券的到日期,到期日是有价证券有效期截止时的日期,pr 为面值为"¥100"的有价证券的价格,redemption 为面值为"¥100"的有价证券的清偿价格,basis 为日计数基准类型。

例如,某债券的交易情况如下：成交日为 2007 年 1 月 25 日,到期日为 2007 年 6 月 15 日,价格为¥97.975,清偿价格为¥100,日计数基准为实际天数/360。那么该债券的贴现率为：＝DISC（A2,A3,A4,A5,A6）,计算结果为 0.052 420 213。

| | A | B |
|---|---|---|
| | 数据 | 说明 |
| 1 | | |
| 2 | 2007-1-25 | 成交日 |
| 3 | 2007-6-15 | 到期日 |
| 4 | 97.975 | 价格 |
| 5 | 100 | 清偿价值 |
| 6 | 1 | 以实际天数/360 为日计数基准 |
| 7 | 公式 | 说明（结果） |
| 8 | 0.052420213 | 在上述条件下有价证券的贴现率(0.052420213 或 5.24%) |

A8 ＝DISC(A2,A3,A4,A5,A6)

图 4-63　求有价证券的贴现率函数 DISC 示例

## 习题四

1. Excel 单元格地址的 4 种引用方式是什么?

2. 数据清除和数据删除的区别是什么?

3. 简述 Excel 公式中常见的错误值及其原因说明。

4. 单元格中操作文本的公式有哪些?

5. 与日期有关的函数有哪些?

6. 与时间有关的函数有哪些?

7. 什么叫做数组公式? 举例说明如何创建、编辑和删除数组公式。

8. LOOKUP 函数、VLOOKUP 函数、HLOOKUP 函数的区别是什么?

9. AVERAGE 函数与 TRIMMEAN 函数的区别是什么?

10. 给出年利率为 8% 的 ¥10 000 贷款 10 个月付清的月支额的计算公式。

11. 利用函数从身份证号码中提取出生日期、性别信息。

【提示】 身份证号码已经包含了每个人的出生年月日及性别等方面的信息。对于老式的 15 位身份证而言,7~12 位即个人的出生年月日,而最后一位奇数或偶数则分别表示男性或女性。如某人的身份证号码为 130226760904098,它的 7~12 位为 760904,这就表示此人是 1976 年 9 月 4 日出生的,身份证的最后一位为偶数 8,这就表示此人为女性;对于新式的 18 位身份证而言,7~14 位代表个人的出身年月日,而倒数第二位的奇数或偶数则分别表示男性或女性。

# 第 5 章

## Excel 2003 中数据分析功能及图表的生成

Excel 2003 除了具有强大的表格数据输入以及计算功能外，还可以对表格中的数据进行各种分析和统计，包括对表格数据排序，筛选或分类汇总。例如可以对学生的成绩按成绩的高低进行排序，也可以筛选特定分数段的学生，还可以对学生各自的分数进行汇总，并求出各科的平均分数。

### 5.1 数 据 排 序

排序是进行数据操作的基本功能之一，对于数据清单中的数据可以按照一定的顺序进行排序操作。在对数据清单中的数据进行排序时，Excel 会遵循一定的默认排序顺序。

#### 5.1.1 简单排序

如果用户想快速地根据某一列的数据进行排序，则可以使用"常用"工具栏上的排序按钮，例如利用工具栏中的按钮来对考试成绩中的"英语"列的数据按由大到小进行排序，步骤如下。

① 在"英语"数据列中单击任一单元格。

② 单击常用工具栏中的"降序"按钮，则"英语"数据列中的数据将按由大到小的顺序排列，排序后的成绩表如图5-1所示。

图 5-1 简单排序示例

#### 5.1.2 按多列排序

"常用"工具栏中的排序按钮只能按单个字段名的内容进行排序，如"姓名"列。此时想把它们区分开来，就需要对其它字段进行较为复杂的排序，即需要使用多列排序。

在 Excel 2003 中系统最多可以有 3 列数据进行排序,即在排序中有 3 个关键字,分别为主关键字,次要关键字和第三关键字。

图 5-2 "排序"对话框

在对姓名关键字排序后分数有相同的,此时可以再以次要关键字"英语"来排序,如果"高数"中还用相同的数值,可再以第三关键字"哲学"进行排序。具体步骤如下。

① 将鼠标定位在数据清单中的任一单元格。

② 选择"数据"菜单,"排序"命令,打开排序对话框。

③ 在"主要关键字"下拉列表框中选择"姓名",选中"升序"单选按钮,在"次要关键字"下拉列表框中选择"英语",选中"降序"单选按钮,在"第三关键字"下拉列表框中选择"哲学",选中"升序"单选按钮,如图 5-2 所示。

④ 单击"确定"按钮,考试成绩表先按"姓名"升序排列,在将"姓名"列中重复的关键字按"高数"降序排列,最后将"高数"列中还有重复的关键字按"哲学"列升序排列。

## 5.2 数 据 筛 选

"筛选"就是在工作列表中只显示满足给定条件的数据,而不满足条件的数据则自动隐藏。筛选与排序不同,它并不重新排列数据清单,只是暂时隐藏不必显示的数据。因此,筛选是一种用来查找数据清单中满足给定条件的快速方法。用户可以使用"自动筛选"或"高级筛选"将那些符合条件的显示在工作表中。

### 5.2.1 自动筛选

自动筛选是一种快速的筛选方式,利用它可以快速的访问大量数据,从中选择满足条件的记录并显示出来。其步骤如下。

① 选择"数据"菜单"筛选"子菜单的"自动筛选"命令,此时每个字段名旁边将出现一个下三角箭头。

| | A | B | C | D | E | F |
|---|---|---|---|---|---|---|
| | B4 | | $f_x$ | 李小兰 | | |
| 1 | | | 学生成绩表 | | | |
| 2 | | | | | | |
| 3 | 学号 ▼ | 姓名 ▼ | 性别 ▼ | 高数 ▼ | 英语 ▼ | 哲学 ▼ |
| 4 | 2008002 | 李小兰 | 女 | 78 | 87 | 94 |
| 5 | 2008004 | 黄敏 | 女 | 70 | 76 | 67 |
| 6 | 2008006 | 郭小娟 | 女 | 66 | 58 | 77 |
| 7 | 2008003 | 马兰 | 女 | 50 | 91 | 54 |
| 13 | | | | | | |

图 5-3 自动筛选示例

② 单击"性别"列右边的下三角箭头。从列表中选择"女",此时在工作表中将显示符合筛选条件的记录。

### 5.2.2　自定义筛选

在筛选数据时,除用"自动筛选"命令外,用户还可以使用"自定义"的功能来限定筛选条件,以显示所需的数据。例如,要在学生成绩表中筛选出高数大于 70 分小于 90 分的同学名单,具体操作步骤如下。

① 选择"数据"菜单"筛选"子菜单的"自动筛选"命令,此时每个字段名旁边将出现一个下三角箭头。

② 单击"高数"列右的下三角箭头,在列表中选择"自定义"选项,打开"自定义自动筛选方式"对话框,输入如图 5-4 所示的内容。

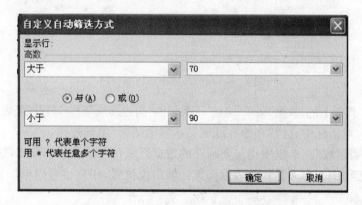

图 5-4　"自定义自动筛选方式"对话框

③ 单击"确定",即可显示符合条件的所有记录,如图 5-5 所示。

图 5-5　自定义筛选示例

在数据清单中取消对某一列进行的筛选,用户可以单击该列首单元格下三角,在弹出的列表中选择全部。

在数据中取消所有列的筛选,可以执行"数据"菜单"筛选"子菜单的"全部显示"命令。

### 5.2.3　高级筛选

在数据清单中取消对某一列进行的筛选,用户可以单击该列首单元格下三角,在弹出的列表中选择全部。在数据中取消所有列的筛选,可以执行"数据"菜单"筛选"子菜单的

"全部显示"命令。

在筛选数据时,用户可以根据定义来找特定的记录。比如在学生成绩表中筛选出高数成绩大于 90 分,英语成绩大于 95 分,哲学成绩大于 85 分的同学名单。

① 在工作表中输入筛选条件,如图 5-6 所示。

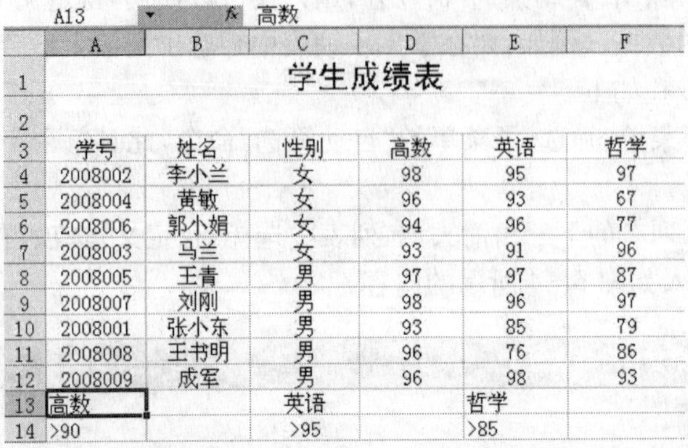

| A13 | ▼ | ƒx | 高数 | | |
|---|---|---|---|---|---|
| | A | B | C | D | E | F |
| 1 | | | 学生成绩表 | | | |
| 2 | | | | | | |
| 3 | 学号 | 姓名 | 性别 | 高数 | 英语 | 哲学 |
| 4 | 2008002 | 李小兰 | 女 | 98 | 95 | 97 |
| 5 | 2008004 | 黄敏 | 女 | 96 | 93 | 67 |
| 6 | 2008006 | 郭小娟 | 女 | 94 | 96 | 77 |
| 7 | 2008003 | 马兰 | 女 | 93 | 91 | 96 |
| 8 | 2008005 | 王青 | 男 | 97 | 97 | 87 |
| 9 | 2008007 | 刘刚 | 男 | 98 | 96 | 97 |
| 10 | 2008001 | 张小东 | 男 | 93 | 85 | 79 |
| 11 | 2008008 | 王书明 | 男 | 96 | 76 | 86 |
| 12 | 2008009 | 成军 | 男 | 96 | 98 | 93 |
| 13 | 高数 | | 英语 | | 哲学 | |
| 14 | >90 | | >95 | | >85 | |

图 5-6　高级筛选条件区域示例

② 选择工作栏上的"数据"菜单"筛选"子菜单的"高级筛选"命令,打开"高级筛选"对话框。

③ 在方式对话框中选择"在原有区域显示对话结果"单选按钮。

④ 在"列表区域"文本框中指定要筛选的数据区域,$A$3:$F$12,这里的 $A$3 表示筛选区域起始位置,$F$12 表示筛选区域结束位置,用户也可以根据自己的需求自己调整。

⑤ 在"条件区域"文本框中指定含筛选条件的区域,$A$13:$E$14。如图 5-7 所示。

⑥ 单击"确定"按钮,在原区域中显示出筛选结果,如图 5-8 所示。

图 5-7　"高级筛选"对话框

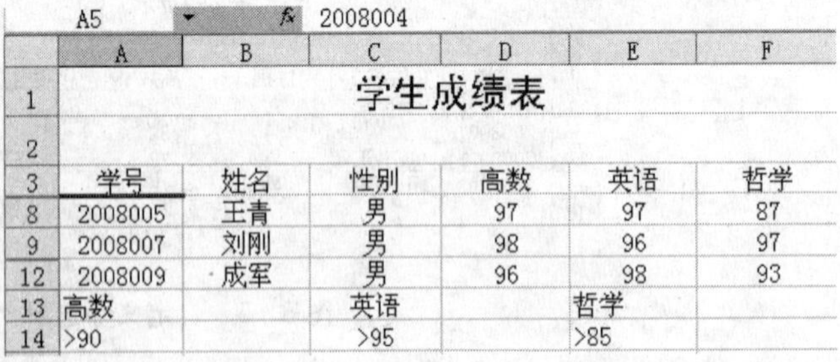

| A5 | ▼ | ƒx | 2008004 | | |
|---|---|---|---|---|---|
| | A | B | C | D | E | F |
| 1 | | | 学生成绩表 | | | |
| 2 | | | | | | |
| 3 | 学号 | 姓名 | 性别 | 高数 | 英语 | 哲学 |
| 8 | 2008005 | 王青 | 男 | 97 | 97 | 87 |
| 9 | 2008007 | 刘刚 | 男 | 98 | 96 | 97 |
| 12 | 2008009 | 成军 | 男 | 96 | 98 | 93 |
| 13 | 高数 | | 英语 | | 哲学 | |
| 14 | >90 | | >95 | | >85 | |

图 5-8　高级筛选示例

## 5.3　数据透视表

Excel 不仅具备了快速编辑报表的能力,同时还具有强大的数据处理功能。"数据透视表"是一种交互式的表,可以进行某些计算,如求和与计数等,所进行的计算与数据在数据透视表中的排列有关,例如可以水平或者垂直显示字段值,然后计算每一行或列的合计;也可以将字段值作为行号或列标,在每个行列交汇出计算出各自的数量,然后计算小和总计。

### 5.3.1 创建数据透视表

下面以工作数据表为例介绍如何创建数据透视表,具体操作步骤如下。

① 新建一个如下"巨龙服饰城各季度销售情况. xls"文件,选中 A3:C12 单元格范围,如图 5-9 所示。

② 选择"数据"菜单"数据透视表和数据透视图"命令,如图 5-10 所示。

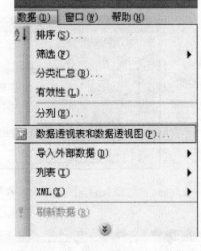

图 5-9 数据表示例          图 5-10 "数据"菜单

③ 在弹出的"数据透视表和数据透视图向导——3 步骤之 1"对话框中选择"Microsoft Office Excel 数据列表或者数据库"单选按钮和"数据透视表"单选按钮,然后单击"下一步"按钮,如图 5-11 所示。

④ 在弹出的"数据透视表和数据透视图向导——3 步骤之 2"对话框中单击"下一步"按钮,在弹出的"数据透视表和数据透视图向导——3 步骤之 3"对话框只选择"新建工作表",单击"完成",如图 5-12 所示。这样在工作簿中创建一个新的数据透视表,如图 5-13所示。

⑤ 选中"数据透视列表"中的"品牌"选项,按住鼠标左键不放,将该选项拖动到"将行字段拖至此处"位置,如图 5-14 所示。拖动到此位置后,释放鼠标左键,此时弹出"品牌"行字段的各个选项,如图 5-15 所示。

⑥ 选中"数据透视列表"中的"季度"选项,按住鼠标左键不放,将该选项拖动到"将行

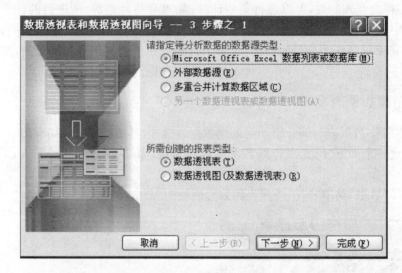

图 5-11 "数据透视表和数据透视图向导——3 步骤之 1"

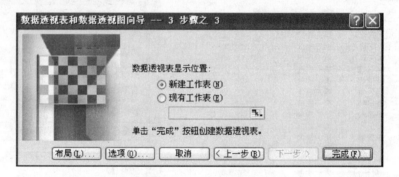

图 5-12 "数据透视表和数据透视图向导——3 步骤之 3"

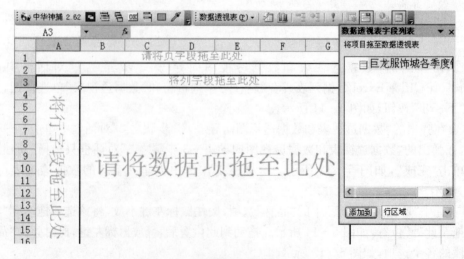

图 5-13 数据透视表示例——之一

图 5 - 14　数据透视表示例——之二

图 5 - 15　数据透视表示例——之三

字段拖至此处"位置。拖动到此位置后,释放鼠标左键,此时弹出"季度"行字段的各个选项,如图 5 - 16 所示。

⑦ 选中"数据透视列表中的"的"销售额"选项,按住鼠标左键不放,将该选项拖动到"请将数据项拖至此处"位置。拖动到此位置后,释放鼠标左键,此时弹出"销售额"的各项数据,如图 5 - 17 所示。

图 5 - 16　数据透视表示例——之四

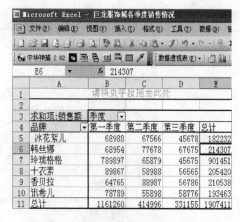

图 5 - 17　数据透视表示例——之五

## 5.3.2　修改数据透视表

### 1. 删除数据透视表的字段

创建了数据透视表后,如果觉得加入的行列字段不合适,可以将它们删除后再重新添加。

(1) 删除数据透视表字段

① 选中要删除的字段,这里选中"季度"作为删除字段,选中该字段将其拖到数据透视表外,光标处呈现一个叉的按钮,释放鼠标左键,此时拖动的字段将会被删除。如图 5 - 18 所示。

图 5-18　删除数据透视表字段　　　　图 5-19　删除数据透视表字段
　　　　示例——之一　　　　　　　　　　　　示例——之二

②　同样选中要删除的字段，这里选中"品牌"作为删除字段，选中该字段将其拖到数据透视表外，光标处呈现一个叉的按钮，释放鼠标左键，此时拖动的字段将会被删除。如图 5-19 所示。

（2）删除数据透视表字段的菜单

选中全部数据透视表，选择"编辑"菜单"删除"命令，如图 5-20 所示；在弹出的"删除"对话框中选中"删除"选项区中的"右侧单元格左移"单选按钮，如图 5-21 所示。

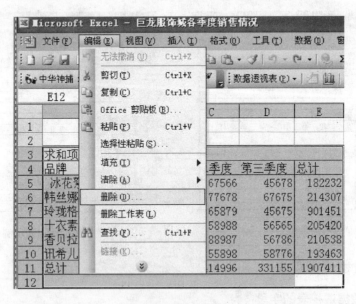

图 5-20　删除数据透视表字段示例——之三

### 2. 修改汇总方式

在 Excel 中，数据透视表字段的汇总方式默认为"求和"，可以根据要求更改汇总方式，从而分析不同的数据结果，数据透视表中的数据汇总方式的具体操作如下。

①　右键单击要改变汇总方式的字段的任一单元格，在弹出的菜单中选择"字段设置"

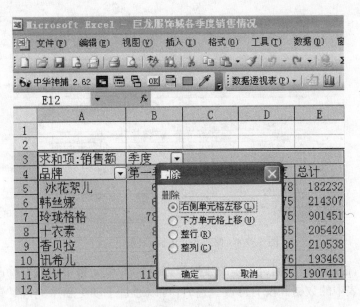

图 5-21　删除数据透视表字段示例——之四

命令,如图 5-22 所示。

　　② 弹出的"值字段设置"对话框,单击"汇总方式"选项卡,在列表框中选择新的汇总方式,如选择"最小值"选项,如图 5-23 所示。

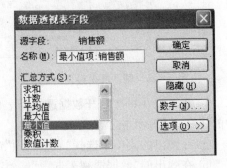

图 5-22　修改汇总方式示例——之一　　　　图 5-23　修改汇总方式示例——之二

　　③ 单击"确定"按钮,就可以看见销售额的最小值数据,如图 5-24 所示。

### 3. 刷新报表数据

在 Excel 中修改创建数据列表的原数据时,系统默认是数据透视表中的数据不会自

图 5-24　修改汇总方式示例——之三

动修改。例如,修改创建数据透视表的数据源,如将 B5 单元格中的数据修改为"98767",此时数据透视表中的数据并没有修改。这时,可以通过手动更新来完成。具体操作说明如下。

　　① 在数据透视表中右键单击与数据表格中修改数据对应的数据项,在弹出的菜单中选择"刷新数据",如图 5-25 所示。

　　② 此时完成了数据的刷新,如图 5-26 所示。

图 5-25　刷新数据报表——之一

图 5-26　刷新数据报表——之二

　　③ 还可以在每次打开数据透视列表时自动更新其中的数据。右键单击数据透视表中的任意一个单元格。

　　④ 在弹出的菜单中选择"表格选项"命令,如图 5-27 所示。

　　⑤ 在弹出的"数据透视表选项"选项组中选中"打开时刷新"复选框即可,如图 5-28 所示,当下次重新打开工作表时,数据就会刷新。

**4. 挖掘报表数据**

　　创建和运用数据透视表的最主要的目的就是分析数据。创建一个"巨龙服饰城各季度销售情况"工作表,并创建"最佳销售员"列,如图 5-29 所示。

图 5-27　刷新数据报表——之三

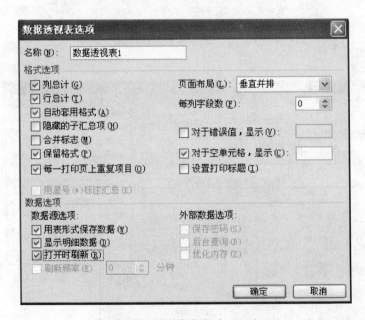

图 5-28　刷新数据报表——之四

　　这里主要来挖掘：① 按销售员分类,各季度各品牌的销售总额;② 按品牌分类,各季度各销售员卖出的产品情况,具体步骤如下。

　　(1) 按销售员分类,各季度各品牌的销售总额

　　① 创建数据透视表。选中 A3:D21 单元格范围,然后选择"数据"菜单,"数据透视表和数据透视图选项",如图 5-30 所示。

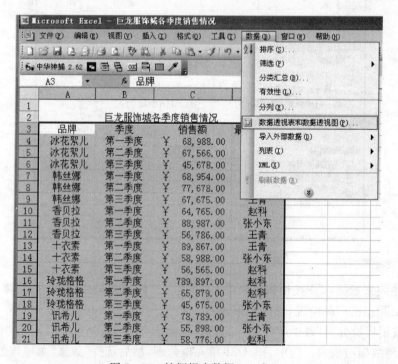

图 5-29　挖掘报表数据示例一

图 5-30　挖掘报表数据——之一

② 在弹出的"数据透视表和数据透视图向导——3 步骤之 1"对话框中选择"Microsoft Office Excel 数据列表或者数据库"单选按钮和"数据透视表"单选按钮,然后单击"下一步"按钮,在弹出的"数据透视表和数据透视图向导——3 步骤之 2"对话框中单击下一步,在弹出的"数据透视表和数据透视图向导——3 步骤之 3"对话框只选择"现有工作表",如图 5-31 所示。

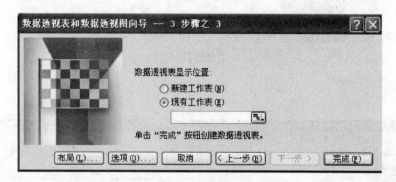

图 5-31　挖掘报表数据——之二

③ 单击文本框后的 按钮,单击 Sheet2,将数据透视表显示在 Sheet2 中的 A4 单元格处。如图 5-32 所示。

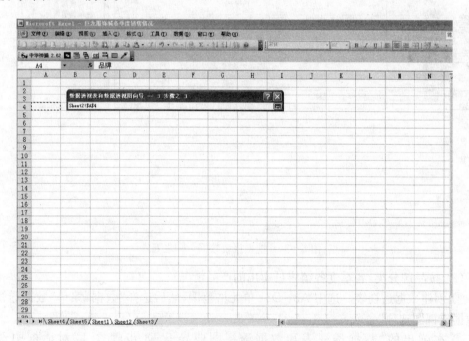

图 5-32　挖掘报表数据——之三

④ 再次单击文本框后的 ,返回到"数据透视表和数据透视图向导——3 步骤之 3"对话框,单击"完成",按钮,如图 5-33 所示。

⑤ 单击工作表 Sheet2,将"季度"和"最佳销售员选项"分别拖动到行字段。将"品牌"选项拖动到列字段,将"销售额"选项拖动到数据区域,如图 5-34 所示。

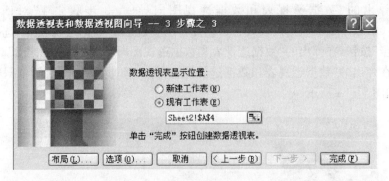

图 5-33 挖掘报表数据——之四

图 5-34 挖掘报表数据——之五

（2）按品牌分类，各季度各销售员卖出的产品情况

① 创建数据透视表。选中 A3：D21 单元格范围，然后选择"数据"菜单"数据透视表和数据透视图选项"命令。

② 在弹出的"数据透视表和数据透视图向导——3 步骤之 1"对话框中选择"Microsoft Office Excel 数据列表或者数据库"单选按钮和"数据透视表"单选按钮，然后单击"下一步"按钮，在弹出的"数据透视表和数据透视图向导——3 步骤之 2"对话框中单击"下一步"按钮，在弹出的"数据透视表和数据透视图向导——3 步骤之 3"对话框只选择"现有工作表"。

③ 单击文本框后的 按钮，单击 Sheet3，将数据透视表显示在 Sheet3 中的 A4 单元

格处。

④ 再次单击文本框后的 ，返回到"数据透视表和数据透视图向导——3 步骤之 3"对话框，单击"完成"按钮。

⑤ 单击工作表 Sheet3，将"品牌"季度和"最佳销售员选项"分别拖动到行字段。将"最佳销售员选项"选项拖动到列字段，将"销售额"选项拖动到数据区域，如图 5-35 所示。

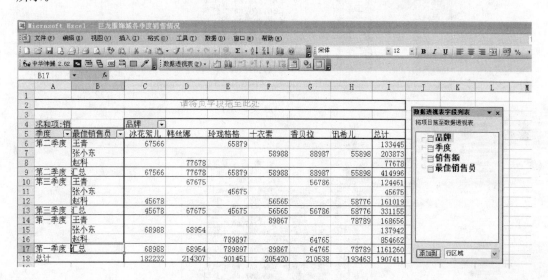

图 5-35　挖掘报表数据示例二

# 5.4　导入文本文件数据源

## 5.4.1　用符号分隔的文件

用户可以将许多外部数据导入 Excel 中加以分析。所谓外部数据，是指存储在 Excel 以外的软件财务系统、大型机或数据库等位置的数据。导入数据之后，用户就不必在 Excel 中手动键入它们了。某些数据存储在文本文件中，文本文件是一种可由 Excel 读取的常见文件格式。例如，有人可能会要求您处理数据库的某个表内的数据，但他们不能授予您访问该数据库的权限。在这种情况下，他们可以将数据转换为文本文件，这样就能很轻松地将数据导入 Excel 了。

在开始介绍如何导入文本文件之前，先要简单介绍一下什么是文本文件。

文本文件由纯文本（即无格式文本）构成，不包含特殊字体、超链接或图像。在文本文件中，数据由分隔符（分隔各个文本域的字符）分隔。下面是一些文本文件类型及各自的分隔符。

① .txt 文件，制表符分隔文件。通常由制表符将各列隔开，如图 5-36 所示。

② .csv 文件，逗号分隔值文件。通常由逗号将各列隔开，如图 5-37 所示。

```
巨龙服饰城各季度销售情况 - 记事本
文件(F) 编辑(E) 格式(O) 查看(V) 帮助(H)
巨龙服饰城各季度销售情况

品　牌          季　度            销 售 额  最佳销售员
冰花絮儿        第一季度      " ￥68,988.00 " 张小东
冰花絮儿        第二季度      " ￥67,566.00 " 王青
冰花絮儿        第三季度      " ￥45,678.00 " 赵科
  韩丝娜        第一季度      " ￥68,954.00 " 张小东
  韩丝娜        第二季度      " ￥77,678.00 " 赵科
  韩丝娜        第三季度      " ￥67,675.00 " 王青
  香贝拉        第一季度      " ￥64,765.00 " 赵科
  香贝拉        第二季度      " ￥88,987.00 " 张小东
  香贝拉        第三季度      " ￥56,786.00 " 王青
  十衣素        第一季度      " ￥89,867.00 " 王青
  十衣素        第二季度      " ￥58,988.00 " 张小东
  十衣素        第三季度      " ￥56,565.00 " 赵科
玲珑格格        第一季度      " ￥789,897.00 "赵科
```

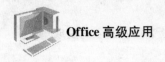

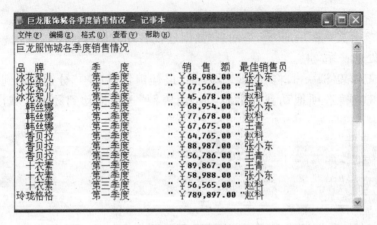

图 5－36　. txt 文件示例

```
巨龙服饰城各季度销售情况,,,,
,,,,
品　　牌,季　　度,　销 售 额 ,最佳销售员
冰花絮儿,第一季度," ￥68,988.00 ",张小东,
冰花絮儿,第二季度," ￥67,566.00 ",王青,
冰花絮儿,第三季度," ￥45,678.00 ",赵科,
  韩丝娜 ,第一季度," ￥68,954.00 ",张小东,
  韩丝娜 ,第二季度," ￥77,678.00 ",赵科,
  韩丝娜 ,第三季度," ￥67,675.00 ",王青,
  香贝拉 ,第一季度," ￥64,765.00 ",赵科,
  香贝拉 ,第二季度," ￥88,987.00 ",张小东,
  香贝拉 ,第三季度," ￥56,786.00 ",王青,
  十衣素 ,第一季度," ￥89,867.00 ",王青,
  十衣素 ,第二季度," ￥58,988.00 ",张小东,
  十衣素 ,第三季度," ￥56,565.00 ",赵科,
玲珑格格,第一季度," ￥789,897.00 ",赵科,
玲珑格格,第二季度," ￥65,879.00 ",王青,
玲珑格格,第三季度," ￥45,675.00 ",张小东,
  讯希儿 ,第一季度," ￥78,789.00 ",王青,
  讯希儿 ,第二季度," ￥55,898.00 ",张小东,
  讯希儿 ,第三季度," ￥58,776.00 ",赵科,
```

图 5－37　. csv 文件示例

③ . prn 文件,固定长度或空格分隔文件。通常由一些空格将各列隔开,如图 5－38 所示。

```
巨龙服饰城各季度销售情况

品　　牌      季　　度          销　　售　　额最佳销售员
冰花絮儿      第一季度          ￥   68,988.00 张小东
冰花絮儿      第二季度          ￥   67,566.00 王青
冰花絮儿      第三季度          ￥   45,678.00 赵科
  韩丝娜      第一季度          ￥   68,954.00 张小东
  韩丝娜      第二季度          ￥   77,678.00 赵科
  韩丝娜      第三季度          ￥   67,675.00 王青
  香贝拉      第一季度          ￥   64,765.00 赵科
  香贝拉      第二季度          ￥   88,987.00 张小东
  香贝拉      第三季度          ￥   56,786.00 王青
  十衣素      第一季度          ￥   89,867.00 王青
  十衣素      第二季度          ￥   58,988.00 张小东
  十衣素      第三季度          ￥   56,565.00 赵科
玲珑格格      第一季度          ￥  789,897.00 赵科
玲珑格格      第二季度          ￥   65,879.00 王青
玲珑格格      第三季度          ￥   45,675.00 张小东
  讯希儿      第一季度          ￥   78,789.00 王青
  讯希儿      第二季度          ￥   55,898.00 张小东
  讯希儿      第三季度          ￥   58,776.00 赵科
```

图 5－38　. prn 文件示例

### 5.4.2 导入数据文件

当需要处理一系列数据,并且在使用以后不需要更新该数据,因此可以使用"文件"菜单方法导入文本文件:在"文件"菜单上,单击"打开"。然后,完成其余步骤以打开该文件。最后,"文本导入向导"会打开,后面将再介绍如何使用该向导。

(1) 文本导入向导

当使用"文件"菜单方法导入 .csv 文件时,该文件会直接在 Excel 中打开,而不使用"文本导入向导"。如果要快速地打开.csv 文件,此方法非常好。另一方面,如果要得到使用"文本导入向导"中选项的益处,可能更愿意使用"数据"菜单方法来导入文件,具体步骤如下。

① 选择菜单命令"文件"菜单"打开"命令,在"打开"对话框中选择"文件类型"为"文本文件",如图 5-39 所示,然后找到要导入的文本文件并将其选中,单击"打开"按钮。

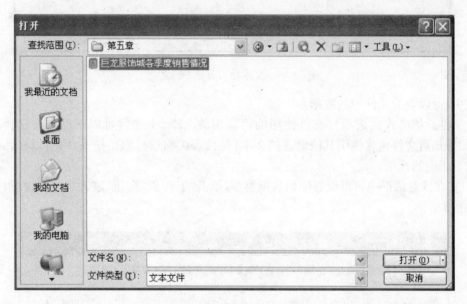

图 5-39 "打开"对话框

② 这时会出现如图 5-40 所示的"文本导入向导"对话框,共有 3 个步骤,这是其中第 1 步。

原始数据类型如果文本文件由制表符或逗号分隔,例如,. txt 文件和 .csv 文件的情况,Excel 会选择"分隔符号";如果该文件是 .prn 文件,通常由一些空格分隔各个列,Excel 会选择"固定宽度"。可以在向导底部的预览中查看数据,在向导的下一步模拟怎样能使数据看上去划分到各个列中,预览看上去将会好一些。如果您认为 Excel 没有正确地确定您要导入的文本数据的类型,或者您选择了错误的数据类型并且这种选择看上去不正确,则可以更改为该选项选择的数据类型。

导入起始行可以在第 1 行以外的行开始导入。例如,如果第一行包含文本"此文件包含雇佣数据",可以决定在第 2 行开始导入。或者,如果对数据的前 6 行不感兴趣,可以在第 7 行开始导入。如果文件太大,在 Excel 中放不下,也可以使用此设置。在向导底部的

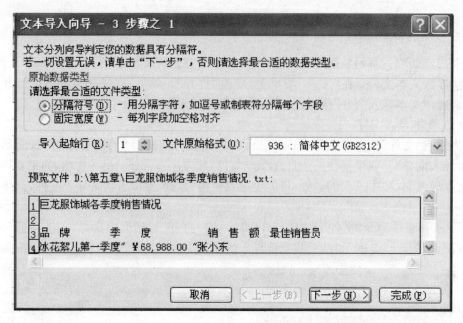

图 5-40　文本导入向导——之一

预览中,可以查看文件中的数据。

文件原始格式此选项与文件使用的语言相关。Excel 通常可以正确进行选择。但是,如果知道文件包含使用其他语言的文本,并且未正确选择原始格式,则可以在此列表中选取正确的选项。

③ 在该对话框中可以设置原始数据类型,单击"下一步"按钮,进入第 2 步设置,如图 5-41 所示。

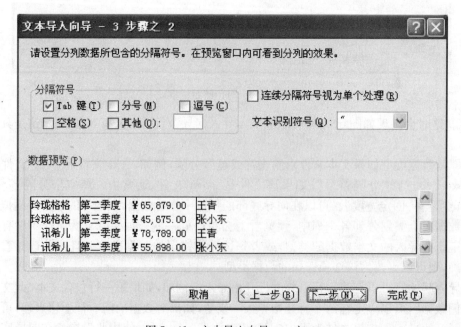

图 5-41　文本导入向导——之二

此时,需要选择在文件中使用的分隔符类型:"制表符"、"空格"、"分号"、"逗号"或"其他"。如果您所选择的分隔符类型正确,则可以在底部的预览框中查看数据的外观。如果您所选择的分隔符类型正确,各列会正确地对齐,如图 5-41 所示。如果文件中使用了多种分隔符,请选择多个复选框。同样,向导底部的预览可以帮助您了解这样做所产生的效果。另外两个选项是连续分隔符号和文本识别符。

连续分隔符号视为单个处理,选择此选项可以消除数据中不必要的空列。例如,如果文本由制表符分隔,并且文本域之间有两个制表符而不是一个,则选择此选项可防止出现额外的空列。在预览中,可以看出这个决定是否必要。

文本识别符可以选择双引号('')、单引号(')或"无",也可以让这个选项保持原状。在文本文件中,有时会使用文本识别符('')或('),用于指示文本字符串的开始和结尾。在预览中,可以看出文件是否使用了识别符。举例说来,名字两边的双引号标志着文本字符串的开始和结尾(例如,"王青")。如果希望 Excel 在每个分隔符处断开,而不限定文本字符串,请选择"无"。如果选择"无",系统会将文本识别符导入 Excel。

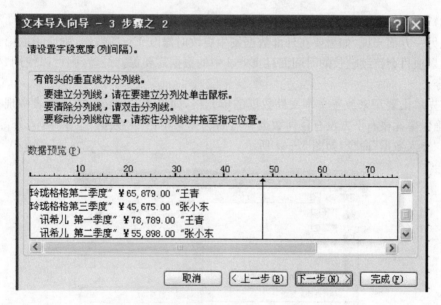

图 5-42 文本导入向导——之二

如果现有列宽度不合适,此时可以通过单击来调整列边界,进而拆分列。在预览中,可以查看列的外观。

④ 再单击"下一步"按钮进入第 3 步设置,如图 5-43 所示。在向导的第三步和最后一步中,您可以根据需要来更改格式。Excel 会自动将每个列的格式设置为"常规"。数值会转换为数字,日期值会转换为日期,而其余所有值都会转换为文本。

更改列的格式方法为:选择列,然后在"列数据格式"下选择一个选项。例如,如果有一列要定义为文本而不是数字的部件号,请选择"文本"选项。通过选择"不导入此列"选项,您可以跳过某个列而不导入它。

⑤ 根据提示完成设置后,单击"完成"按钮即可。这样就可以根据自己的需要对这些文本进行编辑了。

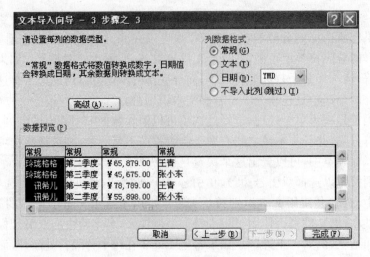

图 5-43 文本导入向导——之三

（2）导入外部数据

从另一方面来说，如果要在外部数据发生更改时修改 Excel 数据，则应采取第二种方法。如果项目会持续较长的时间而且 Excel 中的数据需要保持最新，则可以使用"导入数据"命令。

首先单击要用来放置文本文件数据的单元格，如果不希望替换掉工作表中现有的数据，要确保单元格右下方没有任何数据。然后选择菜单命令"数据"菜单"导入外部数据"子菜单"导入数据"命令，如图 5-44 所示。

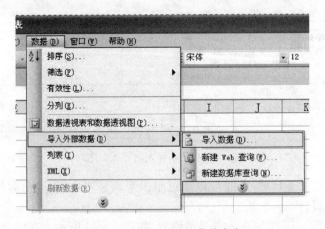

图 5-44 "导入数据"菜单命令

接下来的步骤和从"文件"中导入的步骤相同，但在单击"完成"，然后再执行一个额外的步骤："导入数据"对话框会显示，如图 5-45 所示，询问您是要将数据置于现有工作表中还是新工作表中。如果您选择"新建工作表"，Excel 会在工作簿中插入一个新工作表。

（3）刷新数据

通过"数据"菜单方法，可以在外部数据源发生更改时使用"外部数据"工具栏更新 Excel 数据。因此，如果您要为销售人员保留每周销售订单报表，请单击工具栏上的"刷新

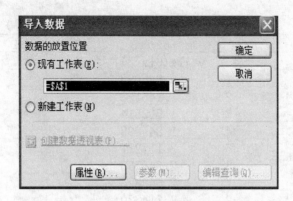

图 5-45　"导入数据"对话框

数据"按钮 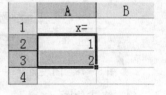，以使该报表获得最新的数据并与外部最新数据保持一致。

# 5.5　绘制函数曲线图

Excel 不仅数学计算和统计功能十分强大，其绘图功能可以轻松画好一条复杂的函数曲线。利用 Excel 图表中的散点图功能不仅可以绘制出各种精美的数学函数曲线图形，而且图形的精度很高，可以弥补使用绘图软件只能模拟而准确度不高的缺点。如果想快速准确地绘制一条函数曲线，可以借助 Excel 的图表功能，使用它画出的曲线既标准又漂亮。下面通过一个例子来介绍绘制函数曲线图的方法。以绘制 y＝|lg(6＋x^3)|的曲线为例，其方法如下。

（1）自变量的输入

在某张空白的工作表中，先输入函数的自变量：在 A 列的 A1 格输入"x＝"，表明这是自变量。再在 A 列的 A2 及以后的格内逐次从小到大输入自变量的各个值；实际输入的时候，通常应用等差数列输入法，先输入前两个值，定出自变量中数与数之间的步长，然后选中 A2 和 A3 两个单元格，使这两项变成一个带黑色边框的矩形，再用鼠标指向这黑色矩形的右下角的小方块"■"，当光标变成"＋"字型后，按住鼠标拖动光标到适当的位置，就完成自变量的输入，如图 5-46 所示。

図 5-46　自变量输入

（2）输入函数式

在 B 列的 B1 格输入函数式的一般书面表达形式，y＝|lg(6＋x^3)|。

在 B2 格输入"＝ABS(LOG10(6＋A2^3))"，B2 格内马上得出了计算的结果。这时，再选中 B2 格，让光标指向 B2 矩形右下角的"■"，当光标变成"＋"时按住光标沿 B 列拖动到适当的位置即完成函数值的计算，如图 5-47 所示。

（3）绘制曲线

单击"插入"菜单的"图表…"命令，进入"图表向导"对话框，选择"X，Y 散点图"，然后在出现的"X，Y 散点图"类型中选择"无数据点平滑线散点图"，如图 5-48 所示。此时可

| | A | B | C | D |
|---|---|---|---|---|
| | B2 | ▼ | *fx* | =ABS(LOG10(6+A2^3)) |
| 1 | x= | y=\|lg(6+x^3)\| | | |
| 2 | 1 | 0.845098 | | |
| 3 | 2 | 1.146128 | | |
| 4 | 3 | 1.518514 | | |
| 5 | 4 | 1.845098 | | |
| 6 | 5 | 2.117271 | | |
| 7 | 6 | 2.346353 | | |
| 8 | 7 | 2.542825 | | |
| 9 | 8 | 2.714330 | | |

图 5-47　输入函数式

察看即将绘制的函数图像类型示例图。

① 单击"下一步"按钮,选中"数据产生在列"项,给出数据区域,如图 5-49 所示。

② 单击"下一步"按钮,如图 5-50 所示;

③ 单击"下一步"和"完成"按钮。这时曲线就呈现在工作表上了。

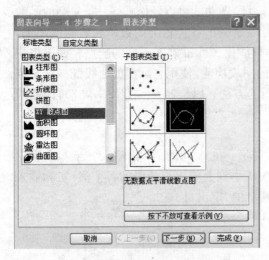

图 5-48　图表向导——之一

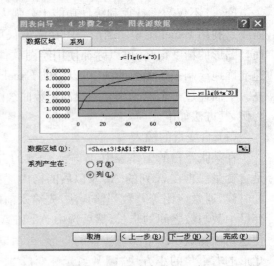

图 5-49　图表向导——之二

(4) 格式化图

图 5-51 所示的图表只是粗略的完成了函数曲线的基本形态,用户还可以进一步的加工美化。加工美化的步骤与其他图表相同。

① 设置图表标题:图表标题文字字号可以稍微设置大一些,双击图表标题,在弹出的对话框中把字号设为 20,字体"加粗"。

② 设置函数曲线:双击图表中的函数曲线,在线形里把粗细设为最粗;颜色设为红色。

③ 设置坐标轴刻度:双击 X 轴,在弹出的对话框中选择"刻度"标签,其中最大值设为 70;主要刻度设为 10,字体设为蓝色。

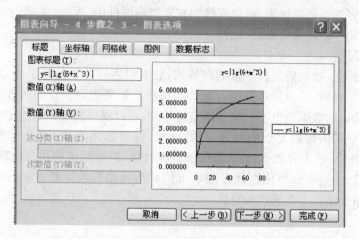

图 5-50　图表向导——之三

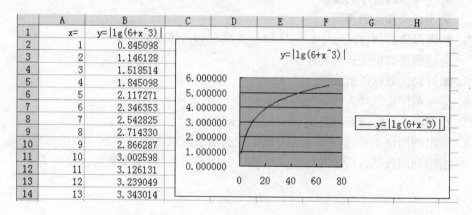

图 5-51　绘制曲线图示例

④ 设置图例：双击图标中的图例，设置图例字体为"斜体"。

经过以上步骤，函数曲线图在 Excel 中的效果就完成了，如图 5-52 所示。

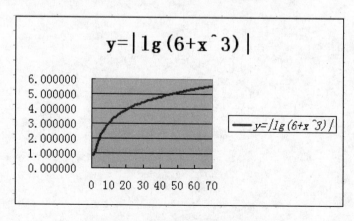

图 5-52　格式化后的函数曲线图

对于绘制好的函数曲线图,可以直接把它复制到课件中、Word 文档中,也可以用画图工具把它保存为一个图像文件供以后使用。

(5) 相关问题

需要注意的是,如何确定自变量的初始值,数据点之间的步长是多少,这是要根据函数的具体特点来判断,这也是对使用者能力的检验。如果想很快查到函数的极值或看出其发展趋势,给出的数据点也不一定非得是等差的,可以根据需要任意给定。

从简单的三角函数到复杂的对数、指数函数,都可以用 Excel 画出曲线。如果用得到,还可以利用 Excel 来完成行列式、矩阵的各种计算,进行简单的积分运算,利用迭代求函数值(如 $x^2 = x^7 + 4$,可用迭代方法求 x 值)等,凡是涉及计算方面的问题,找 Excel 来帮忙,它一定会给出一个满意的答案。

## 习题五

1. 简述按多列排序的步骤。
2. 简述自动筛选的步骤。
3. 高级筛选的条件区域中如何体现与关系?如何体现或关系?
4. 简述创建数据透析表的步骤。
5. 如何修改数据透析表?
6. 如何利用文本导入向导导入数据文件?
7. 在 Excel 中绘制函数曲线 $y = |lg(4 + x^2)|$。
8. 给出利用自动筛选在学生成绩表中筛选出总成绩在前三名的女生的操作方法。
9. 给出利用数据透析表在学生成绩表中分别求出男生、女生数学及格的人数。

# 第6章

# PowerPoint 2003 中的高级功能

PowerPoint 2003 是 MicrosoftOffice 2003 系列软件包中的一个重要软件。它可在 Microsoft Windows 系统下运行,是一个专门用于编制电子文稿和幻灯片的软件。它是一种用来表达观点、演示成果、传达信息的强有力的工具。PowerPoint 首先引入了"演示文稿"这个概念,改变了过去幻灯片零散杂乱的缺点。当需要向人们展示一个计划,或者作一个汇报,或者进行电子教学等工作时,最好的办法就是制作一些带有文字和图表、图像以及动画的幻灯片,用于阐述论点或讲解内容,而利用 PowerPoint 就能轻易地完成这些工作。本章将介绍 PowerPoint 2003 的一些较高级使用方法。

## 6.1 增强幻灯片的视觉效果

### 6.1.1 幻灯片中对象的定位与调整

对象是表、图表、图形、等号或其他形式的信息。

**1. 选取对象**

① 选取一个对象:单击对象的选择边框。

② 选取多个对象:单击每个对象的同时按下<Shift>键。

**2. 移动对象**

① 选取要移动的对象、多项选择或组合。

② 将对象拖动到新位置。若要限制对象使其只进行水平或垂直移动,请在拖动对象时按<Shift>。

**3. 微移对象**

① 选择要移动的对象。

② 请执行下列操作之一:

A. 在"绘图"工具栏上,单击"绘图",指向"微移",如图 6-1 所示,选择移动方向。

B. 在按住<Ctrl>的同时按箭头键。

**4. 改变对象叠放层次**

添加对象时,它们将自动叠放在单独的层中。当对象重叠在一起时用户将看到叠放

次序,上层对象会覆盖下层对象上的重叠部分。通过"绘图"工具栏选择"叠放次序",有 4
个可选项,可分别将所选对象置于顶层、置于底层、上移一层、下移一层,如图 6-2 所示。

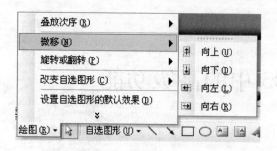
图 6-1　微移对象

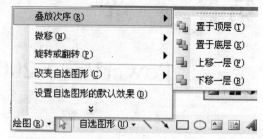
图 6-2　改变叠放层次

**5. 等距离排列对象**

① 选取至少三个要排列的对象。

② 在"绘图"工具栏上,单击"绘图",指向"对齐或分布",再单击"横向分布" ▫▫ 或"纵
向分布" 品 。

**6. 组合和取消组合对象**

用户可以将几个对象组合在一起,以便能够像使用一个对象一样地使用它们,用户可
以将组合中的所有对象作为一个单元来进行翻转、旋转、调整大小或缩放等操作,还可以
同时更改组合中所有对象的属性。

(1) 组合对象

① 选择要组合的对象。

② 在"绘图"工具栏上,单击"绘图",再单击"组合",如图 6-3 所示。

(2) 取消组合对象

① 选择要取消组合的组。

② 在"绘图"工具栏上,单击"绘图",再单击"取消组合",如图 6-4 所示。

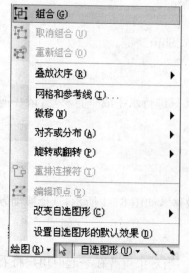
图 6-3　组合对象

图 6-4　取消组合

（3）重新组合对象

① 选择先前组合的任意一个对象。

② 在"绘图"工具栏上，单击"绘图"，再单击"重新组合"，如图 6-5 所示。

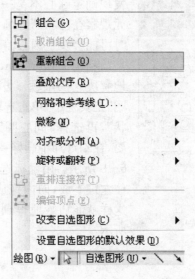

图 6-5　重新组合

## 6.1.2　演示文稿字数速查

在 PowerPoint 中选择"文件"下的"属性"，如图 6-6 所示，打开"属性"对话框，单击"统计信息"选项，就会列出当前编辑的演示文稿字数、段落等信息，如图 6-7 所示。这样就可以方便地知道有关演示文稿的属性信息了。

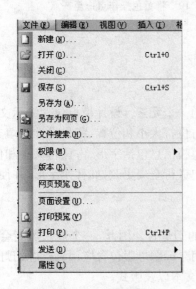

图 6-6　选择属性

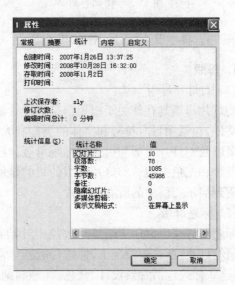

图 6-7　属性对话框

### 6.1.3　在幻灯片中巧定圆心

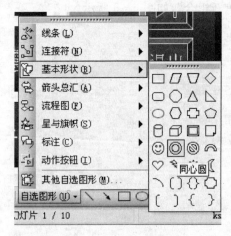

图 6-8　选择同心圆选项

　　用户在 PowerPoint 2003 中画圆并演示时，会发现确定圆心不是一件很容易的事，用户往往仅凭观察在"圆心"处画 一个圆点代替，这样在播放时可能会发生圆心偏离比较严重的情况。

　　利用 PowerPoint"同心圆"工具按钮可以方便地解决这一难题。方法是：在幻灯片下面的"绘图"工具栏中，单击选取"自选图形"，选择"基本形状"，再选择"同心圆"，如图 6-8 所示。根据需要，在幻灯片中画好一个适当大小的同心圆，如图 6-9 所示。用鼠标选中内圆的黄色操作点，并按住左键不放，向内拖成一个小圆点，再释放鼠标，这样就能巧妙地得到了准确的圆心，如图 6-10 所示。

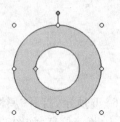　　　　　　　　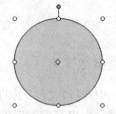

图 6-9　作同心圆　　　　　　图 6-10　将黄色操作点拖至一点

### 6.1.4　在演示文稿中应用不同的母版

**1. 母版**

（1）幻灯片母版

　　幻灯片母版是存储关于模板信息的设计模板的一个元素。设计模板包含演示文稿样式的文件，包括项目有符号和字体的类型和大小、占位符大小和位置、背景设计和填充、配色方案以及幻灯片母版和可选的标题母版。这些模板信息包括字形、占位符大小和位置、背景设计和配色方案。幻灯片母版的目的是使用户进行全局更改，如替换字形，并使该更改应用到演示文稿中的所有幻灯片。

（2）标题母版

　　标题幻灯片通常用于幻灯片放映中开始新节的幻灯片。因此，一个放映可能会有多张标题幻灯片，在这种情况下，标题母版就非常有用。标题母版包含应用到标题幻灯片的样式，这些样式包括背景设计、颜色、标题和副标题文本以及版式。

**2. 在演示文稿中应用不同母版**

　　使用 PowerPoint，用户可以在演示中使用多个设计模板，从而增加演示文稿设计方案的多样性。用户可能希望将演示分解为若干部分,每个部分的设计都与其他部分不同;或者,几个工作组一起为同一个演示文稿制作幻灯片,每个工作组都使用自己的设计。随着设计模板的增多,会有多个母版。对于用户所使用的每一个设计模板,都有一对母版。下面将介绍如何使用多个母版更改特定的幻灯片组并提高这一过程的效率。(注意:用户需在演示文稿中应用不同设计模板)

① 启动 PowerPoint 2003,新建或打开一个演示文稿。

② 选择"格式"菜单下的"幻灯片设计",此时在演示文稿右侧出现"幻灯片设计"窗口,如图 6-11 所示。单击任意一种设计模板,则其就被应用到幻灯片中。此时通过选择"视图"菜单下的"母版"查看"幻灯片母版",可以同时看到标题母版和幻灯片母版对,如图 6-12 所示。

图 6-11 幻灯片设计窗口

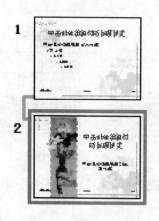

图 6-12 幻灯片母版

③ 回到普通视图状态,新建多个幻灯片,选择要向其应用第二个设计模板的幻灯片,在"幻灯片设计"任务窗格中,指向要应用的设计模板的缩略图,然后单击其箭头。在其菜单上,单击"应用于选定幻灯片",如图 6-13 所示。此时再查看母版时,会发现有两对不同的母版,如图 6-14 所示。这样,通过应用不同的设计模板就可以达到应用不同母版的目的。

图 6-13 应用于选定幻灯片

图 6-14 两对母版

## 6.2　在幻灯片中引入多媒体素材

PowerPoint 具有强大的多媒体演示功能,本节讲述如何在演示文稿中引入多媒体素材,利用 PowerPoint 2003 制作具有比较完善的交互功能的电子演示文稿,丰富 PowerPoint 电子文稿的制作。

### 6.2.1　将幻灯片转换为图片

下面介绍两种简单的方法,方便用户将幻灯片转换为图片。

**1. 直接使用 PowerPoint 的另存为功能**

① 打开幻灯片,选择"文件"下的"另存为",出现另存为对话框。在"保存类型"的下拉菜单选择 JPEG 文件交换格式,如图 6-15 所示,指定路径,便将幻灯片格式转存为 JPEG 格式。

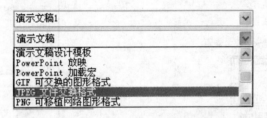

图 6-15　选择 JPEG 转换下拉框

② 系统会显示提示,用户按照需要选择保存每张幻灯片或仅当前幻灯片,如图 6-16 所示。

图 6-16　选择保存方式

③ 存好后,系统会自动出现一个文件夹,打开这个文件夹,用户会看见原 PowerPoint 已经转换成功,现在都是 JPEG 图片格式,如图 6-17 所示。

图 6-17　转换后的 JPEG 图片

**2. 间接使用复制—粘贴方法**

直接用右键点击要转换幻灯片的缩略图，在快捷菜单中选择"复制"，如图 6-18 所示，然后打开图形编辑软件粘贴，保存即可。

图 6-18　复制幻灯片缩略图

### 6.2.2　美化演示文稿中的公式

**1. 插入公式**

用户可使用 Microsoft 脚本编辑器中可用的字符和命令在演示文稿中插入公式。

① 单击要添加公式的幻灯片，在"插入"菜单上，单击"对象"。

② 单击"对象类型"列表中的"Microsoft 公式 3.0"，如图 6-19 所示。在公式编辑器中，使用按钮和菜单键入公式，如图 6-20 所示。

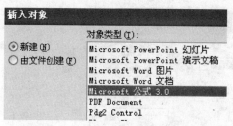

图 6-19　选择 Microsoft 公式 3.0

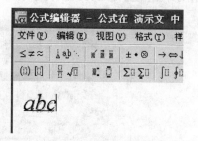

图 6-20　使用公式编辑器编辑公式

③ 若要返回 Microsoft PowerPoint，请在公式编辑器的"文件"菜单上单击"退出并返回到演示文稿"，如图 6-21 所示。此时公式显示在幻灯片上，如图 6-22 所示。

图 6-21　退回演示文稿

图 6-22　插入到演示文稿中的公式

**2. 美化公式**

公式编辑器仅仅提供白底黑字的公式，然而，在使用 PowerPoint 制作演示的时候，为了使演示效果更佳，用户可改变公式的颜色以达到美化公式的效果，操作步骤如下。

① 改变公式颜色：右键点击公式，在弹出的右键菜单中选择"设置对象格式"，如图 6-23所示。在"设置图片格式对话框"中单击"图片"标签，点击"重新着色"按钮，弹出"图

片重新着色"对话框,如图 6-24 所示。在新弹出的"图片重新着色"对话框中,用户就可以根据自己的需要设置公式的颜色了。

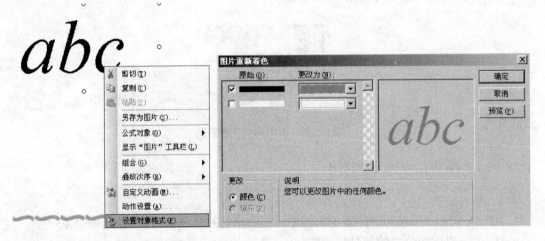

图 6-23　选择"设置对象格式"　　　　图 6-24　"图片重新着色"对话框

　② 改变公式背景颜色:在"设置对象格式"对话框中,点击"颜色和线条"标签,如图 6-25所示,用户就可改变公式背景填充颜色了。

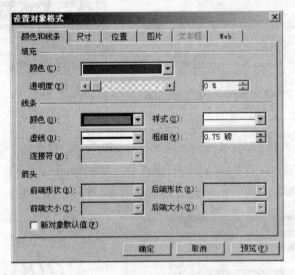

图 6-25　"颜色和线条"标签

### 6.2.3　在幻灯片中插入 Flash 动画

　有些时候,用户需要添加一些 Flash 动画来使幻灯片更加生动、美观和具有说服力。但是 PowerPoint 中没有提供类似插入图片那样直接的功能,下面介绍几种在 PowerPoint 中插入 Flash 动画的方法。

**1. 插入超链接**

　这种方法的特点是简单,适合 PowerPoint 的初学者,同时它还能将 EXE 类型的文件插入到幻灯片中去。以下是具体的操作步骤。

① 运行 PowerPoint 程序,打开要插入动画的幻灯片。

② 在其中插入任意一个对象,比如一段文字、一个图片等。目的是对它设置超链接。最好这个对象与链接到的动画的内容相关。

③ 选择这个对象,点击"插入"菜单,在打开的下拉菜单中单击"超级链接",如图 6 - 26 所示。

④ 弹出"插入超链接"窗口,"链接到"中选择"原有文件或 Web 页",如图 6 - 27 所示,选择到想插入的动画,点击"确定"完成。播放动画时只要单击设置的超链接对象即可,如图 6 - 28 所示。

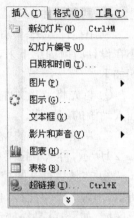

图 6 - 26　选择超链接

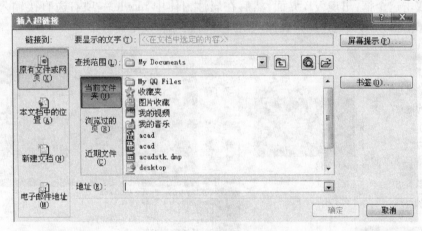

图 6 - 27　选择超链接窗口

图 6 - 28　Flash 播放

**2. 利用控件**

利用控件方法将动画作为一个控件插入到 PowerPoint，该方法的特点是它的窗口大小在设计时就固定下来，设定的方框的大小就是在放映时动画窗口的大小。具体操作步骤如下。

① 首先将 swf 文件置于 PowerPoint 文件同级目录中，运行 PowerPoint 程序，打开要插入动画的幻灯片。

② 单击菜单中的"视图"选项，在下拉菜单中选择"工具栏"的"控件工具箱"，如图 6-29 所示，再从下拉菜单中选择"其他控件"按钮。

③ 在随后打开的控件选项界面中，选择"Shockwave FlashObject"选项，如图 6-30 所示，出现"十"字光标，再将该光标移动到 PowerPoint 的编辑区域中，画出适合大小的矩形区域，如，也就是播放动画的区域，就会出现一个方框，如图 6-31 所示。

④ 双击这个框，出现 VB 界面，然后在属性窗体中 movie 一项右边直接输入相对路径，如图 6-32 所示。这样用户在放映幻灯片时就能在设定窗口中播放了。

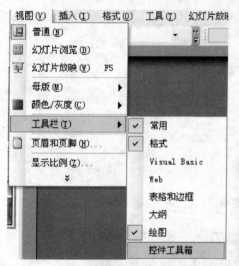

图 6-29　选择控件工具箱

图 6-30　控件工具箱窗口

图 6-31　画出矩形区域

图 6-32　输入路径

### 3. 插入对象

用户采用这种方式,在播放幻灯片时会弹出一个播放窗口,它可以响应所有的 Flash 鼠标事件,还可以根据需要在播放的过程中调整窗口的大小,具体操作步骤如下。

① 运行 PowerPoint 程序,打开要插入动画的幻灯片。

② 在菜单中选择"插入"选项,从打开的下拉菜单中选择"对象"。会弹出"插入对象"对话框,如图 6-33 所示,选择"由文件创建",单击"浏览",选中需要插入的 Flash 动画文件,最后单击"确定"返回幻灯片。

③ 这时,在幻灯片上就出现了一个 Flash 文件的图标,如图 6-34 所示,我们可以更改图标的大小或者移动它的位置,然后在这个图标上右击鼠标,选中"动作设置"命令。

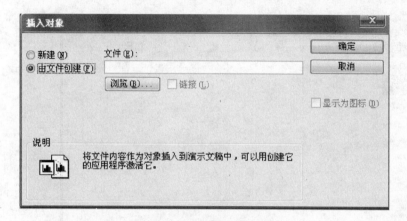

图 6-33 插入对象对话框

图 6-34 Flash 文件图标

④ 在弹出的窗口中选择"单击鼠标"或"鼠标移动"两个标签都可以,再点击"对象动作",在下拉菜单中选择"激活内容",如图 6-35 所示,最后单击"确定",完成插入动画的

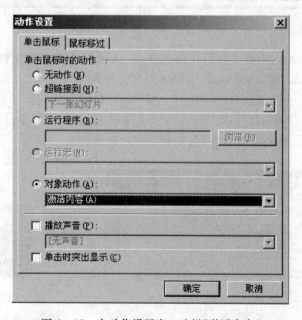

图 6-35 在动作设置窗口选择"激活内容"

操作。

以上 3 种方法都能方便用户在演示文稿中插入 Flash 动画,以使幻灯片更加生动、美观。

### 6.2.4  在幻灯片中插入 mp3 音乐

为了制作图、文、声并茂的多媒体演示文档,还可在幻灯片中插入 mp3 音乐,具体步骤如下。

① 执行"插入"菜单"影片和声音"子菜单"文件中的声音"命令,打开"插入声音"对话框,如图 6-36 所示。

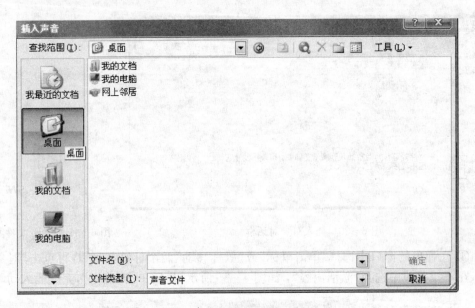

图 6-36  "插入声音"对话框

② 定位到需要插入声音文件所在的文件夹,选择相应的声音文件,点击"确定"按钮(演示文稿支持 mp3,wma,wav,mid 等格式声音文件)。

③ 在随后弹出的快捷菜单中,如图 6-37 所示,根据需要选择播放声音的方式,即可将声音文件插入到当前幻灯片中。插入声音文件后,会在幻灯片中显示出一个小喇叭图片,如图 6-38 所示,在幻灯片放映时,通常会显示在画面。

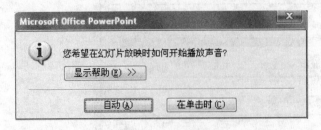 

图 6-37  选择播放声音方式          图 6-38  小喇叭图片

## 6.3　演示过程中的技巧

以上两节介绍的主要是关于制作幻灯片过程中的一些方法和技巧。制作演示文稿，最终目的便是要播放给观众看。通过幻灯片放映，可以将精心创建的演示文稿展示给观众或客户，以正确表达自己想要说明的问题。为了所做的演示文稿更精彩，以使观众更好地观看并接受、理解演示文稿，用户还必须了解对文稿的演示方式进行的设置，本节主要介绍演示制作好的 PowerPoint 过程中的技巧。

### 6.3.1　演示文稿的放映模式

默认情况下，PowerPoint 采用的是全屏放映模式。采用全屏放映模式的方法是：演示文稿窗口左下角的"幻灯片播放"按钮，或者选择"幻灯片放映"菜单中的"观看放映"命令，或者按下功能键<F5>。实际上，用户还可以根据需要采用窗口模式或小屏幕模式来放映。

**1. 采用窗口放映模式**

采用窗口播放模式，只需要按下<Alt>键，同时单击演示文稿窗口左下角的"幻灯片播放"按钮，这时启动的幻灯片放映模式就是窗口放映模式，放映效果如图 6-39 所示。

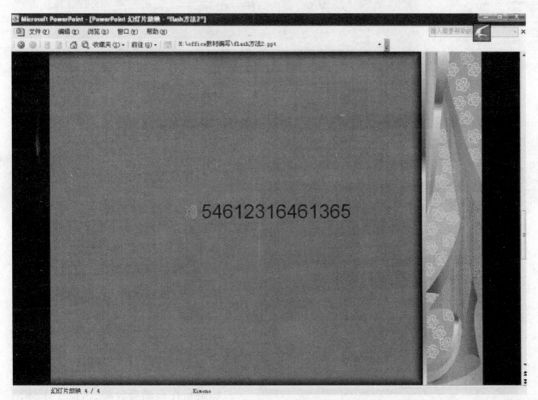

图 6-39　窗口放映模式

**2. 采用小屏幕放映模式**

采用小屏幕播放模式播放幻灯片，只需要按下<Ctrl>键，同时单击演示文稿窗口左下角的"幻灯片放映"按钮，这时启动的幻灯片放映模式是与全屏放映模式的操作完全一样的小屏幕放映模式，放映效果如图 6-40 所示，其中左上方的放映画面为小屏幕放映窗。

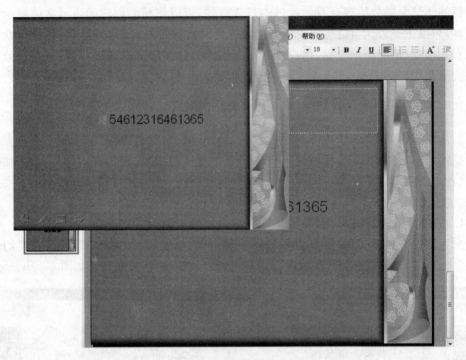

图 6-40　小屏幕放映模式

无论采取哪种放映方式都可以使用键盘上的上下移动光标键进行向前向后翻页，使用键盘<Esc>键退出幻灯片放映。也可以使用右键快捷菜单命令完成上述操作。

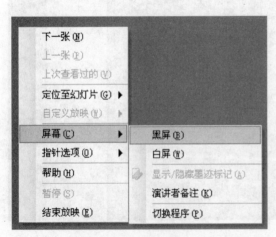

图 6-41　屏幕选择

### 6.3.2　暂停幻灯片演示

在播放幻灯片时，如果需要暂停放映，可以通过使屏幕切换到黑屏或白屏状态来实现。以下介绍两种方法。

① 直接按下字母键"w"变成白屏，按下字母键"b"变成黑屏，要继续播映只要按下空格键即可。

② 在放映过程中，点击鼠标右键，选择"屏幕"——"黑屏"或"白屏"，如图 6-41 所示。

如果是在自动播放模式，除了上述两种方法，还可以通过按下"S"或者"＋"键来实现。设置自动播放模式的操作步骤为。

① 在菜单中选择"幻灯片放映"选项，点击下拉菜单中出现的"幻灯片切换"，右侧会出现一个竖行的"幻灯片切换"对话框，如图6-42所示。

② 在"换片方式"选项下有两个选择，点击第二个选项前的小方框，后面再添上幻灯片隔几秒切换的时间就可以了，同时把"单击鼠标时"前面的勾去掉，如图 6-43 所示，最后点击"应用于所有幻灯片"就设置成功了。

欲知更多快捷键信息，在播放时按下<F1>，打开幻灯片放映帮助，如图6-44 所示。

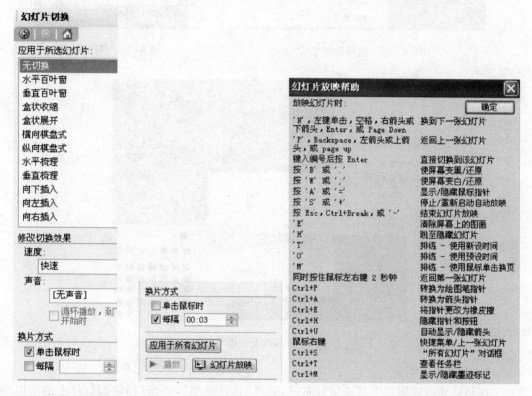

图 6-42　幻灯片切换栏　图 6-43　自定义换片时间　　　　图 6-44　幻灯片放映帮助

## 6.3.3　演示过程中在幻灯片上作标记

在幻灯片的放映过程中，用户有可能要在幻灯片上做标记，例如画一幅图表或者在字词下面划线加着重号。这时可以利用 PowerPoint 所拥有的虚拟注释笔，在作演示的同时也可以在幻灯片上作标记。

### 1. 书写绘图笔记

在幻灯片放映窗口中单击鼠标右键，选择"指针选项"，选择一种绘图笔，如图6-45所示，用画笔完成所需动作，如图 6-46 所示，再按<Esc>键退出绘图状态。绘图笔的颜色可因用户喜好或幻灯片背景颜色由用户自行调节，方法为：在幻灯片放映窗口单击鼠标右键，选择"指针选项"中的"墨迹颜色"，如图 6-47 所示，即可改变绘图笔颜色。

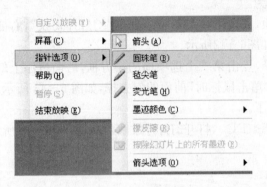

图 6-45　选择绘图笔

图 6-46　书写标记

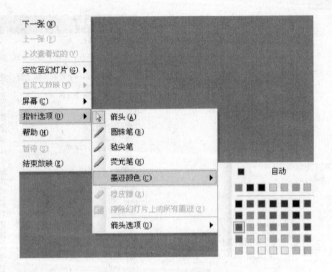

图 6-47　改变绘图笔颜色

**2. 删除绘图笔记**

在幻灯片放映窗口中单击鼠标右键，选择"指针选项"，点击"擦除幻灯片上的所以墨迹"即可，如图 6-48 所示。

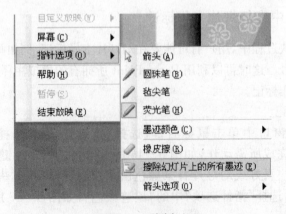

图 6-48　删除标记

### 6.3.4　放映时快速切换到指定的幻灯片

幻灯片在默认情况下是按顺序放映的,但有时用户会根据需要切换到指定的某张幻灯片,下面介绍几种不同情况下的切换方法。

**1. 转到上一张幻灯片**

转到上一张幻灯片有如下两种的方法:

① 按<Backspace>键,或者向上移动光标键。

② 右键单击,然后在快捷菜单上单击"上一张"。

**2. 转到特定的幻灯片**

转到特定的幻灯片有如下两种的方法:

① 在幻灯片放映窗口中单击鼠标右键,点击"定位至幻灯片",选择需要定位的那张幻灯片即可直接跳转到指定幻灯片,如图 6-49 所示。

② 如果知道跳转的幻灯片序号,可以用键盘直接输入相应的序号,然后按下<Enter>键即可跳转到指定幻灯片。

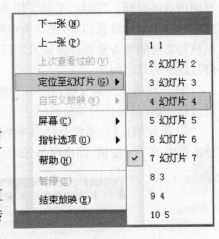

图 6-49　定位幻灯片

**3. 观看以前查看过的幻灯片**

右键单击,然后在快捷菜单上单击"上次查看过的"。

### 6.3.5　演示文稿排练计时

在正式使用幻灯片为观众演示之前,用户可能希望预先排练演示文稿,以掌握放映的时间和进度,为满足这一要求,PowerPoint 提供了排练计时功能,可以记录每张幻灯片播放的时间及整篇演示文稿播放的总时间长度。具体操作步骤如下。

① 启动 PowerPoint 2003,打开相应的演示文稿,点击"幻灯片放映"菜单,选择"排练计时"命令,如图 6-50 所示,进入"排练计时"状态。此时,单张幻灯片放映所耗用的时间和文稿放映所耗用的总时间显示在"预演"对话框中,如图 6-51 所示。

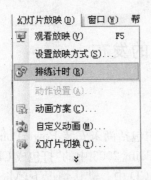

图 6-50　选择排练计时命令

图 6-51　预演对话框

"预演"工具的第一个按钮是"下一项"按钮,这个按钮将幻灯片执行到下一个放映的位置上(包括更换到下一个幻灯片页面上,或不同的动画显示,同等于单击鼠标命令)。其后是"暂停"工具按钮,这个按钮的作用是:当用户在排练幻灯片的时候,如需暂时离开,

为了保证计时器记录的是幻灯片的演示时间,而不包括处理其他事务的时间,用户就可以点击这个"暂停"按钮,使其为按下状态,之后只需再次点击这个按钮就可以在暂停的地方继续排练。"幻灯片放映时间"框中是一个计时器,用户每执行一个幻灯片"换页操作"(即更换幻灯片页面,不包括每页中的动画效果。)时这个时钟都会归零,并计算下一个幻灯片页面的放映时间。"重复"工具按钮的作用是:如果错误的设置了该页放映的时间,可以重新将这个时间设置归零,在本页中执行的所有动画也将要消失,即回到本页的第一个动画执行之前的地方重新排练该页幻灯片。"预演"工具栏最后显示的时间表示所排练的幻灯片放映的总时间。

② 手动播放一遍文稿,并利用"预演"对话框中的"暂停"和"重复"等按钮控制排练计时过程,以获得最佳的播放时间。

③ 播放结束后,系统会弹出一个提示是否保存计时结果的对话框,如图 6-52 所示,单击其中的"是"按钮,即出现每张幻灯片各自播放的时间,如图 6-53 所示。

图 6-52　选择是否保留排练时间对话框

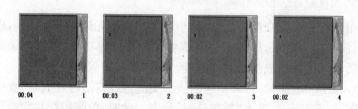

图 6-53　各幻灯片播放时间

## 6.4　演示文稿的发布

### 6.4.1　将 PowerPoint 演示文稿打包到 CD

幻灯片打包的目的,通常是要在其他电脑(其中包括尚未安装 PowerPoint 的电脑)上播放用户的幻灯片。使用 Microsoft Office PowerPoint 2003 中的"打包成 CD"功能,可以将一个或多个演示文稿连同支持文件一起复制到 CD 中。默认情况下,Microsoft Office PowerPoint 播放器包含在 CD 上,即使其他某台计算机上未安装 PowerPoint,它也可在该计算机上运行打包的演示文稿。具体操作步骤如下。

① 打开要打包的演示文稿,将 CD 插入到 CD 驱动器中。

② 在"文件"菜单上,单击"打包成 CD",弹出"打包成 CD"对话框,如图 6-54 所示。

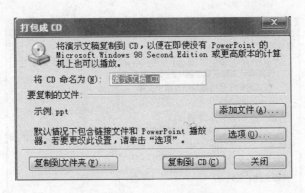

图 6-54　打包成 CD 对话框

③ 在"将 CD 命名为"框中,为 CD 键入名称。默认情况下,当前打开的演示文稿已经出现在"要复制的文件"列表中。若要指定其他要包括的演示文稿和播放顺序,用户可执行下列操作:

A. 若要添加其他演示文稿或其他不能自动包括的文件,请单击"添加文件",选择要添加的文件,然后单击"添加",如图 6-55 所示。

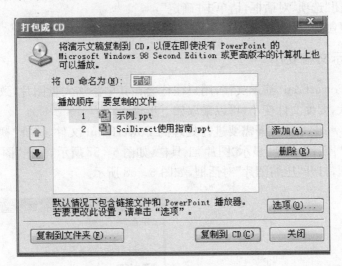

图 6-55　添加文件

B. 默认情况下,演示文稿被设置为按照"要复制的文件"列表中排列的顺序进行自动运行。若要更改播放顺序,请选择一个演示文稿,然后单击向上键或向下键,将其移动到列表中的新位置。

C. 若要删除演示文稿,请选中它,然后单击"删除"。

④ 若要更改默认设置,请单击"选项",弹出"选项对话框",如图 6-56 所示,然后执行下列操作之一:

A. 若要排除播放器,请清除"PowerPoint 播放器"复选框。

B. 若要禁止演示文稿自动播放,或要指定其他自动播放选项,请单击"选择演示文稿在播放器中的播放方式"列表中的一个首选项。

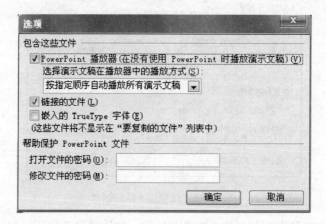

图 6-56　选项对话框

C. 若要包括 TrueType 字体，请选中"嵌入的 TrueType 字体"复选框。

D. 若要求必须使用密码才能打开或编辑所有打包的演示文稿，请在"帮助保护 PowerPoint 文件"下输入要使用的密码。

⑤ 若要关闭"选项"对话框，请单击"确定"。

⑥ 单击"复制到 CD"。

### 6.4.2　让演示文稿变小

为了美化 PowerPoint 演示文稿，用户往往会在其中添加大量图片，致使 PowerPoint 文件变得非常大，要使文件变小，可以采取如下步骤。

① 启动 PowerPoint，打开需要进行处理的 PowerPoint 文件，选择"视图"菜单的"工具栏"子菜单的"图片"命令，显示"图片"工具栏，如图 6-57 所示，单击"图片"工具栏上的"压缩图片"按钮，打开"压缩图片"对话框，如图 6-58 所示。

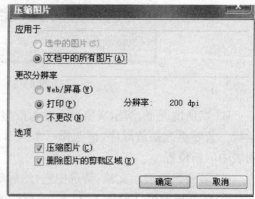

图 6-57　图片工具栏　　　　　　　　　　图 6-58　压缩图片窗口

② 如果用户想要压缩演示文档中的所有图片，则选中"文档中的所有图片"单选按钮。

③ 如果此演示文稿只是用于屏幕显示，可以在"更改分辨率"选项中将分辨率从系统默认的"打印"选项改为"Web/屏幕"选项。

④ 如果想要进一步减少演示文稿的大小,那么还可选中"压缩图片"和"删除图片的剪裁区域"复选框。

⑤ 单击"确定"按钮,关闭"压缩图片"对话框。

⑥ 单击"保存"按钮,将 PowerPoint 文件保存。

经过上述操作后,PowerPoint 文件就要比修改前的文件小很多了。

### 6.4.3　打印演示文稿

当一篇演示文稿制作完成后,有时需要将演示文稿打印出来。PowerPoint 允许用户选择以色彩或黑白方式打印演示文稿的幻灯片、观众讲义、大纲或备注页。具体操作步骤如下。

① 单击"文件"菜单的"打印"命令,显示打印对话框,如图 6-59 所示。

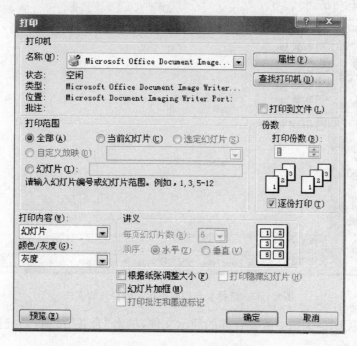

图 6-59　打印对话框

② 在"打印"对话框的打印机"名称"的下拉菜单中选择准备使用的打印机。

③ 在"打印"对话框中选择"打印范围"。打印范围可以选择"全部",也可以选择只打印"当前幻灯片",还可以选择演示文稿中的某几张幻灯片进行打印,如图 6-60 所示。

④ 在"打印"对话框中选择"打印内容",如图 6-61 所示。备注页和大纲视图一般用

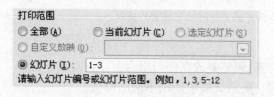

图 6-60　选择打印范围

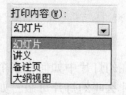

图 6-61　选择打印内容

于了解文稿中的备注信息或大致了解演示文稿内容时采用。在"打印份数"栏用户可填写需要打印的份数。

⑤ 点击"确定"按钮,即按要求开始打印演示文稿。

### 6.4.4　把多个 PPT 演示文稿合并到一个演示文稿中

有时候需要把多个 PowerPoint 演示文稿合并到一个演示文稿中,同时保留源幻灯片的模板,可以通过下面的操作实现:

① 打开多个 PowerPoint 演示文件中的一个,单击 PowerPoint "工具"菜单中的"比较合并演示文稿"命令,弹出"选择要与当前演示文稿合并的文件"对话框,如图 6-62 所示。

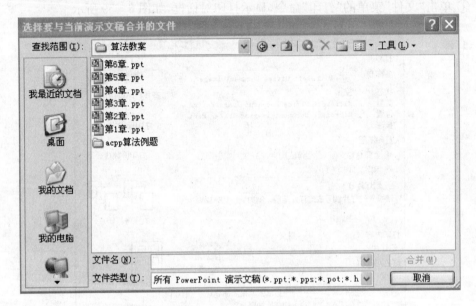

图 6-62　选择要与当前演示文稿合并的文件

② 按住<Ctrl>键选中需要合并的演示文件,单击"合并"按钮,系统会弹出警告提示,如图 6-63 所示。

③ 单击其中的"继续"按钮就可以进行多个演示文稿的合并操作了。

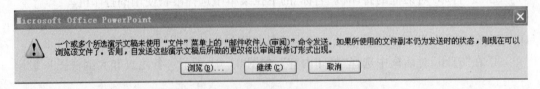

图 6-63　选择合并的文件时的系统警告提示

### 习题六

1. 在幻灯片中如何将多个对象对齐、调整叠放次序与组合?
2. 什么叫幻灯片母版? 如何在同一演示文稿中使用不同的母版?
3. 简述在演示文稿中插入 Flash 动画和 mp3 声音的步骤。

4. 如何给演示文稿的对象添加自定义动画？

5. 演示文稿的放映模式有哪几种？

6. 如何设置按排练计时，并以此在展台浏览的方式播放幻灯片？

7. 如何将演示文稿打包到 CD？

8. 简述打印演示文稿的步骤。

# 第7章

# Office 2003 中宏的使用

　　宏是通过一次单击就可以应用的命令集,它是由一系列的菜单选项和操作指令组成的、用来完成特定任务的指令集合。宏的功能与 DOS 中的批处理命令相似,执行一个宏,就是依次执行宏中所有的指令。如果要完成一项由多个 Office 选项和操作指令组成的任务,可以将构成这些操作步骤按操作顺序制成一个宏,并给这个宏取一个名称。以后只要运行这个名称的宏,Office 将自动按顺序执行宏中所包含的所有操作步骤。宏的用途非常广泛,其最典型的应用是,将多个选项组合成一个选项的集合,加速日常编辑和格式设置,使一系列复杂任务自动执行,简化操作。

　　在 Office 中有两种方法可以创建宏,分别是"录制宏"和"VBA"创建宏。后者将在第8章做详细说明,本章主要介绍用宏录制器创建宏和如何使用宏。

## 7.1　在 Office 中宏的使用方式

　　在 Office 中进行的任何一种操作都可以制作在宏中。在 Office 中,可以通过录制一系列操作方法来创建一个宏,称为录制宏。在录制宏的过程中,进行的所有操作都将被"录制"下来,所以此时的操作务必要小心谨慎。特别是要录制的宏包括多个操作步骤时,应该在进行操作之前明确所要进行操作的步骤,以防不需要的操作录制到宏中。

### 7.1.1　宏的录制

#### 1. 宏的创建

　　在使用宏之前首先要创建宏,可以使用宏记录器录制一系列操作来创建宏,也可以在 Visual Basic 编辑器中输入 Visual Basic for Applications 代码来创建宏。也可同时使用两种方法,可以录制一些步骤,然后添加代码来完善其功能。在这里先介绍使用宏记录器录制宏操作步骤。

　　① 单击"工具"菜单,指向"宏",出现"录制新宏"命令,单击会弹出如图 7-1 所示的"录制宏"对话框。

图 7-1　"录制宏"对话框

② 在"宏名"文本框中 Word 会自动把如"Macro"后跟一个数字的名称赋予要录制的宏。如果不想取默认的宏名,可在该文本框中输入新的宏名。

③ 在"将宏保存在"下拉列表框中选择宏存放的位置。如选择保存在"所有文档(Normal. doc)"模板中,也可只保存在在当前文档中。保存位置决定了宏的使用范围。

④ 在说明文本框中输入一个关于该宏的简短说明,如宏的用途,录制时间等,它可以便于将来查询,或避免忘记了宏的用途而删掉有用的宏。

图 7-2　"停止录制"
工具栏

⑤ 单击"确定"按钮,即进入宏的录制过程。这时屏幕将显示如图 7-2 所示的"停止"工具栏,鼠标指针将变成带磁带标记的形状。

⑥ 在录制过程中如果要进行某个操作,而又不希望这个操作被记录到宏中,可以单击"停止"工具栏上的"暂停录制"按钮(此时该按钮变为"恢复录制"按钮),使录制宏的工作暂停,待操作执行完毕后,再单击该工具栏上的"恢复录制"按钮继续进行录制工作。

⑦ 当录制结束时,单击"停止"工具栏上的"停止录制"按钮。

**2. 将宏指定为一个快捷键或工具栏按钮**

可以将录制的宏指定为一个工具栏按钮、菜单选项或快捷键。

(1) 将宏指定为一个工具栏按钮

① 要为宏指定一个工具栏按钮,可在如图 7-1 所示的"录制宏"对话框中的"将宏指定到"选项区中单击"工具栏"按钮,或选择"工具"菜单的"自定义"命令,都可以打开"自定义"对话框,如图 7-3 所示。

② 在"自定义"对话框的"类别"区域选择"宏",这样就左侧"命令"区域出现已经创建的宏命令,鼠标单击某一个命令拖至工具栏即可。

(2) 将宏指定为一个快捷键

① 要为宏指定一个快捷键,可在如图 7-1 所示的"录制宏"对话框中的"将宏指定到"选项区中单击"键盘"按钮,或选择"工具"菜单的"自定义"命令,打开"自定义"对话框,如图 7-3 所示,在"自定义"对话框中,单击"键盘"按钮,都可以弹出"自定义键盘"对话框,如图 7-4 所示。

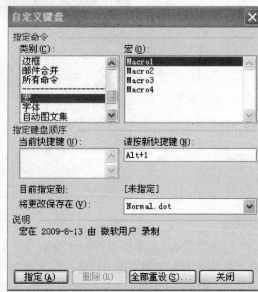

图 7-3 "自定义"对话框        图 7-4 "自定义键盘"对话框

② 在"自定义键盘"对话框的"类别"区域中选择"宏",在"宏"区域中选择相应的宏名称,在"请按新快捷键"区域输入快捷键,单击"指定"按钮,再单击"关闭"按钮。

指定了一个快捷键或工具栏按钮的宏,以后只要按指定工具栏按钮或者快捷键,即可运行此宏。

### 7.1.2 宏的修改

**1. 重命名宏**

(1) 重命名宏名称

① 单击"工具"菜单中的"模板和加载项"命令,打开"管理器"对话框,如图 7-5 所示。

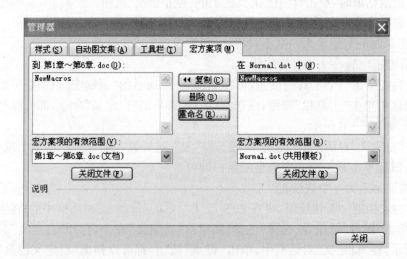

图 7-5 "管理器"对话框

② 单击"管理器"按钮。

③ 单击"宏方案项"选项卡。

④ 在文档或模板的在"＜文档名称＞中"框中,单击要重命名的项目名称,然后单击"重命名"。

⑤ 在"重命名"对话框中为该项目键入新名称。

⑥ 单击"确定"按钮,再单击"关闭"按钮。

(2) 更改宏工具栏按钮

当将录制的宏放置在工具栏后,如果对该名称不满意可以重新命名。另外,也可以为这个宏指定一个按钮图标,操作步骤如下。

① 单击"工具"菜单的"自定义"命令,在打开的"自定义"对话框中,单击"命令"选项卡。

② 单击工具栏上要修改的宏按钮,如图 7-6 所示。

图 7-6　"自定义"对话框之更改工具栏按钮

③ 单击对话框中的"更改所选内容"按钮,弹出如图 7-7 所示的菜单,在该菜单中的"命名"文本框中输入宏的新名称,可将选中的宏更名。

④ 单击菜单中的"更改按钮图像"选项,屏幕中显示如图 7-8 所示的按钮图像列表框。从中单击所需的按钮图像,即可给选中的宏更改按钮图像。

⑤ 单击"关闭"按钮,退出"自定义"对话框。

**2. 删除宏**

在录制完成一个宏后,应在保存该宏的文档中测试它,以确保该宏能工作正常。可以删除运行不正常或者不再使用的宏。

(1) 删除单个的宏

① 在"工具"菜单上,指向"宏"子菜单,再单击"宏",弹出"宏"对话框,如图 7-9 所示。

② 在"宏名"框中单击要删除的宏的名称。

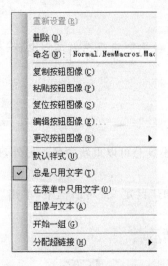

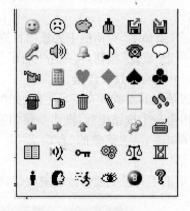

图 7-7 "更改所选内容"菜单　　　　　图 7-8 "按钮图像"列表框

图 7-9 "宏"对话框

③ 如果该宏没有出现在列表中，请在"宏的位置"框中选择其他文档或模板。

④ 单击"删除"按钮。

（2）删除宏方案

宏方案，即宏工程。它是组成宏的组件的集合，包括窗体、代码和类模块。在 Microsoft Visual Basic for Applications 中创建的宏工程可包含于加载宏以及大多数 Microsoft Office 程序中。

① 在"工具"菜单上，指向"宏"子菜单，再单击"宏"。

② 单击"管理器"按钮。

③ 在"宏方案项"选项卡上，单击要从任一列表中删除的宏方案，然后单击"删除"。

**3. 编辑宏**

在 Office 中，编辑宏包括修改宏的说明文字和编辑宏命令两个方面。编辑宏的操作步骤如下。

① 单击"工具"栏里面的"宏"命令，打开"宏"，出现"宏"对话框。

② 在"宏名"列表框中选择要编辑的宏的名字。如选择名为"Macro1"的宏。

③ 单击"编辑"按钮，打开如图 7－10 所示的"宏"编辑器窗口。

④ 创建的宏已被保存到一个名为 New Macros 的模板文档中，所有的宏将会作为一个文档显示。

⑤ 宏的编辑工作结束后，单击"文件"菜单中的"关闭并返回到 Microsoft Word"选项，即可关闭宏编辑器。

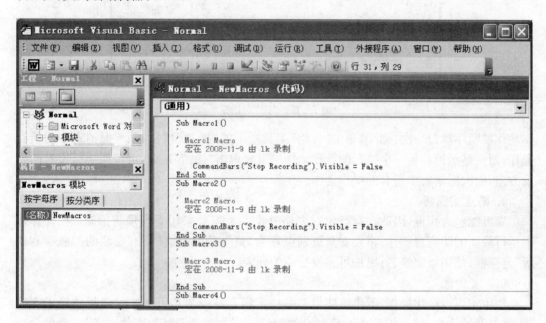

图 7－10　"宏编辑器"窗口

注意：编辑宏的时候要将通常要将宏的安全性级别设置为"中"或者"低"，方法见 7.1.3 小节。

## 7.1.3　宏的使用

**1. 运行宏**

可通过多种方式来运行宏，如单击"宏"对话框中的"运行"、单击该宏的工具栏按钮图标或按该宏的快捷键等。在运行一个宏之前，首先要明确这个宏将进行什么样的操作动作，以免造成误操作。如想运行对文字进行复制的宏，而错误地运行了对文字进行删除的宏等，这也是为什么要说明宏用途的一个重要原因。使用"宏"对话框中的"运行"按钮来运行宏的操作步骤如下。

① 选定要进行宏操作的对象，或将插入符置于要执行宏操作的合适位置。

② 单击"工具"栏里面的宏，打开"宏"命令，出现如图 7－11 所示的对话框。

③ 在"宏"名列表框中选择要运行的宏，然后单击"运行"按钮。

运行宏看起来好像只进行了一个操作步骤，但实际上是将宏中所有的操作指令和操

**Office 高级应用**

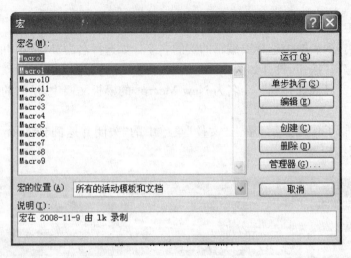

图 7-11 "宏"对话框

作动作按顺序执行一次。此时单击"常用"工具栏上的"撤销"按钮,并不撤销宏中的所有操作,而只是撤销最后一个执行的操作动作。重复单击"撤销"按钮,可按照运行宏时的相反方向,依次撤销宏中所有的操作动作。

**2. 防止宏病毒**

宏可能包含病毒,因此在运行宏时要格外小心。需要采用下列预防措施:在计算机上运行最新的防病毒软件;将宏安全级别设置为"高";清除"信任所有安装的加载项和模板"复选框;使用数字签名;维护可靠发行商的列表。

(1)宏病毒

使用宏可以简化操作,但也可能带来一些宏病毒。一个 Office 文件如果感染了宏病毒,在打开这个文件时,宏病毒程序就会被激活。当再次打开其他文件时,宏病毒就会感染其他文件中的宏,从而使其他文件感染上宏病毒。

和其他文件一样,Office 中的宏病毒也是人为编制的一段计算机程序。宏病毒可以自我复制,或在文件中创建古怪的信息。这些不正常的信息会占据文件空间,甚至填满磁盘空间和内存。因此常常使文档比实际大,还可能使一些硬盘驱动器不可访问,执行常规任务很困难。

在执行一般操作时,用户可能发现无法发现危险期的宏病毒,只有在出现一些迹象时才能找到,例如输入日期或关闭文档时出现异常情况。一般情况下,Office 中的宏只有少数才带有宏病毒,即使有也可以很容易地清除。摆脱宏病毒的方法是删除宏文件中不熟悉的宏,但这可能只是临时修复。一个摆脱宏病毒的合适方法是获取一个病毒保护程序并有规律的运行它。

为更好地防止宏病毒,用户应购买并安装专门的杀毒软件。也可以在 Microsoft Word 中使用下面的其他方法。

(2)设置宏安全级别

由于宏既能添加到模板中又能添加到单个文件中,其扩展或感染其他文档的机会就会大大增加。Office 中内建了检测宏病毒和进行宏病毒保护的功能,Office 中对宏病毒的防护分为高级、中级和低级 3 个级别。改变宏的安全级别步骤如下。

① 在"工具"菜单上,单击"选项"命令。

② 单击"安全性"选项卡,如图 7-12 所示。

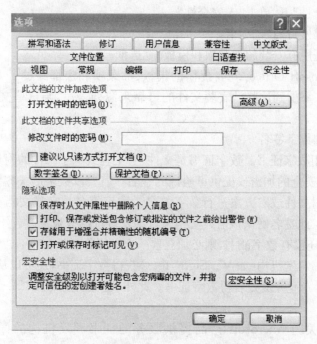

图 7-12　"选项"对话框之"安全性"标签

③ 在"宏安全性"区域之下,单击"宏安全性",弹出"安全性"对话框,如图 7-13 所示。

④ 单击"安全级"选项卡,再选择所要使用的安全级。

也可以选择"工具"菜单中的"宏"选项,再从子菜单中选择"安全性"子选项,出现如图 7-13 所示的"安全性"对话框。选择并打开"安全级"选项卡,选择一种安全级别。其中,若选中高级保护单选项钮,只能打开可靠来源签署的宏,未经签署的宏自动取消;若选择中级保护单选按钮,当打开一个包含外来宏、自定义菜单或工具栏以及快捷方式的文档时,Office 会打开一个中级保护提示对话框,用户可以选择带宏打开文档或不带宏打开文档。

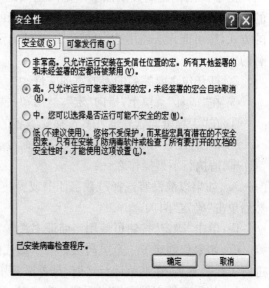

图 7-13　"安全性"对话框

(3) 对所有安装的包含宏的模板或加载项发出警告信息

根据宏安全设置的不同,在打开一个宏时,会收到一条警告,而且已安装的模板和加

载项中的宏可能会被禁用。选择并打开"可靠发行商"选项卡，Office 将列出所有已安装的模板和加载项，可以指定其中哪些是确信可靠的。

① 在"工具"菜单上，单击"选项"，再单击"安全性"选项卡。

② 在"宏安全性"下，单击"宏安全性"。

③ 单击"可靠发行商"选项卡。

④ 清除"信任所有安装的加载项和模板"复选框。

所有随 Microsoft Office 2003 提供的模板、加载项和宏都经过了 Microsoft 数字签名。将 Microsoft 添加到这些已安装文件的可靠来源列表后，与这些文件的后续操作将不再生成消息。

（4）为宏添加数字签名

用户可以使用数字证书。数字证书是文件、宏工程或电子邮件的附件，它证明上述各项的真实性、提供安全的加密或提供可验证的签名。若要以数字形式签发宏工程，则必须安装数字证书来对文件或宏方案进行数字签名。数字签名是宏或文档上电子的、基于加密的安全验证戳。此签名确认该宏或文档来自签发者且没有被篡改。

① 如果用户还没有数字证书，则必须获取一个。操作方法如下：

可从商业证书颁发机构（如 VeriSign，Inc.）获得数字证书，还可以从内部安全管理员或信息技术（IT）专业人员处获得数字证书。此外，还可以使用 Selfcert.exe 工具亲自创建数字签名。

若要了解有关为 Microsoft 产品提供服务的证书颁发机构的详细信息，请参阅 Microsoft Security Advisor 网站。

由于自己创建的数字证书不是由正式证书颁发机构发行的，使用这种证书添加签名的宏方案将被认为是自签名的方案。根据您的单位使用 Microsoft Office 数字签名功能的方式，您可能无法使用这样的证书，并且出于安全原因，其他用户可能也无法运行自签名的宏。

② 打开包含要签名的宏方案的文件。

③ 在"工具"菜单上，指向"宏"，然后单击"Visual Basic 编辑器"。

④ 在"工程资源管理器"中，选择要签名的方案。

⑤ 单击"工具"菜单中的"数字签名"命令。

⑥ 请执行下列操作之一：

A. 如果以前没有选择过数字证书或要使用其他证书，请单击"选择"，选择所需证书，然后单击"确定"两次。

B. 单击"确定"按钮可使用当前证书。

C. 如果您创建了一个可向宏方案添加代码的加载项，则代码应该确定方案是否已经进行了数字签名，在继续运行之前，是否通知用户修改签名的方案的结果。

D. 如果确信文档和加载项都是安全的，可以关闭防护措施。这样每次打开文档时，Office 不进行宏病毒检查。

如果确信文档和加载项都是安全的，可以关闭防护措施。这样每次打开文档时，Office 不进行宏病毒检查。

## 7.2　在 Word 中使用宏

Office 中宏的使用方式基本上是相同的,下面给出在 Word 中应用宏的示例。

### 7.2.1　利用宏完成网络信息在 Word 中的排版

由于工作和学习的需要,我们在网上阅读大量的信息,为了方便使用这些信息,经常需要保存为 Word 文档。但由于网上的文字格式不一,每次都需重设置其字体、背景、取消超级链接、设置图片格式等。利用 Word 里的宏命令,这样的事情一个按钮就可以搞定。宏是重复工作的好帮手。

**1. 设置文字格式的宏工具栏按钮**

利用样式可以指定文字格式的键盘快捷方式,利用宏也可以做到。虽然创建方式不同,但使用起来没有任何区别。

① 任意打开一篇文档,用鼠标任选一段文字。

② 执行“工具”菜单“宏”子菜单“录制新宏”命令, 如图 7-1 所示。

③ 在“录制宏”对话框的“宏名”文本框中输入宏的名称“读前设置”,在“将宏保存在”下拉列表框中选择“所有文档(Normal. dot)”,然后单击“工具栏”按钮,打开“自定义”对话框, 如图 7-3 所示。

④ 在“自定义”对话框中选择“命令”选项卡,在“命令”列表框中将显示输入的宏名。在该名称上按下鼠标左键将其拖到“常用”工具栏上,这样工具栏上就多了一个“读前设置”按钮了。

⑤ 单击“关闭”进入宏的录制过程。此时,“停止”浮动工具栏将出现在屏幕上,此工具栏上有两个按钮,左边是“停止”,右边是“暂停”,如图 7-2 所示。

⑥ 执行“格式”菜单“字体”命令,在打开的“字体”对话框中选择“字体”选项卡,在对话框的“中文字体”下拉列表中选择“宋体”,在“字形”下拉列表中选择“常规”,在“字号”下拉列表中选择“小四”,在“字体颜色”下拉列表中选择“灰度-80%”,单击“确定”按钮。

⑦ 执行“格式”菜单“背景”子菜单“其他颜色”命令,在打开的“颜色”框中选择一种很浅的灰色,单击〔确定〕。

⑧ 单击“停止”工具栏上的〔停止〕按钮结束录制。

这样,以后只要在网上阅读文字,在 Word 里打开,先用“<Ctrl>+A”全选后,单击“常用”工具栏上的宏按钮“读前设置”,就可以看到用户自定义的文字效果了。

**2. 设置图片格式的宏工具栏按钮**

在下载或者网上拷贝的文档中有些图片格式和文档的风格不一致,这样就需要进行相应的修改,对每个图片格式进行设置是很烦琐的事情,这种重复的工作同样可以利用 Word 中的宏简化操作步骤。

① 任意打开一篇文档,用鼠标任选一幅图片。

② 执行“工具”菜单“宏”子菜单“录制新宏”命令, 如图 7-1 所示。

③ 在“录制宏”对话框的“宏名”文本框中输入宏的名称“设置图片格式”,在“将宏保

存在"下拉列表框中选择"所有文档(Normal. dot)",然后单击"工具栏"按钮,打开"自定义"对话框,如图 7-3 所示。

④ 在"自定义"对话框中选择"命令"选项卡,在"命令"列表框中将显示输入的宏名。在该名称上按下鼠标左键将其拖到"常用"工具栏上,这样工具栏上就多了一个"设置图片格式"按钮了。

⑤ 单击"关闭"进入宏的录制过程。此时,"停止"浮动工具栏将出现在屏幕上,此工具栏上有两个按钮,左边是"停止",右边是"暂停",如图 7-2 所示。

⑥ 执行"格式"菜单"图片"命令,在打开的"图片设置"对话框中选择"大小"选项卡,在对话框的"缩放"区域中"高度"文本框输入"50%",选择"锁定纵横比"复选框,单击"确定"按钮。

⑦ 单击"停止"工具栏上的〔停止〕按钮结束录制。

这样,以后只要选中 Word 里的图片,单击"常用"工具栏上的宏按钮"设置图片格式"按钮,就可以看到用户自定义的图片效果了。

也可以给宏命令设置键盘快捷方式,操作起来会更便捷,但设置快捷方式一定要规避 Word 原有的快捷键,否则会将原有的快捷键覆盖掉。

使用网络文档还会遇到如下几个小问题,在这里也给出相应的解决方法。

(1) 软硬回车的转换

硬回车就是按<Enter>键产生的,它在换行的同时也起着段落分隔的作用。

软回车是用"<Shift>+<Enter>"产生的,它换行,但是并不换段,即前后两段文字在 Word 中属于同一"段"。

很多网络文档为了避免硬回车造成的段落行距,经常使用软回车来实现换行。如果要将网络文档转换成 word 文档,经常需要将软回车替换成硬回车,软硬回车的切换有如下两种方法:

① 单击"编辑"菜单的"替换"命令,点击高级,在"查找内容"点入"特殊字符"中的"手动换行符",再在"替换为"中点入"特殊字符"中的段落标记,最后点击全部替换;

② 单击"编辑"菜单的"替换"命令,在查找内容中输入"^l"在替换为输入"^p",点全部替换。

(2) 取消超链接

在文档中输入 Web 网址或 E-mail 地址的时候,Word 会自动为我们转换为超级链接,如果在这个网址或邮件地址上按一下鼠标,就会启动默认的浏览器或收发邮件的软件。有些网络文档也存在很多的超链接,如果要将其转换成 Word 文档不需要这样的超链接,可以通过以下的方法实现。

① 在 Word 文档中输入一个 Web 网址或者 E-mail 地址,在它自动转换为超级链接后(在默认状态下 Web 地址会变成蓝色),立即按下"<Ctrl>+Z"或者"<Alt>+<Back Space>"组合键,撤销最后一个动作,这样就不会显示为超链接了。

② 在输入的 Web 网址或者 E-mail 地址上点击鼠标右键,然后在弹出的菜单中选择"取消超链接"命令即可。

③ 彻底取消超级链接。在 Word 中选择"工具"菜单的"自动更正"命令,先单击"键入时自动套用格式"选项卡,将"Internet 及网络路径替换为超级链接"复选框里的钩取消,

再单击"自动套用格式"选项卡,将"Internet 及网络路径替换为超级链接"复选框里的钩取消,最后点击"确定"即可。

④ 如果想一次取消文档中所有的超级链接,可以使用组合键"<Ctrl>+A",选中文档中的所有内容,然后按"<Ctrl>+<Shift>+<F9>"。不过需要注意的是,这个快捷键的功能是将所有的"域",其中包括超级链接,转换为普通文本。所以,使用时要慎重,确保需要转换的文档中不包含重要的域。因为一旦域被转换成了普通文本,就无法自动被更新,并会因此产生错误。有关域的知识,可以参阅 Word 的帮助文件。

## 7.2.2　利用 Word 中的宏隐藏 Word 文档内容

在多人共用的电脑中,为了防止别人看到自己的秘密,每个人对各自存放的文档都采取了一定的保护措施,要么给文件或文件夹设置隐藏属性,要么对文档进行密码保护。也可以另辟蹊径,只要同时按下 3 个键即可将文档内容隐藏,别人打开后里面什么也没有。

第一步:启动 Word,执行"工具"菜单"宏"子菜单"录制新宏"命令,打开"录制宏"对话框,在"宏名"栏中为所录制的新宏取名为"Hidden",在"将宏保存在"下拉框中选择"所有文档(Normal. dot)"选项。在"将宏指定到"工具框中,单击"键盘"按钮,打开"自定义键盘"窗口,光标定位在"请按新快捷键"文本框中,此时进行键盘操作,按下"<Alt>+<Ctrl>+H"组合键,这个快捷键组合就会出现在"请按新快捷键"文本框中,单击窗口"指定"按钮,将快捷键指定给 Hidden 宏,最后单击"关闭"按钮,进入宏录制状态。

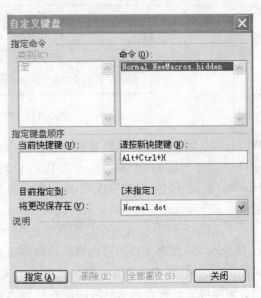

图 7-14　"自定义键盘"对话框
——给宏指定快捷键

第二步:执行"编辑"菜单"全选"命令,选定所有文本。再执行"格式"菜单"字体"菜单命令,打开"字体"设置对话框,在"字体"选项卡中,选中"效果"单选框中的"隐藏文字"选项,如图 7-15 所示,单击"确定"按钮。返回后再单击工具栏上的"保存"按钮。单击"停止录制",结束 Hidden 宏的录制。

第三步:录制 Show 宏,同样选择"录制新宏"选项,将宏取名为"Show",在"将宏保存在"下拉框中选择"所有文档(NormaJ. dot)"选项,将 Show 宏的快捷键指定为"<Alt>+<Ctrl>+S",操作方法与给 Hidden 宏指定快捷键的方法相同。

第四步:进入宏录制状态后,执行"编辑"菜单"全选"命令,再执行"格式"菜单"字体"命令。如果"字体"选项卡中"隐藏文字"的单选框中有"√";则单击将"√"去掉,使该选项不被选中,然后单击"确定"按钮。单击"停止录制",结束 Show 宏的录制。

第五步:执行"工具"菜单"宏"子菜单"宏"命令,在"宏"窗口中找到 Hidden 宏和 Show 宏,分别选中 Hidden 宏或 Show 宏,接着单击"宏"窗口右边的"编辑"按钮,此时

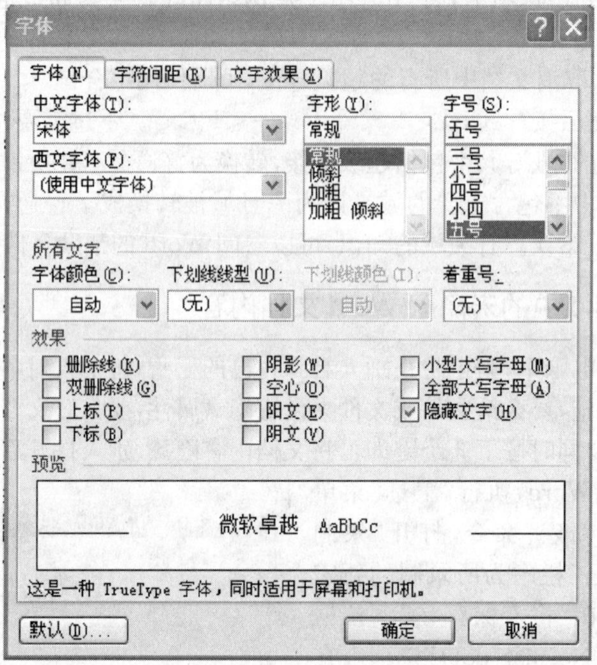

图 7-15 "字体"对话框

Word 中的 VisualBasic 编辑器被打开，Hidden 宏和 Show 宏的代码出现在编辑器的代码窗口中。对 Hidden 宏和 Show 宏代码进行修改，将字体、字号等属性删除，只保留 Hidden（隐藏）属性，修改完成后，单击编辑器菜单栏上的"文件"菜单"保存 Normal"命令，最终得到 Hidden 宏和 Show 宏的代码。

下面试一下吧，打开一个已编辑好的 Word，按下"<Alt>+<Ctrl>+H"组合键，运行 Hidden 宏，此时文档隐藏内容后自动存盘，最后关闭文档。当别人再次打开该文档时，文档是空的，什么内容也看不到。要想显示文档内容，只需按下"<Alt>+<Ctrl>+S"组合键即可。这种方式保密的前提是快捷方式千万别泄露。使用快捷键来运行 Hidden 宏和 Show 宏，不仅操作简便，而且提高了此法的保密性，隐藏、显示随心所欲。此法对含有表格、图片、文本框、超级链接等多种属性格式的文档均有效。

### 7.2.3 利用 Word 中的"宏"实现快速统计

在 Word 文档中提供了很多"域"。域相当于文档中可能发生变化的数据或邮件合并文档中套用信函、标签中的占位符。Microsoft Word 会在用户使用一些特定命令时插入域，如"插入"菜单上的"日期和时间"命令。您也可使用"插入"菜单上的"域"命令手动插入域。如果要频繁插入某个域，可以使用宏来实现。下面以设置插入"统计字数和页数"的"NumWords（字数）"与"Numpages（页数）"域的宏为例，给出创建插入域的宏的操作步骤。

① 在建立新的"宏"之前需要将光标定位在文档的开始或末尾。

② 选择"工具"菜单中的"宏"命令中的"录制新宏"子命令，出现如图 7-1 所示对话框。

③ 在"录制宏"对话框的"宏名"文字编辑框中输入为"宏"起的名字,如"统计字数和页数"。

④ 单击"工具栏"按钮,出现如图 7-3 所示对话框。

⑤ 用鼠标将图 2 中"命令"标签中的"Normal. NewMacros. 统计字数和页数"拖动到常用工具栏。

⑥ 单击图 7-3 中的"关闭"按钮,开始录制"宏"。

⑦ 先在光标处输入字数和页数。

⑧ 选择"插入"菜单中的"域"命令,出现如图 7-16 所示对话框。

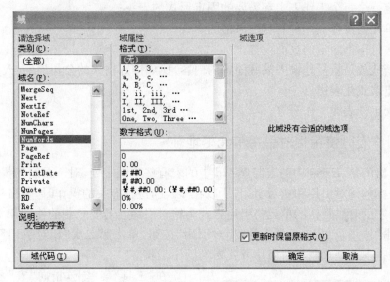

图 7-16　"域"对话框

⑨ 选择"类别"中的"文档信息","域名"中的"NumWords(字数)",按[确定]即可插入字数。再选择一次"插入"菜单中的"域"命令,选择"域名"中的"Numpages(页数)"就可以插入页数了。

以上工作完成后,单击"停止录制"的图标即可停止录制"宏"。现在我们可以试一试,只要工具栏上"统计字数和页数"按钮就可以在文档的任意处插入字数和页数了。

注意:如果文档被修改过,需要刷新字数或页数统计,可以单击字数或页数,或者按"F9"进行刷新。

## 7.3　在 Excel 中使用宏

### 7.3.1　Excel 宏的应用场合

宏是一个指令集,用来告诉 Excel 来完成用户指定的动作。宏类似于计算机程序,但是它是完全运行于 Excel 之中的,可以使用宏来完成枯燥的、频繁的重复性工作。宏完成动作的速度比用户自己做要快得多。例如,可以创建一个宏,用来在工作表的每一行上输

入一组日期,并在每一单元格内居中对齐日期,然后对此行应用边框格式。还可以创建一个宏,在"页面设置"对话框中指定打印设置并打印文档。

由于宏病毒的影响和对编程的畏惧心理,使很多人不敢用"宏",或是不知道什么时候可以找宏来帮忙。其实尽管放心大胆地去用,如果只是用"录制宏"的方法,根本就没有什么难的,只是把一些操作像用录音机一样录下来,到用的时候,只要执行这个宏,系统就会把那操作再执行一遍。

下面给出了宏的应用场合,只要用"录制宏"就可以帮你完成任务,而不需要编程。如果想对所录制的宏再进行编辑,就要有一定的 VBA 知识了。

① 设定一个每个工作表中都需要的固定形式的表头;

② 将单元格设置成一种有自己风格的形式;

③ 每次打印都固定的页面设置;

④ 频繁地或是重复地输入某些固定的内容,比如排好格式的公司地址、人员名单等;

⑤ 创建格式化表格;

⑥ 插入工作表或工作簿等。

### 7.3.2 制作宏时使用相对引用单元格地址

需要指出的是,Excel 中的宏与 Word 中的宏有些不同之处,对于录制的操作,它区分单元格的坐标的绝对引用和相对引用,所以在涉及与位置有关的操作时,要格外注意。

当录制宏的时候默认的单元格引用方式为绝对引用。若要录制的使用相对单元格引用宏,请单击"停止录制"工具栏上的"相对引用"按钮,单击第二次"相对引用"按钮,将关闭相关记录。下面是录制相对引用方式宏的操作步骤。

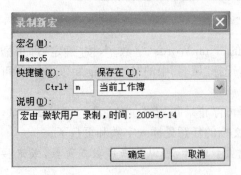

图 7-17 "录制新宏"对话框

① 在"工具"菜单上,指向"宏",再单击"录制新宏",弹出"录制新宏"对话框。如图 7-17 所示。

② 在"宏名"框中,输入宏的名称。宏名的首字符必须是字母,其他字符可以是字母、数字或下划线。宏名中不允许有空格;可用下划线作为分词符。宏名不允许与单元格引用重名,否则会出现错误信息显示宏名无效。

③ 如果要通过按键盘上的快捷键来运行宏,请在"快捷键"框中,输入一个字母。可用"<Ctrl>＋字母(小写字母)"或"<Ctrl>＋<Shift>＋字母(大写字母)",其中字母可以是键盘上的任意字母键。快捷键字母不允许是数字或特殊字符(如@或♯)。当包含宏的工作簿打开时,宏快捷键优先于任何相当的 Microsoft Excel 的默认快捷键。

④ 在"保存在"框中,单击要存放宏的地址。如果要使宏在使用 Excel 的任何时候都可用,请选中"个人宏工作簿"。

⑤ 如果要添加有关宏的说明,请在"说明"框中键入该说明。

⑥ 单击"确定"。

⑦ 如果要使宏相对于活动单元格位置运行,请用相对单元格引用来录制该宏。在

"停止录制"工具栏上，单击"相对引用"按钮以将其选中，如图
7-18所示。Excel 将继续用"相对引用"录制宏，直至退出 Excel
或再次单击"相对引用"按钮以将其取消。

　⑧ 执行需要录制的操作。

　⑨ 在"停止录制"工具栏上，单击"停止录制"。

图 7-18　"停止录制"
工具栏

　如果要使用绝对引用录制宏，取消步骤⑦，即可。

## 7.3.3　Excel 4.0 宏函数

　Microsoft Excel 4.0"宏函数帮助"文件包含 Excel 中所有 Excel 4.0 宏函数（XLM
宏）的参考信息。若要获得该宏函数帮助文件，可从 Microsoft Office Online 网站下载。

　因为宏可能包含病毒，所以在运行它们时一定要小心，只从可靠来源运行所知道的
宏。确保在计算机上运行最新的防病毒软件。

　注意：XLM 宏无法和其他宏一样被数字签名。此外，对于包含 XLM 宏的工作簿，
如果宏安全级被设为"高"，则该工作簿无法打开。

## 7.3.4　关于加载宏程序

　加载宏程序是一类程序，它们为 Microsoft Excel 添加可选的命令和功能，加载项为
Microsoft Office 提供自定义命令或自定义功能的补充程序。例如，"分析工具库"加载宏
程序，提供了一套数据分析工具，在进行复杂统计或工程分析时，可用它来节省操作步骤。

　Excel 有 3 种类型的加载宏程序：Excel 加载宏、自定义的组件对象模型（COM）加载
宏和自动化加载宏。

### 1. Excel 加载宏

（1）从何处获取加载宏安装

　Excel 时提供了一组加载宏，其他加载宏可从 Microsoft Office 网站获取。下表中列
出的加载宏程序默认安装于下列位置之一。

　① Microsoft Office\Office 文件夹中的 Library 文件夹或 Addins 文件夹，或它们的
子文件夹。

　② 如果在"加载宏"对话框的"可用加载宏"下面的列表中没有显示所需的加载宏程
序，则可能需要从 Microsoft Office 网站安装该加载宏。

　（2）Excel 中包含的加载宏程序

表 7-1　Excel 中包含的加载宏程序

| 加载宏 | 说明 |
|---|---|
| 分析工具库 | 添加金融、统计及工程分析工具和函数。 |
| 分析数据库-VBA 函数 | 允许开发人员用"分析工具库"的语法发布金融、统计及工程分析工具和函数。 |
| 条件求和向导 | 创建公式，对区域中满足指定条件的数据进行求和计算。 |
| 欧元转换工具 | 将数值的格式设置为欧元格式，并提供 EUROCONVERT 工作表函数用于转换货币。 |
| Internet Assistant VBA | 开发者可用 Internet Assistant 语法，将 Excel 数据发布到网站上。 |
| 查阅向导 | 创建一个公式，通过区域中的已知值在区域中查找数据。 |
| "规划求解"加载宏 | 对基于可变单元格和条件单元格的假设分析方案进行求解计算。 |

（3）在机器上安装加载宏

在使用某个加载宏前，必须先将其安装在计算机上，再将其加载到 Excel 中。默认情况下，加载宏（*.xla 文件）将安装在以下某个位置上：

① Microsoft Office/Office 文件夹的 Library 文件夹或其中的某个子文件夹。

② Documents and Settings/＜user name＞/Application Data/Microsoft/AddIns 文件夹。

（4）将加载宏装入 Excel

安装完加载宏之后，还必须将加载宏装入 Excel。如果装载加载宏，则可在 Excel 中使用该功能，并可将相关命令添加到 Excel 的对应菜单中。

（5）卸载 Excel 中的加载宏

若要节约内存并提高性能，请卸载不常用的加载宏。将加载宏卸载只是从 Excel 中删除加载宏的功能和命令，但计算机上依然保留着加载宏程序，因此还可以轻松地重新装载该加载宏。将加载宏程序卸载之后，除非重新启动 Excel，否则它将依然驻留在内存中。

**2. COM 加载宏**

COM 加载项是通过添加自定义命令和指定的功能来扩展 Microsoft Office 程序的功能的补充程序。COM 加载项可在一个或多个 Office 程序中运行。COM 加载项使用文件扩展名 .dll 或 .exe。COM 加载宏是用各种编程语言（如 Visual Basic、Visual C++ 和 Visual Java）编写的辅助程序，它提供了一些额外的功能。

（1）使用 COM 加载宏

COM 加载宏的开发者通常会为加载宏提供安装和删除程序。有关加载宏的安装和使用方法，请咨询加载宏的提供者。

（2）设计 COM 加载宏

如果您是开发人员，那么可以在"Visual Basic 帮助"中找到有关设计 COM 加载宏的信息。在开发和测试阶段，您可以先在 Excel 中加载或卸载 COM 加载宏，然后再为该加载宏设计安装程序。

**3. 自动化加载宏**

自动化加载宏允许从工作表中调用 COM 自动化功能。自动化加载宏的开发者通常为加载宏提供安装和删除程序。有关加载宏的安装和使用方法，请咨询加载宏的提供者。通过"工具"菜单可访问已在系统上注册的自动化加载宏。

## 习题七

1. 什么是宏？在 Office 中如何录制宏，并设置快捷按钮？
2. 如何重命名宏？如何更改宏快捷按钮？
3. 如何在宏编辑器窗口编辑宏命令？
4. 运行宏命令的方式有哪些？
5. 什么是宏病毒？如何防止宏病毒？
6. 如何在拷贝到 Word 中的网络信息中去掉超链接，软回车转换成硬回车？
7. 什么是 Excel 加载宏？如何在安装 Excel 加载宏？
8. 如何使用 COM 加载宏？

# 第8章

# Office 2003 VBA

在上一章中,我们学习了 Office 的宏,对宏有了一定的了解。宏可以帮助我们完成许多看似不可能的功能,而且宏可以实现一系列操作或任务的自动化。那么,宏是怎么实现这些功能的呢? 它的内在机制是什么? 本章将要介绍 VBA,VBA 和宏有着很紧密的联系。本章将会先介绍 VBA 简易编程,然后分别对 Word,Excel,PowerPoint 中的创建 VBA 加载宏作简单介绍,最后,我们会谈谈如何给工程设置密码保护。

## 8.1 Office 2003 VBA 基础

VBA 究竟是什么? 它与 VB 有什么相同点和不同点? VBA 又与宏有什么联系? VBA 究竟有什么功能? 本节将从 VBA 的开发环境,语法,对象模型等角度来简要介绍 VBA。

### 8.1.1 引入 VBA

直到 20 世纪 90 年代早期,使应用程序自动化还是充满挑战性的领域。对每个需要自动化的应用程序,人们不得不学习一种不同的自动化语言。例如:可以用 Excel 的宏语言来使 Excel 自动化,使用 Word Basic 使 Word 自动化等。微软决定让它开发出来的应用程序共享一种通用的自动化语言——Visual Basic For Application(简称 VBA)。

VBA 是新一代标准宏语言,它与传统的宏语言不同,传统的宏语言不具有高级语言的特征,没有面向对象的程序设计概念和方法;而 VBA 提供了面向对象的程序设计方法,提供了相当完整的程序设计语言。VBA 易于学习掌握,用户可以使用宏记录器记录用户的各种操作并将其转换为 VBA 程序代码。这样用户可以容易地将日常工作转换为 VBA 程序代码,使工作自动化。因此,对于在工作中需要经常使用 Office 套装软件的用户,学用 VBA 有助于使工作自动化,提高工作效率。另外,对于程序设计人员,VBA 可以直接应用 Office 套装软件的各项强大功能,从而使程序设计和开发更加方便快捷。

#### 1. VBA 与 VB

VBA 是基于 Visual Basic 发展而来的,它们具有相似的语言结构。Visual Basic 是

Microsoft 的主要图形界面开发工具。

Visual Basic 是由 Basic 发展而来的第四代语言。Visual Basic 作为一套独立的 Windows 系统开发工具，可用于开发 Windows 环境下的各类应用程序，是一种可视化的、面向对象的、采用事件驱动方式的结构化高级程序设计语言。它具有高效率、简单易学及功能强大的特点。Visual Basic(VB) 的程序语言简单、便捷，利用其事件驱动的编程机制，新颖易用的可视化设计工具，并使用 Windows 应用程序接口（API）函数，采用动态链接库（DLL）、动态数据交换（DDE）、对象的链接与嵌入（OLE）以及开放式数据库访问（ODBC）等技术，可以高效、快速地编制出 Windows 环境下功能强大、图形界面丰富的应用软件系统。

Visual Basic 程序很大一部分以可视（Visual）形式实现。这意味着在设计阶段就可以看到程序运行的屏幕画面，用户在设计时能够方便地改动画面图像、大小、颜色等，直到满意为止。VB 的用户可以是缺乏 Windows 及 C 语言开发经验的专业软件人员，也可以是具有一定 Windows 开发经验的专业人员，VB 的可视化编程方法使得原来烦琐枯燥、令人生畏的 Windows 应用程序设计变得轻松自如、妙趣横生。以往的 Windows 应用程序开发工具在设计图形用户界面时，都是采用编程的方法，并伴随大量的计算任务。一个大型应用程序约有 90% 的程序代码是用来处理用户界面的，而且在程序设计过程中不能看到界面显示的效果，只有在程序执行时才能观察到，如果界面效果不佳，还需要回到程序中去修改。Visual Basic 提供了新颖的可视化设计工具，巧妙地将 Windows 界面设计的复杂性封装起来，程序开发人员不必再为界面设计而编写大量的程序代码，仅需采用现有工具，按设计者要求的布局，在屏幕上画出所需界面，并为各图形对象设置属性即可，VB 自动产生界面设计代码。这样便将事先编制好的控件可视地连接到一起，构成一个随时可调整的界面。

VBA 是 Visual Basic 的子集。实际上 VBA 是"寄生于"VB 应用程序的版本。VBA 与 VB 有很多相同点，它们在结构上十分相似，如果你已经学习了 VB，会发现学习 VBA 非常容易。当然，VBA 与 VB 也有很多不同点，它们的区别包括如下几个方面。

① VB 是设计用于创建标准的应用程序，而 VBA 是使已有的应用程序（Excel 等）自动化。

② VB 具有自己的开发环境，而 VBA 必须寄生于已有的应用程序。

③ 要运行 VB 开发的应用程序，用户不必安装 VB，因为 VB 开发出的应用程序是可执行文件（*.exe），而 VBA 开发的程序必须依赖于它的"父"应用程序，例如 Excel。

此外，将 VBA 程序应用于 VB 开发，需要做相应的调整才可以。

**2. VBA 与宏**

在上一章节里面，我们谈到了宏，"宏"，实际上是一系列 Word,Excel 等能够执行的 VBA 语句。下面，通过一个简单的宏操作来一睹 VBA 真面目。

（1）录制一个宏

以下将要录制的宏非常简单，只是改变 Excel 单元格颜色，请完成如下步骤。

① 打开新工作簿，确认其他工作簿已经关闭。

② 选择 A1 单元格。调出"常用"工具栏。

③ 选择"工具"菜单"宏"子菜单"录制新宏"命令。

④ 输入"改变颜色"作为宏名替换默认宏名,单击确定。

⑤ 选择"格式"菜单的"单元格",选择"图案"选项中的红色,单击"确定"。

⑥ 单击"停止录制"工具栏按钮,结束宏录制过程,如图 8-1 所示。

(2) 执行一个宏

当执行一个宏时,Excel 按照宏语句执行的情况就像 VBA 代码在对 Excel 进行"遥控"。但 VBA 的"遥控"不仅能使操作变得简便,还能使你获得一些使用

图 8-1  录制宏

Excel 标准命令所无法实现的功能。要执行刚才录制的宏,可以按以下步骤进行。

① 选择任何一个单元格,比如 A3。

② 选择"工具"菜单"宏"子菜单"宏"命令,显示"宏"对话框。

③ 选择"改变颜色",选择"执行",则 A3 单元格的颜色变为红色。试着选择其他单元格和几个单元格组成的区域,然后再执行宏,以便加深印象。

到底是什么在控制 Excel 的运行呢? 让我们看看 VBA 的语句吧。

① 选择"工具"菜单"宏"子菜单"宏"命令,显示"宏"对话框。

② 单击列表中的"改变颜色",选择"编辑"按钮。

此时,会打开 VBA 的编辑器窗口(VBE)。关于该编辑器,以后再详细说明,先将注意力集中到显示的代码上,如图 8-2 所示。

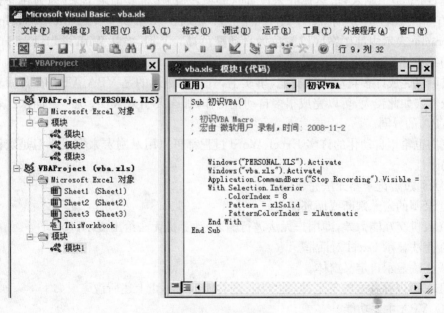

图 8-2  VBA 代码

代码如下:

```
Sub 初识 VBA()
    '
    '初识 VBAMacro
    '宏由微软用户录制,时间:2008 - 11 - 2
    '
    Windows("PERSONAL.XLS").Activate
    Windows("vba.xls").Activate
    Application.CommandBars("StopRecording").Visible = True
    WithSelection.Interior
    .ColorIndex = 8
    .Pattern = xlSolid
    .PatternColorIndex = xlAutomatic
    EndWith
EndSub
```

上面的就是 VBA,有过 VB 基础会看出来这些代码很像 VB。

其中,Sub 初识 VBA( )是宏的名称;中间的以"'"开头的五行称为"注释",它在录制宏时自动产生;以 With 开头到 EndWith 结束的结构是 With 结构语句,这段语句是宏的主要部分(注意:单词"selection",它代表"突出显示的区域",即选定区域);WithSelection. Interior 读作"选择区域的内部",它是设置该区域内部的一些"属性";. ColorIndex=8 将该内部设为绿色;(注意:有一小圆点,它的作用在于简化语句,小圆点代替出现在 With 后的词,它是 With 结构的一部分。). Pattern=xlSolid 设置该区域的内部图案,由于是录制宏,虽然你并未设置这一项,宏仍然将其记录下来(因为在"图案"选项中有此一项,只是你未曾设置而已);xlSolid 表示纯色;. PatternColorIndex = xlAutomatic 表示内部图案底纹颜色为自动配色;EndWith 结束 With 语句;EndSub 是整个宏的结束语。

宏可以完成许多自动化的功能,事实上,真正起作用的是 VBA,VBA 在背后支撑着宏。既然宏如此强大,可以完成很多自动化工作,那么要引入 VBA 呢? 下面来比较一下宏与 VBA 的异同。

我们也希望自动化的许多 Excel、Word 过程都可以用录制宏来完成。但是宏记录器存在局限性。

(3) 通过宏记录器无法完成的工作

① 录制的宏无判断或循环能力。

② 人机交互能力差,即用户无法进行输入,计算机无法给出提示。

③ 无法显示 Excel 对话框。

④ 无法显示自定义窗体。

VBA 可以弥补宏的不足,但是 VBA 的功能远远不止上述所说。

(4) VBA 主要功能

① 创建对话框及其他界面。

② 创建工具栏。

③ 建立模块级宏指令。

④ 提供建立类模块的功能。

⑤ 具有完善的数据访问与管理能力，可通过 DAO（数据访问对象）对 Access 数据库或其他外部数据库进行访问和管理。

⑥ 能够使用 SQL 语句检索数据，与 RDO（远程数据对象）结合起来，可建立 C/S（客户机/服务机）级的数据通信。

⑦ 能够使用 Win32API 提供的功能，建立应用程序与操作系统间的通信等。

## 8.1.2　VBA 开发环境

就像.net 有一个集成开发环境——VisualStudio 一样，VBA 也有一个开发环境——VBA 编辑器。VBA 是 VB 的子集，但是开发 VBA 不需要安装 VisualBasic，完整的 Office 安装完成后，即可以进行 VBA 的开发。VBA 依附于像 Word 这样的应用程序。当然，VBA 也可以在 VisualBasic 中开发，但是，这就失去了 VBA 原本的优势——基于 Office。

### 1. VBA 编辑器

Word、Excel、PowerPoint 或 Access 中完整安装后均有一个 VisualBasic 编辑器。以 Word 为例。

在 Word 中打开 VisualBasic 编辑器的方法是：指向"工具"菜单中的"宏"菜单项，然后从其级联菜单中单击"VisualBasic 编辑器"命令，即可打开"VisualBasic 编辑器"：如图 8－3 所示。

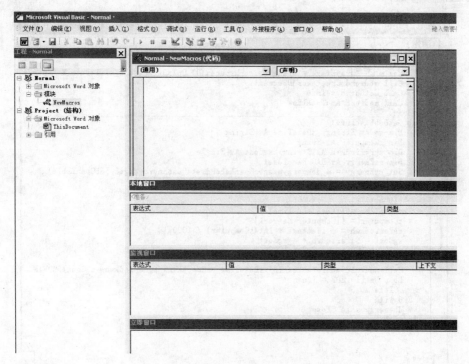

图 8－3　VisualBasic 编辑器

注意：如果用此命令打不开 VisualBasic 编辑器，说明文档和 Normal 模板可能已经被宏病毒感染了，因为一般的宏病毒都会把"VisualBasic 编辑器"命令屏蔽。此时可以把当前用户的 Normal 模板删除，用没有被感染的 Normal 代替或者不要 Normal 模板，然后再重新打开 Word，就可以打开 VisualBasic 编辑器。

在其他的应用程序中打开 VisualBasic 编辑器方法一样。虽然在整个 office 应用程序中，VisualBasic 编辑器是一个单独的窗口，但是它的外观和功能都是一样的。因此，一次可以打开 3 个 VisualBasic 编辑器窗口。当关闭给定的应用程序时，其相关的 VisualBasic 编辑器也自动关闭。

**2. VisualBasic 编辑器元素**

VisualBasic 编辑器中根据不同的对象，设置了不同的窗口。如果能恰当地使用这些窗口，可以使编程效率有极大地提高。VisualBasic 编辑器中主要的窗口包括代码窗口、立即窗口、本地窗口、对象浏览器、工程资源管理器、属性窗口、监视窗口以及工具箱和用户窗体窗口等。

（1）代码窗口

代码窗口是编写所有 VisualBasic 代码的地方（通过代码窗口观看代码模块中的代码）。代码模块共有 3 种类型：标准、类和窗口，每种类型都有特定作用。代码模块允许您用公用功能将代码组合在一起。

可以按照下列所述的方式，来打开"代码"窗口：在工程窗口中，可以选择一个窗体或模块，然后选择"查看代码"按钮。在"用户窗体"窗口中，可以双击控件或窗体；也可以从"视图"菜单中选择"代码窗口"，或者按下<F7>键，如图 8-4 所示。

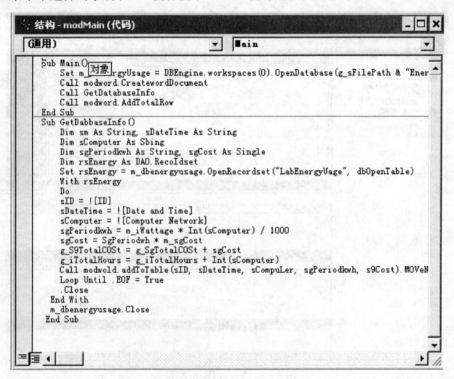

图 8-4　代码窗口

（2）立即窗口

立即窗口可以在这里输入和执行一行 VisualBasic 代码并立即看到其结果。在调试 VisualBasic 代码时,您通常使用立即窗口。

立即窗口在中断模式时会自动打开,且其内容是空的。用户可以在窗口中执行此操作:键入或粘贴一行代码,然后按下<Enter>键来执行该代码。(注意:从立即窗口中复制并粘贴一行代码到"代码"窗口中,"立即窗口"中的代码是不能存储的。)

（3）工程资源管理器

工程资源管理器此窗口显示一个分层结构列表,它列出了工程以及每个工程中包含和引用的全部项目。例如,当打开 Word 中的文档时,在工程资源管理器中就有一个与之相关的 VisualBasicforApplication 工程。VisualBasicforApplication 工程中的项目可以是任何数量的代码模块或 UserForms,如图 8－6 所示。

图 8－5　立即窗口

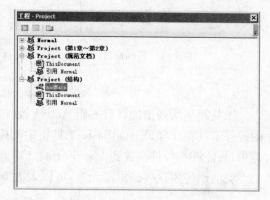

图 8－6　工程资源管理器

（4）属性窗口

属性窗口显示 UserForm,UserForm 自身代码模块中 ActiveX 控件按字母顺序或分类的属性列表。属性的项目列表在窗口的左侧,其相应的数值列表在右边,如图 8－7 所示。

（5）对象浏览器

对象浏览器可将它看做一个布局图,用来查找 ActiveX 控件或诸如 Word,Excel, PowerPoint,Access 或 Outlook 的应用程序所提供的对象、方法、属性和事件。用户可以用它来搜索及使用既有的对象,或是来源于其他应用程序的对象。单击"视图"菜单中的"对象浏览器"命令或者按<F2>键,即可显示"对象浏览器"对话框,如图 8－8 所示。

（6）UserForm 窗口

UserForm 窗口包含 UserForm,UserForm 允许您创建用于 VisualBasicforApplication 的自定义对话框。利用 UserForm,可以重新创建您已在 Office 中使用过的任何对话框添加您自己的自定义。也可以创建您自己的对话框以适应 VisualBasicforApplication 程序的需要。

图 8-7　属性窗口　　　　　　　　　　图 8-8　对象浏览器

（7）工具箱

工具箱里所列出的将有一组 Active 控件。Word，Excel，PowerPoint 和 Acess 窗口中的控件工具箱一样，VisualBasic 工具箱中的控件也可以被拖放。然而在 VisualBasic 编辑器中，只能够将控件拖放到 UserForm。

灵活地使用这些编辑器元素，可以大大方便开发工作。

## 8.1.3　VBA 基本语法

VBA 作为一门开发语言，同别的开发语言一样，也有数据类型，语句等。本节将介绍 VBA 的基本数据类型和语句。VBA 作为 VB 的子集，它的语法同 VB 相似。

**1. 数据类型**

（1）变量

变量是用于临时保存数值的地方。每次应用程序运行时，变量可能包含不同的数值，而在应用程序运行时，变量的数值可以改变。为了说明为什么需要使用变量，可按照如下步骤创建一个简单的过程。

① 创建一个名为"YourName"的新过程。

② 在过程中输入如下代码：InputBox"Enteryourname："

③ 按下<F5>键运行过程，这时会显示一个输入框，要求输入你的名字。

④ 输入你的名字并单击<确定>按钮，则过程结束。

输入的名字到哪里去了？如何找到用户在输入框中输入的信息？在这种情况下，需要使用变量来保存用户的输入结果。

使用变量的第一步是了解变量的数据类型。变量的数据类型控制变量允许保存何种类型的数据。下表列出了 VBA 支持的数据类型，还列出了各种数据类型的变量所需要的存储空间。

表 8 - 1　数据类型

| 数据类型 | 存储空间 | 数　值　范　围 |
|---|---|---|
| Byte | 1 字节 | 0～255 |
| Boolean | 2 字节 | True 或者 False |
| Integer | 2 字节 | -32 768～32 767 |
| Long（长整型） | 4 字节 | -2 147 483 648～2 147 483 647 |
| Single | 4 字节 | 负值范围：-3.402 823E38～-1.401 298E-45<br>正值范围：1.401 298E-45～3.402 823E38 |
| Double | 8 字节 | 负值范围：<br>-1.797 693 134 862 32E308～-4.940 656 458 412 47E-324<br>正值范围：<br>4.940 656 458 412 47E-324～1.797 693 134 862 32E308 |
| Currency | 8 字节 | -922 337 203 685 477.580 8～922 337 203 685 477.580 7 |
| Decimal1 | 4 字节 | 不包括小数时：+/-79 228 162 514 264 337 593 543 950 335<br>包括小数时：+/-7.922 816 251 426 433 759 354 395 033 5 |
| Date | 8 字节 | 100 年 1 月 1 日～9999 年 12 月 31 日 |
| Object | 4 字节 | 任何引用对象 |
| String<br>（长字符串） | 10<br>字节+1 字节/字符 | 0～约 20 亿 |
| String<br>（固定长度） | 字符串的长度 | 1～约 65 400 |
| Variant（数字） | 16 字节 | Double 范围之内的任何数值 |
| Variant（文本） | 22 字节+1 字节/字符 | 数据范围和变长字符串相同 |

　　选择变量数据类型的目标是选择需要存储空间尽可能小的数据类型来保存需要存储的数据,这正是上表提供各种数据类型的存储空间的原因。例如,如果要保存诸如班级学生总数这样的小数字,那么 Byte 数据类型就足够了。在这种情况下,使用 Single 数据类型只是对计算机存储空间的浪费。

　　使用数据类型可以来创建变量。可以使用 Dim 语句,创建变量通常称为声明变量。

　　Dim 语句的基本语法如下:

**Dim 变量名 As 数据类型**

　　这条语法中的变量名代表将要创建的变量名。

　　变量名必须以字母开始,并且只能包含字母、数字和特定的特殊字符,不能包含空格、句号、惊叹号,也不能包括字符@、&、$ 和 ♯。名字最大长度为 255 字符。

　　在接下来的练习中,将要说明如何在 VBA 程序设计中使用变量。将创建一个过程,其功能是提示用户输入名字,接着在消息框中显示出来。具体步骤如下。

　　① 创建新的名为 YourName 的子程序。

　　② 输入如下代码:

DimsNameAsString

　　sName = InputBox("Enteryourname:")

　　MsgBox"Hi"&sName

完成的过程应当与下面的代码相符:

PublicSubYourName()

```
        DimsNameAsString
        sName = InputBox("Enteryourname:")
        MsgBox"Hi"&sName
EndSub
```

③ 将鼠标放置到过程中的任何地方,按下<F5>键运行过程,会显示一个输入框,如图 8-9 所示。

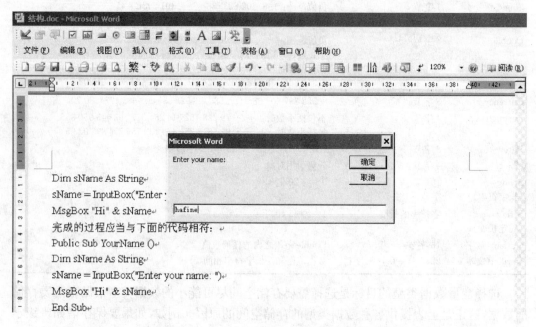

图 8-9 运行结果

④ 输入你的名字并按回车键,会显示一个消息框,其中包括你刚输入的名字,如图 8-10 所示。

⑤ 单击"确定"按钮,返回到过程中。

在上面的程序中,使用 Dim 语句创建了一个 String 类型的变量 sName。在 Dim 语句中不必提供数据类型。如果没有提供数据类型,变量将被指定为 Variant 类型,因为 VBA 中默认的数据类型是 Variant。知道这一点后,最初的反应也许是觉得应该不用自己决定数据类型,而将一切抛给 VBA。这种观点是完全错误的,用户必须决定选择何种数据类型。必须指定数据类型的第一个原因是,Variant 数据类型占用的存储空间较大,使用 Variant 数据类型会影响程序性能。

(2) 常量

现在,知道变量的作用是非静态信息的存储容器。当需要存储静态信息时,可以创建常量。使用常量有两个原因,其一是常量可以存放数值供程序运行时多次引用而不改变,但是这些数据可能在将来发生变化。一个很好的例子是税率。如果常量值发生改变,修改也很方便;另一个原因是使用常量可以增加程序的可读性,Taxrate 比 0822 要好理解得多。

要声明常量并设定常量的值,需要使用 Const 语句。常量声明后,不能对它赋一个新

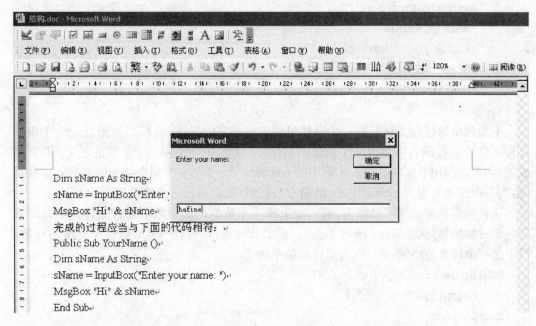

图 8-10　消息框

的数值。例如，假设需要声明一个常量来保存销售税率，可以使用如下语句：

ConstSALESTAXAsLong＝06231

因为已经知道常量的值，所以在 Const 语句中可以指定数据类型。常量可以声明为如下类型：Boolean，Byte，Integer，Long，Currency，Single，Double，Date，String 或者 Variant。

常用的常量的命名惯例是全部字母都用大写，这样就容易区分代码中的变量和常量。

**2. 结构语句**

下面将介绍简要 VBA 的模块、条件结构和循环结构，对于已有 VB 的基础的朋友来说，比较简单。

（1）模块

VBA 代码必须寄存在某个地方，这个地方就是模块。模块是作为一个单元保存在一起的 VBA 定义和过程的集合。有两种基本类型的模块：类模块和标准模块。模块中的每个过程或者是函数过程，或者是子程序。你的大部分工作集中在标准模块上（通常简称为模块），类模块应用于 VBA 的对象模型。当录制宏时，如果不存在模块，应用程序会自动为你创建。如果愿意，也可以添加附加的模块。

过程被定义为 VBA 代码的一个单元，过程中包括一系列用于执行某个任务或是进行某种计算的语句。

有两种不同的过程：子程序和函数过程。子程序只执行一个或者多个操作，而不返回数值。当录制完宏查看代码时，所看到的就是子程序的例子。宏只能录制子程序，而不能录制函数过程。一个子程序的例子如下所示。

```
SubcmdSmallFont_Click()
```

```
WithSelection.Font
.Name = "Arial"
.FontStyle = "Regular"
.Size = 16
EndWith
```
EndSub

上面列出的过程实际上是一个事件过程。通过它的名字，就可以知道这是一个事件过程。这个过程的名字是由一个对象的名字 cmdSmallFont 和一个事件的名字 Click 组成的，两者之间用下划线连接。本例中的 cmdSmallFont 是一个命令按钮的名字。这就是说，当单击这个名为 cmdSmallFont 的命令按钮时，就会运行这个事件过程。

函数过程通常情况下简称为函数，要返回一个数值。这个数值通常是计算的结果或者是测试的结果，例如 True 或者 False。正如前面所说，可用 VBA 创建自定义的函数。以下是一个计算价格的 10%作为运费的简单例子。

```
PublicFunctionShipping(Price)
Shipping = Price * 0.1
EndFunction
```

这个函数使用了一个参数（Price）。子程序和函数过程都可以使用参数。不论 Price 的值是多少，它都将决定运费额。Price 可以是一个数字，也可以是对单元格的引用。函数返回计算出来的运费，这个函数可以用在单元格中。

VBA 对子程序和函数有如下的命名规则。

① 第一个字符必须是字母。

② 名字中可以包含字母、数字和下划线。

③ 名字中不能包含空格、句号、惊叹号，也不能包含字符@、&、$和#。

④ 名字中最多包含 255 个字符。

（2）条件结构

条件结构包括 If 语句和 SelectCase 语句。

① If 语句语法如下：

```
IfconditionThen
[statements]
[ElseIfcondition - nThen
[elseifstatements]
[Else
[elsestatements]]
EndIf
```

如果希望在同一条 If 语句中检测第二个条件，可以向 If 语句中添加一条或者多条 ElseIf 从句。另外，If 语句还可以嵌套。

② SelectCase 语句的语法如下：

```
SelectCasetestexpression
[Caseexpressionlist - n
```

[statements – n]]...

[CaseElse

[elsestatements]]

EndSelect

在多重选择的情况下,SelectCase 比 if 语句更易于阅读。

③ 程序演示:利用 If 语名询问是否清除 Execel 某一单元格的数据,步骤如下所示。

先在 VisualBasic 编辑器里创建一个 Chingchu()过程:

SubChingchu()

DimPanduan

Panduan = MsgBox(" 清除 A1 单元格的内容吗? ",vbYesNo)

IfPanduan = vbYesThen

Range("A1"). Value = ""

EndIf

EndSub

然后,退回到 Excel 下,在 A3 单元格里插入一个按钮,为其指定为刚才所创立的宏。最后保存即可。运行结果如图 8 – 11 所示。

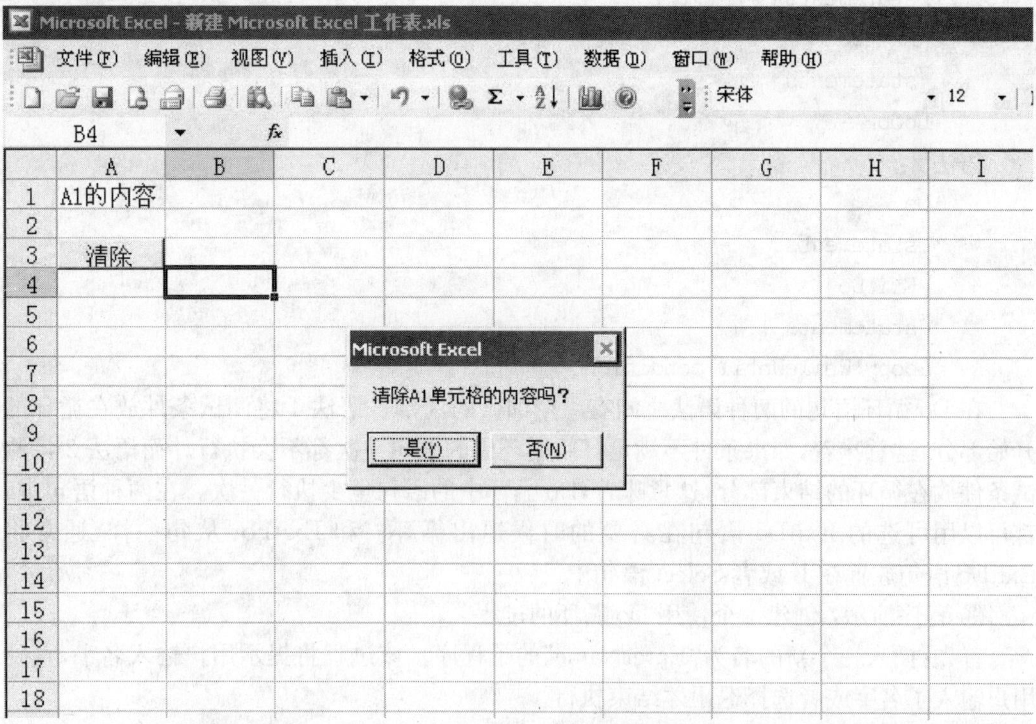

图 8 – 11 选择结构示例

(3) 循环结构

① For 语句:当编写代码时,你会发现经常需要多次重复进行某种操作。在需要重复执行一组语句的次数一定时,可以使用 For … Next 循环。For … Next 语句的语法如下:

```
Forcounter = startToend[Stepstep]
[statements]
[ExitFor]
[statements]
Next[counter]
```

For … Next 语句执行一定的次数，这取决于 start 和 end 参数的设置。counter 是一个整数变量，每次循环增加 1，除非设置了可选参数 step，此时 counter 每次以 step 的数值变化。每次循环都要执行 Next 语句。当 counter 的值大于 end 的数值时，循环结束执行行。可选的 ExitFor 语句通常放置在一条 If 语句或者 SelectCase 语句中。

② Do 语句：只有当需要执行一系列语句的确定次数时，For 语句才便于使用。为了克服这种局限性，VBA 为 For 语句提供了另一种称为 Do 循环的语句。Do 循环是条件循环。共有两种 Do 循环语句：DoWhile 和 DoUntil。DoWhile 语句在某个特定的条件为 True 时重复执行一组语句，而 DoUntil 则重复执行一组语句直到某个特定的条件变为 True 为止。Do 循环语句的语法如下。

语法 1：
```
Do[{WhileUntil}condition]
[statements]
[ExitDo]
[statements]
Loop
```

语法 2：
```
Do
[statements]
[ExitDo]
[statements]
Loop[{WhileUntil}condition]
```

在 Do 循环语句的两种语法之间有一个细微的区别。语法 1 将测试条件放在循环的开始部分，这意味着，如果条件不满足，Do 循环中的语句一次都不会执行。而语法 2 将测试条件放在循环的结束部分，这意味着，Do 循环中的语句至少执行一次。在两种语句中，都可以用可选的 ExitDo 语句在必要的时候退出循环。和 ExitFor 从句一样，通常将 ExitDo 语句放置在 If 或者 Select 语句中。

③ 程序演示：创建一个使用 Do 循环的过程。

首先，插入一个新的名为"EnterName"的子程序。该过程将提示用户输入名字，直到用户输入了名字或者选择退出才结束执行。

然后，为 EnterName 过程输入如下代码：
```
DimsNameAsString
DimiResponseAsInteger
SName = ''''
DoWhilesName = ''''
```

```
sName = InputBox("Pleaseenteryourname:")
IfsName = ""Then
iResponse = MsgBox("Doyouwishtoquit? ",vbYesNo)
IfiResponse = vbYesThen
ExitDo
EndIf
EndIf
Loop
```

接下来,运行该过程。为了响应消息框,按下空格键或者不在输入框中输入任何字符就单击<取消>按钮,显示一个询问是否希望退出的消息框。单击<否>按钮,再次显示输入框,输入你的名字,过程结束。

## 8.1.4　VBA 对象模型

对象是 VisualBasic 的结构基础,在 VisualBasic 中进行的所有操作几乎都与修改对象有关。MicrosoftWord 的任何元素,如文档、表格、段落、书签、域等,都可用 VisualBasic 中的对象来表示。因此,学习 VBA 必须学习它的对象模型。

**1. 概述**

对象(Object)是一些相关的变量和方法的软件集。VBA 是一种面向对象的编程语言。对象是 VisualBasic 的结构基础,VBA 应用程序就是由许多对象组成。VBA 对象模型就是应用程序对象布局的层次,因为一些对象包含在其他对象中,这就决定了其外观显示为树状或者为层次结构。

对象可分为集合对象和独立对象两种。独立对象代表一个 Word 元素,如文档、段落、书签或单独的字符。集合也是一个对象,该对象包含多个其他对象,通常这些对象属于相同的类型;例如,一个集合对象中可包含文档中的所有书签对象。修改与对象相关的方法或属性就可以定制对象,也可修改整个的对象集合。

VBA 对象模型把后台复杂的代码和操作封装在易于使用的对象、方法、属性和事件中,这样开发者只需要面对相对简单和直观的对象语法。提高了应用程序的简单性和可重复利用性。

通过属性和方法可以控制对象。属性是指对象的特征,改变属性的值可以改变对象的行为或者外观。例如,使用属性,可以改变某个范围内的单元格的颜色、数值、字体或者格式。另一方面,方法是对象可以执行的操作。范围对象的 Clear 方法就是一个例子。对象相当于 VBA 语言中的名词,属性相当于形容词,而方法则相当于动词。可以用对象、属性和方法这样的术语对任何事物进行描述。例如你可以描述自己。你可以称为一个"human"对象,你的属性包括名字、身高、体重、眼睛的颜色、头发的颜色和年龄等,你的一些方法可以是睡觉、吃饭、跑步和编程等。在这里不是试图将对象、属性和方法的概念复杂化,实际上,它们处理起来非常简单。

VBA 将 MicrosoftOffice 中的每一个应用程序都看成一个对象。每个应用程序都由各自的 Application 对象代表。在 Word 中,Application 对象中包容了 Word 的菜单栏、工具栏、Word 命令等的相应对象,以及文档对象等;在 Excel 中,Application 对象中包容

Excel 的菜单栏、工具栏等的相应对象，以及工作表对象和图表对象等；在 Access 中，Application 对象中包容了 Access 的菜单栏、工具栏等的相应对象，以及报表对象和窗体对象等；在 PowerPoint 中，Application 对象中包容了 PowerPoint 的菜单栏、工具栏等的相应对象，以及演示文档对象等。

**2. VBA 对象模型基础语法**

（1）属性

属性是对象的一种特性或该对象行为的一个方面。例如，文档属性包含其名称、内容、保存状态以及是否启用修订。若要更改一个对象的特征，可以修改其属性值。

设置/修改对象属性的值：

&lt;object&gt;.&lt;property&gt; = &lt;value&gt;

CustFrm. Caption = CustomerForm

访问/获取对象属性的值：

&lt;variable&gt; = &lt;object&gt;.&lt;property&gt;

DimvarAsVariant

Var = CustFrm. Caption

（2）方法

方法是对象可以执行的动作。例如，只要文档可以打印，Document 对象就具有 PrintOut 方法。方法通常带有参数，以限定执行动作的方式。如果对象共享共同的方法，则可以操作整个对象集合。

引用对象方法：&lt;object&gt;.&lt;methond&gt;[&lt;argumentlist&gt;]

ActiveDocument. CheckGrammar

Documents. OpenFileName: = ''c:\Report. doc''

（3）事件

VBA 效力于事件驱动的编程模型。程序是为响应事件而执行的。事件是一个对象可以辨认的动作，像单击鼠标或按下某键等，并且可以写某些代码针对此述动作来做响应。事件可以由系统触发，也可以由用户做动作或程序代码的结果可能导致事件的发生。

（4）使用对象变量

在进行程序设计时，采用这样的原则：如果需要输入同样的对象的名字全称两次以上，就创建一个对象变量以节省输入时间。把对象赋给变量：

Set&lt;variable&gt; = &lt;object&gt;

DimDocAddAsObject

SetDocAdd = Documents. Add

DimDocAdd = Nothing

（5）使用集合对象

在大多数情况下，集合都是复数形式的单词。Excel 没有 Ranges 对象，可以添加一个这样的对象。但是不能添加更多的 Ranges，因为 Excel 已经做了定义和限制。Add 方法可以添加集合项目。Count 属性可以表示集合中元素的数目。

**3. Excel 对象模型**

所有的 Office 对象都具有相同的对象分层结构模型，即 Application 对象位于顶部。

每个对象代表应用程序的一个元素,如幻灯片的一个形状,工作表中的一个单元格,文档中的一个字,数据库中的一个表。不同的应用程序的对象分层结构模型又有不同。我们以 Excel 对象模型为例讲解。

Excel 的对象模型中有 100 多个对象,但是,在编程时,如果只会用到其中的 20 个对象或者更少。要查看 Excel 中对象的列表,请完成如下步骤。

① 关闭所有打开的工作簿,这样可以使工作环境更简洁。

② 打开一个新的工作簿。

③ 按下"＜Alt＞＋＜F11＞"键,打开 VisualBasic 编辑器。

④ 按下＜F1＞键,激活"帮助"。

⑤ 输入问题"什么是对象"。

⑥ 按回车键,从列出的主题中选择"MicrosoftExcel 对象",此时会显示一张详细的对象模型图,如图 8-12 所示。

⑦ 单击"Worksheets(Worksheet)"右面的箭头,将扩展这一级对象模型,查看这个模型,在层次结构的顶部,可以看到"Application"对象。在层次结构中,可以看到的下一个对象是"Workbook"对象,它和 Excel 文件等价。

图 8-12　Excel 对象模型图

(1) 最常用的 5 个对象

尽管在 Excel 的对象模型中包括 100 多个对象,但你会发现程序设计主要集中在如下 5 个对象上:

- Application
- Workbook
- Worksheet
- Range
- Chart

这并不是说用不着使用其他对象,只是说明这 5 个对象最为常用。

Application 对象代表 Excel。使用 Application 对象可以控制应用程序级的设置、内置的 Excel 函数以及高级方法,例如 InputBox 方法。

Workbook 对象是指 Excel 中的工作簿,即是说 Excel 文件。在 VBA 环境中,不说打开一个文件,而称为打开一个工作簿;也不说保存一个文件,而称为保存工作簿。

学习 Excel 时最先了解到的其中一点就是,Workbook 中包括 Worksheet。

Worksheet 是 Workbook 中独立的页,数据就保存在 Worksheet 中。Worksheet 中包括单元格(Cell)。你也许会认为不得不编写大量的代码以对单元格对象进行控制,但是,实际上没有单元格这样的对象。

范围对象 Range 是指一个或者多个单元格。

大多数 Excel 用户都使用 Excel 的图表功能,所以你经常需要处理图表(Chart)对象。用"图表向导"创建图表时所做的一切都可以通过 VBA 代码做到。

（2）对象的使用

① 要设置对象的属性,可以使用如下的基本语法:

```
Object.propertyname = value
```

Objec 是对象名,propertyname 是指需要改变的对象的属性名字,而 value 是该属性可以设置的数值。对象的名字和属性之间用".."分开。例如,要设置范围对象的 Value 属性,可以使用如下代码:

```
Range("A1").Value = 100
```

获取对象的属性和设置对象的属性相似,基本的语法是:

```
varname = Object.propertyname
```

在上面的语法中,将对象某个属性的设置读入一个变量或者其他存储位置中,诸如另一个属性。如果要获取范围对象的 Value 属性,可以使用如下代码:

```
DimsngValueAsSingle
SngValue = Range("A1").Value
```

可以用其他多种方式来使用属性的设置。例如,可以使用如下代码在消息框中显示某个属性设置:

```
MsgBox"Therange'svalueis"&Range("A1").value
```

② 通过如下语法可以实现对象的方法:

```
Object.Method
```

当执行一个对象的方法时,需要用"."将对象和方法的名字分开。例如,如果需要执行工作簿的"Open"方法,可以使用如下代码:

```
Workbooks("VBAExample").Open
```

某些方法是带参数的,而参数又可能是必须的或者可选的。例如,以下代码将工作簿保存为"CurrentBudget":

```
ThisWorkbook.SaveAsFilename:="CurrentBudget"
```

（3）使用对象变量

在学习变量的数据类型时,有一种类型没有讨论。这种类型就是对象变量,它是指向某个对象的变量。因为对象变量指向一个对象,所以它们可以使用相应对象的属性和方法。

创建对象变量和其他变量完全类似,也通过使用 Dim 语句。可以使用通用的对象类型,也可以使用特定的对象类型。

例如:

```
DimBudgetSheetAsObject
DimAnotherBudgetAsWorksheet
DimWorkingFileAsWorkbook
DimDeptCodesAsRange
```

第一条 Dim 语句使用通用的对象数据类型。通常情况下,不要使用这种对象变量的声明方法。其他的 Dim 语句显示了更好的声明对象变量的方法。如果知道将要创建的对象的类型,那么最好在定义对象变量时加以指明。对象变量声明后,可以用 Set 语句将一个对象指定给该变量。

例如：

```
SetBudgetSheet = Workbooks("Finance").Worksheets("Budget")
SetAnotherBudget = Workbooks("MIS").Worksheets("Budget")
SetWorkingFile = WorkBooks("Finance")
SetDeptCodes = Workbooks("Budget").Worksheets("Category").Range("A1:A12")
```

设置了变量所引用的对象之后，就可以在代码中像对象名一样使用它们。下面给出一个使用对象变量的例子：

```
SubObjectvarExample()
    DimWorkingRangeAsRange
    SetWorkingRange = Workbooks("Hour8").Worksheets("Sheet1").Range("A1:D1")
    WorkingRange.Font.Bold = True
    WorkingRange.Font.Italic = True
    WorkingRange.Font.Name = "Courier"
EndSub
```

这个 ObjectvarExample 过程首先声明了一个 WorkingRange 对象变量，然后将一个对象指定给了它，也即进行了对象初始化，最后设置对象属性。

本节对 VBA 的开发环境、语法基础、对象模型等进行了简单的介绍，力求使读者从较高层次上对 VBA 有较全面的认识。我们可以看到，VBA 对于扩展 Office 的功能有着重大作用。许多看似不可能的任务可以由 VBA 轻松实现。由于篇章限制，本节仅做简单介绍，本章余下章节将针对具体应用进行介绍。

## 8.2　创建 Word 加载项

在普通文档中运行的 VBA 代码可以用于个人使用，但是对于分布式自定义程序来说却不是吸引人的解决方案。通过创建自己的加载项，用户可以把 VBA 自定义和根本的 Office 程序完美结合，让使用者觉得自定义操作已经成为原始程序的重要部分。在 Office 中，加载项就是成为一个或者多个 Office 程序添加功能的软件组件。本节中，我们将以 Word 为例，介绍如何创建加载项。

**1. 在 Word 中创建加载项基本步骤**

① 为加载项创建一个新文档。

② 在新文档中，添加 VBA 模块和窗体、编写代码、测试程序。

③ 把文档保存为适合程序的加载项，在 Word 中，保存为 .dot 模板。

注意：只有将 .dot 模板保存到 Office 安装目录的"startup"文件夹下，才能在每次打开 Word 时，自动加载。

④ 使用"工具"菜单的"模板和加载项"命令，打开"模板和加载项"对话框，如图 8-13 所示，并单击"添加"把模板载入为加载项。

**2. 一个加载宏的示例**

接下来将给出一个加载宏的示例：将在文档中建立一个自定义工具栏，内置一按钮，

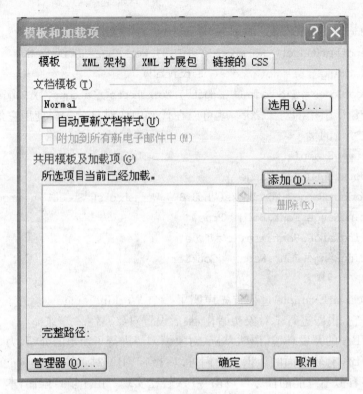

图 8-13 "模板和加载项"对话框

用于统计某一个字符在文档中出现的次数：

① 为加载项创建一个新文档，命名为 Find. doc。

② 在新文档中，添加 VBA 模块和窗体、编写代码、测试程序。

创建了两个过程 FindText()和 ToAddNewCommandBar()。FindText()用于统计字符出现次数；ToAddNewCommandBar()用于在文档中自定义一个工具栏"统计字符出现次数"。

```
SubFindText()
    '
    'FindTextMacro
    ' 宏在 2008 - 11 - 5 由微软用户创建
    '
    Text = InputBox(" 请输入要查找的文本：","提示 ")
    WithActiveDocument. Content. Find
    DoWhile. Execute(FindText：= Text) = True
    tim = tim + 1
    Loop
    EndWith
    MsgBox(" 当前文档查找到 " + Str(tim) + " 个 " + Text),48," 完成 "
EndSub
```

```
SubToAddNewCommandBar( )
    DimOAddCommandBarAsCommandBar
    DimOAddCommandButtonAsCommandBarButton
    SetOAddCommandBar = Application. CommandBars. Add
    OAddCommandBar. Name = "统计字符出现次数"
    WithOAddCommandBar. Controls
    SetOAddCommandButton = . Add(msoControlButton)
    EndWith
    WithOAddCommandButton
    . Style = msoButtonIconAndCaption
    . Caption = "统计字符出现次数"
    . FaceId = 23
    . TooltipText = "统计字符出现次数"
    . Visible = True
    . OnAction = "FindText"
    EndWith
EndSub
```

③ 把文档保存为适合程序的加载项。这里保存为 Find. dot, 保存在 Office 安装目录的 "startup" 文件夹下。

④ 使用 "工具" 菜单的 "模板和加载项" 命令, 打开 "模板和加载项" 对话框, 并单击 "添加" 把模板载入为加载项。

随便打开一个文档。在 "自定义工具栏" 选项下, 找到 "统计字符出现次数", 让它前置显示, 如图 8-14 所示。

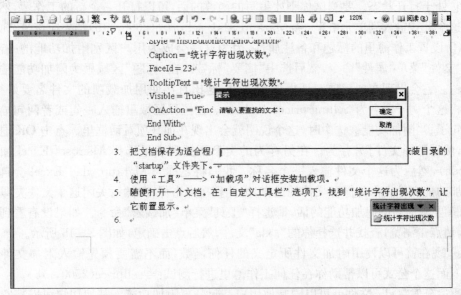

图 8-14　Word 加载项示例

## 8.3  创建 Excel 加载宏

加载宏的思想很简单,就是把执行特定功能的模块保存在磁盘中,用户可以方便地随时加载该模块并使用其中的功能,不需要时简单地卸载即可。如果你有录制宏、修改宏的经验,编写加载宏就是一件非常简单的事。把包含宏的工作簿以".xla"格式保存,该工作簿即成为一个加载宏,其中的工作表自动变为不可见,工作表的"IsAddIn"属性也会被自动设置为"True"。加载宏的存放位置一般是"MicrosoftOffice\Office"文件夹下的"Library"文件夹或子文件夹,也可以是 Windows 所在文件夹下的"Profiles\用户名\ApplicationData\Microsoft\AddIns"文件夹或其他用户可以存取的地方。此后,用户就可以通过 Excel 工具菜单中的"加载宏"命令来加载、卸载它,一旦加载后,其使用方式与内部命令无异。

本节将引导读者创建一个自己的 Excel 加载宏。

① 先打开一个新的 Excel 工作簿,然后选择"工具"菜单"宏"子菜单"VisualBasic 编辑器"命令。在工程浏览器中选择工作簿,通过"插入"菜单"模块"命令添加一个模块。如果工程浏览器看不见的话,在查看菜单中选中它。

② 输入下面这个函数,它能够根据项目事先给定的费用和涨价百分比计算其销售价格。

```
FunctionSellPrice(CostPrice,MarkupPercent)asCurrency
    SellPrice = CostPrice * (1 + MarkupPercent)
EndFunction
```

③ 在文件菜单里选择关闭并返回 MicrosoftExcel。将工作表存储为 Markup.xls,并且让它处于打开状态。要测试你刚才编写的函数的话,可以打开一个新的工作簿,然后将下面这个公式输入到单元格里:＝Markup.xls! sellprice(2000,.15)结果应该是 2300。

④ 设置工作簿里的标题和备注属性,因为这些会成为用户区别附加功能的一部分。选择"文件"菜单"属性"命令,然后选中"摘要"标签。在"标题"区域里为附加功能输入一个标题。它会出现在加载项对话框的列表里,这比直接使用加载项的文件名要好得多。我们将这个例子命名为 Selling-pricecalculator。在注释区域里输入一句或者两句描述细节的句子;当附加功能被选中时,这个说明就会出现在加载项对话框里。点击 OK 退出对话框,然后选择文件|另存为。在另存为的类型下拉列表里选择 MicrosoftExcel 加载宏(*.xla),然后为这个文件输入一个名称。我们将之称为 Markup.xla。Excel 会自动选择附加功能文件夹作为保存文件的地方,因此直接点击保存,然后关闭这个文件夹即可。

⑤ 要激活新的附加功能的话,请选择"工具"菜单"加载宏"命令。如果没有看到附加功能,请点击浏览,查找并选择你的".xla"文件,然后点击确定,如图 8-15 所示。

⑥ 现在就可以使用附加文件所定义的任何函数,而不需要预先输入附加文件的名称。下面这个公式可以帮助你在任何工作簿里进行测试:＝sellprice(2500,.15)。

通过分发".xla"文件就可以同其他用户一起分享附加功能。其他用户可以把它放到自己的附加文件夹里,然后通过工具|加载宏|浏览命令选择并激活它,这样他们就可以使

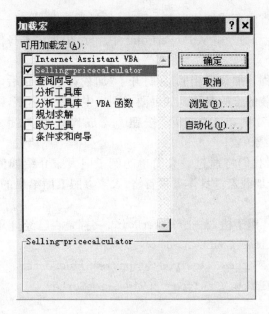

图 8-15　"加载宏"对话框

用自定义的函数了。

# 8.4　创建 PowerPoint 加载宏

加载宏是一种辅助程序,通过添加自定义命令和指定的功能来扩展 PowerPoint 功能。用户可以从独立软件供应商获得加载宏程序,也可以自己编写。使用加载宏时,先安装在计算机上,然后再进入到 PowerPoint 中,PowerPoint 的加载宏程序带有后缀名". ppa"。

本节将引导读者创建一个自己的 PowerPoint 加载宏。

① 单击"工具栏"菜单,选择"加载宏"命令,则会出现如图 8-16 所示的"加载宏"对话框。

② 如果在"可选择的加载宏"列表中没有所需的加载宏,单击"添加"按钮,然后在"添加新的 PowerPoint 加载宏"对话框中选择要添加的加载宏。

③ 在"可选择的加载宏"列表中,单击准备安装的加载宏,然后单击"加载"按钮。这样加载宏将被注册,并在其名字前面出现一个复选标记。

④ 单击"关闭"按钮,返回编辑窗口,此后重新启动 PowerPoint 时将自动加载选择的宏。

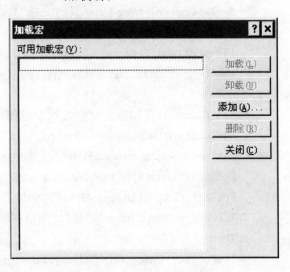

图 8-16　"加载宏"对话框

如果用户需要节省内存或加快 PowerPoint 的运行速度,可将一些不常用的加载宏卸载。卸载后,它的功能和命令就从 PowerPoint 中删除,但程序本身仍保存在计算机内,以便随时重新装载。

卸载加载宏的过程与加载宏相似,在打开了"加载宏"对话框后,在"可选择的加载宏"列表中选中要进行卸载的宏的名称。如果要在列表中保留其名字,则单击"卸载"按钮,如果不需要保留其名字,则单击"删除"按钮。完成操作后关闭对话框,则在以后的 PowerPoint 中不再加载该宏。

在下面的示例中,我们将通过一具简单的例子向大家介绍如何在 PowerPoint 能过 VBA 编程来创建一个加载宏。具体过程省略,大家参照上面给出的步骤。我们给出具体 VBA 代码:

```
SubChangeView()' 用于检查一个 PowerPoint 文档是否已经打开
    IfPresentations.Count<>0
    ThenIfActiveWindow.ViewType<>ppViewSlideSorter
    ThenActiveWindow.ViewType = ppViewSlideSorter
    EndIf
    ElseMsgBox"Nopresentationopen.Openapresentationand"_&"runthemacroagain.",
    vbEx
    clamation
    EndIf
EndSub


SubAuto_Open()' 在加载宏时引发这个过程
    DimNewControlAsCommandBarControl
    DimToolsMenuAsCommandBars
    SetToolsMenu = Application.CommandBars
    SetNewControl = ToolsMenu("Tools").Controls.Add(Type:=
    msoControlButton,Before:=
    1)NewControl.Caption = "幻灯片浏览视图"
    NewControl.OnAction = "ChangeView"
EndSub
SubAuto_Close()' 在卸载宏时引发这个过程
    DimoControlAsCommandBarControl
    DimToolsMenuAsCommandBars
    SetToolsMenu = Application.CommandBars
    ForEachoControlInToolsMenu("Tools").Controls
    IfoControl.Caption = "幻灯片浏览视图"
    Then
    IfoControl.OnAction = "ChangeView"Then
    oControl.Delete
```

```
    EndIf
    EndIf
    NextoControl
EndSub
```

本示例将会在"工具"菜单中添加一个"幻灯片浏览视图"子菜单。选择该菜单,将会进入幻灯片浏览视图。

## 8.5   为工程设置密码保护

在发布 VBA 解决方案时,可能不希望其他人篡改程序的功能。为了确保代码的安全,Word,Excel 和 PowerPoint 的 VisualBasic 编辑器都为程序提供了密码保护。如果锁定一个并为它设置一个密码,则以后进入 VisualBasic 编辑器的工程资源管理器双击该工程时,会出现一个询问密码的对话框,只有输入正确的密码后,才能查看其中的内容。

① 打开一个 office 文档。例如: 一个 Word 文档 password. doc。

② 切换到 VisualBasic 编辑器,打开工程资源管理器。

③ 在"工具"菜单中单击"VBAoject 属性"显示工程属性对话框,单击"保护"页面,如图 8 - 17 所示。

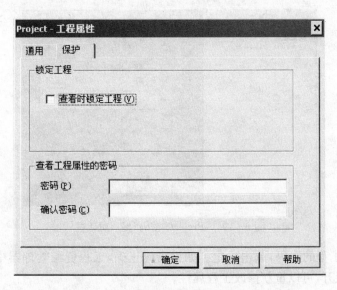

图 8 - 17  "Projecr - 工程属性"对话框

④ 选中"查看时锁定工程"复选框,在"密码"文本框中输入密码,然后在"确认密码"文本框中再输入一次确认,单击确定。注意记住输入的密码,否则将不能通过 VisualBasic 查看此工程的内容。

⑤ 切换到 Word 应用程序窗口,保存"password. doc",退出 Word。

⑥ 重新启动 Word,打开"password. doc"文件,切换到 VisualBasic 编辑器,如图 8 - 18 所示。(注意:此时工程资源管理器中"password. doc"工程没有展开。)

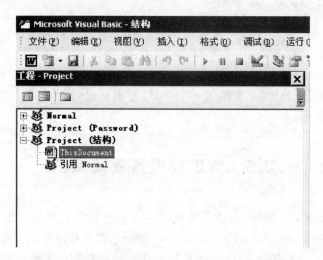

图 8-18  "Mocrosoft VisualBasic-结构"对话框

⑦ 双击工程资源管理器中的"年度报表.xls"工程项,显示如图 8-19 所示的密码对话框提示输入密码。

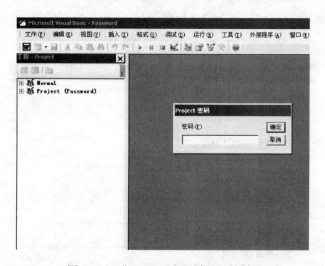

图 8-19  "Project-密码"提示对话框

⑧ 输入该工程的密码,单击确定。如果密码正确,工程资源管理器中的"password.doc"工程项被展开,可以重新修改工程属性。

注意:采用此种方法保护工程并不是绝对安全的,要提高工程的安全性,可以采用多种方法保护工程,比如,通过编程实现,让其他用户根本无法进入 VisualBasic。

## 习题八

1. 什么是 VBA？简述 VBA 与 VB 的关系。
2. VBA 与宏的关系是什么？
3. VisualBasic 编辑器的主要元素有哪些？

4. 写出在 VBA 中创建一个名为 mystring,类型为字符串类型的变量的语句。

5. VBA 对子程序和函数的命名规则是什么?

6. 什么是属性和方法?

7. 什么是事件? 什么是事件驱动?

8. 简述在 Word 中创建加载项基本步骤。

9. 如何创建加载宏?

10. 举例说明 PowerPoint 通过 VBA 编程来创建一个加载宏的过程。

11. 如何为 VBA 工程设置密码保护?

# 第 9 章

# Office 2003 的综合应用

Office 2003 之间个组件之间协调工作,可以有效地提高工作效率。在调用资源时,主要是通过对象的链接与嵌入技术来实现的。它们的主要差别在于数据存储于何处,以及存入文档的数据是如何更新的,具体差别如下:

其一,链接对象是指在一个文件中创建,并插入到另一个文件中的信息,同时还保持了两个文件之间的链接。对于链接对象,如果链接到的文件在计算机中的位置发生了变化,链接就会失败。但是修改源文件,在目标文件中就会自动更新数据。

其二,嵌入对象是指直接插入到文件中的信息。嵌入对象则是把插入的对象作为自己的一部分,因此与原来的文件相互独立,如果修改源文件或变动源文件的位置,目标文件中的信息不会改变,若要更改 Office 中插入对象,只需要双击该对象即可。

## 9.1 Office 2003 与超链接

### 9.1.1 超链接的概念

超链接在本质上属于一个网页的一部分,它是一种允许我们同其他网页或站点之间进行连接的元素。各个网页链接在一起后,才能真正构成一个网站。所谓的超链接是指从一个网页指向一个目标的连接关系,这个目标可以是另一个网页,也可以是相同网页上的不同位置,还可以是一个图片,一个电子邮件地址,一个文件,甚至是一个应用程序。而在一个网页中用来超链接的对象,可以是一段文本或者是一个图片。当浏览者单击已经链接的文字或图片后,链接目标将显示在浏览器上,并且根据目标的类型来打开或运行。

如果按照使用对象的不同,网页中的链接又可以分为:文本超链接,图像超链接,E-mail链接,锚点链接,多媒体文件链接,空链接等。

超链接是一种对象,它以特殊编码的文本或图形的形式来实现链接,如果单击该链接,则相当于指示浏览器移至同一网页内的某个位置,或打开一个新的网页,或打开某一个新的 WWW 网站中的网页。

网页上的超链接一般分为三种：一种是绝对 URL 的超链接，URL（Uniform Resource Locator）就是统一资源定位符，简单地讲就是网络上的一个站点、网页的完整路径，如 http://www.edu.cn；第二种是相对 URL 的超链接，如将自己网页上的某一段文字或某标题链接到同一网站的其他网页上面去；还有一种称为同一网页的超链接，这种超链接又叫做书签。

超链接还可以分为动态超链接和静态超链接。动态超链接指的是可以通过改变HTML 代码来实现动态变化的超链接，例如我们可以实现将鼠标移动到某个文字链接上，文字就会像动画一样动起来或改变颜色的效果，也可以实现鼠标移到图片上图片就产生反色或朦胧等的效果。而静态超链接，顾名思义，就是没有动态效果的超链接。

在网页中，一般文字上的超链接都是蓝色（当然，用户也可以自己设置成其他颜色），文字下面有一条下划线。当移动鼠标指针到该超链接上时，鼠标指针就会变成一只手的形状，这时候用鼠标左键单击，就可以直接跳到与这个超链接相连接的网页或 WWW 网站上去。如果用户已经浏览过某个超链接，这个超链接的文本颜色就会发生改变（默认为紫色）。只有图像的超链接访问后颜色不会发生变化。

## 9.1.2 超链接的建立

### 1. 文档内部超链接的建立

创建 Word 文档内部的超链接，创建文档内部的超级链接——我们经常需要在一个文档内部创建超级链接，来实现阅读中的跳转，其实这有 3 种方法可以选择。

① 拖放式编辑法：首先保存文档，然后选择特定的词、句或图像作为超级链接的目标，按下鼠标右键，把选定的目标拖到需要链接到的位置，释放鼠标按键，在快捷菜单中选择"在此创建超级链接"选项即可。如图 9-1 所示。

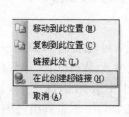

图 9-1 创建超链接的菜单

② 拷贝、粘贴法：有时，超级链接的起点和终点在文档中相距较远，使用拖放式编辑很不方便。这时可以选择超级链接的目标词、句或图像，按"<Ctrl>＋C"拷贝选定内容，把光标移动到需要加入链接的位置，选择"编辑"、"粘贴为超链接"即可，如图 9-2 所示。

③ 书签法：首先保存文档，选择特定的词、句或图像作为超级链接的目标，选择"插入"、"书签"，插入书签时，需要为书签命名。命名后单击"添加"按钮，把光标移到需要添加超级链接的位置，选择"插入"、"超级链接"，在"编辑超链接"对话框中单击"书签"按钮，并在"在文档中选择位置"对话框中选择特定的书签，单击"确定"按钮即可。

**2. 不同类型文件间的超链接的建立**

上面介绍了在文档内部使用超链接，可以链接一个文档中的两个不同位置。但如果要在 Word 文档和 Excel 报表之间创建链接，或是要让读者到 Web 站点上阅读更多的信息，则要创建超链接。

超链接有下划线并且以不同字体的颜色显示，在默认情况下，超链接在屏幕上显示为蓝色字体，单击后变成紫红色。

通过拉动选定的文本或对象来创建超链接，这里通过在 Excel 中创建一个 Word 链接来实现。具体步骤如下。

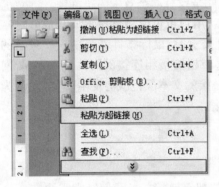

图 9-2 "粘贴为超链接"菜单命令

① 新建一个 Word 文档和一个 Excel 表格。在屏幕中同时将这两个文件打开并显示。

② 在 Word 中写下一行字"点此处转为 Word"。

③ 选中此行字，单击右键将其拖放到 Excel 表格中，在弹出的框中选择"粘贴为超链接"，如图 9-2所示。此时在 Excel 框中出现"点此处转为 Word"并带下划线的蓝色字样。

④ 将 Word 中的文字改为"由 Excel 转为 Word"。此步的作用仅是为了对超链接中的内容进行编辑，无论改或不改都可以从 Excel 中跳转过来。

⑤ 单击 Excel 中的蓝色字体就会跳转到先前创建的 Word 文档中。此时，Excel 中的蓝色字体转变成紫红色。

如果目标文件是 Access，Excel 或 PowerPoint 文件，步骤同上。

# 9.2　Office 2003 各个组件间的数据共享

在我们利用 Office 系列组件完成实际任务的过程中，可能会碰到如下一些问题：我有一份课表信息文件以 Excel 格式存在，是否可以直接导入 Word 中，而不必重新输入？或者我有一份 Access 的学生信息表，但是我在 Word 中会用到这个表，该怎样导入 Access 中等。这两个有代表性问题的一个共性是：在某个 Office 系列组件中保存的信息如何在 Office 组件中数据导入与导出？

其实 Office 系列组件为了减少重复劳动，以及提高 Office 组件间的协作能力，早就考虑到了这个问题，而且提供了相应的解决方法。本文列举 3 个关于 Office 组件中数据导入与导出的具体任务，详细剖析操作过程希望能够给使用 Office 应用的读者带来启发，提高工作的效率。对于 Office 2003 的应用程序来说，建立组件的协作使用是非常方便的。

### 9.2.1　在 Word 2003 中导入其他组件中的数据

#### 1. Word 中导入 Excel

（1）在 Word 中创建 Excel 工作表

可以在 word 中创建 Excel 工作表，可以像在 Excel 中编辑 Word 中的表格。操作步骤如下。

① 新建一个 Word 文档，单击"插入"菜单中的"对象"，打开"对象"对话框，如图 9-3 所示。

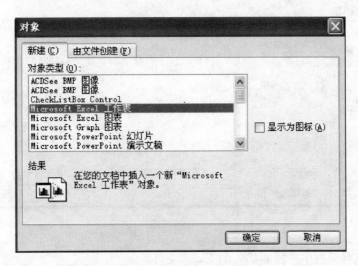

图 9-3　"对象"对话框

② 在弹出的对象对话框中，在"对象类型"列表框中选择"MicrosoftExcel 工作表"选项。

③ 单击"确定"，插入一个 Excel 表。双击该表就可以像在 Excel 中编辑该表单击表外区域就在 Word 下处于编辑状态了。

(2) 在 Word 中调用 Excel 工作簿

在 Word 中插入 Excel 后可以对该 Excel 表进行编辑，操作步骤如下。

① 新建一个 Word 文档，单击"插入"菜单中的"对象"。

② 在弹出的对象对话框中，单击"由文件创建"，如图 9-4 所示。单击"浏览"按钮，如图 9-5 所示。

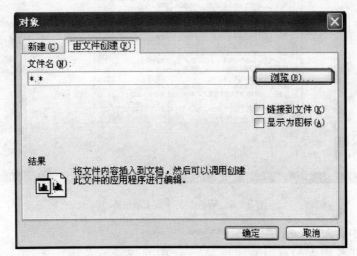

图 9-4　"对象"对话框之"由文件创建"

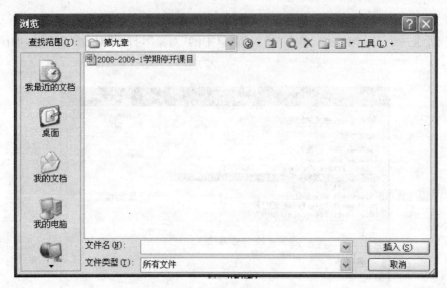

图 9-5 "浏览"对话框

③ 在浏览对话框中选择要插入的 Excel 文件。

④ 单击"插入",返回"对象"对话框。单击"确定",在 Word 中插入选择的 Excel 文件,如图 9-6 所示。

图 9-6 Word 中导入 Excel 示例

**2. Word 中导入 Access 表**

在日常的工作中人们有时需要把 Access 中的数据导入到 word 中,这时可以使用 Access 的导出功能,具体步骤如下。

① 在 Access 中打开所需要的数据库选中所需要输出数据的行和列。

② 在菜单栏单击"文件"菜单"导出"命令，如图 9-7 所示。

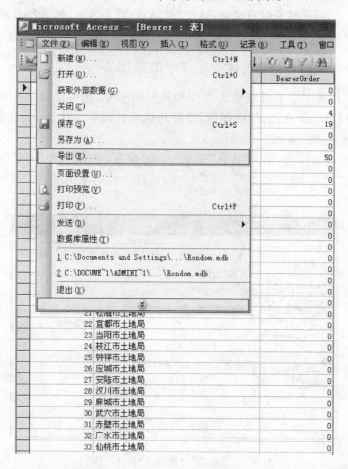

图 9-7　Access"文件"菜单

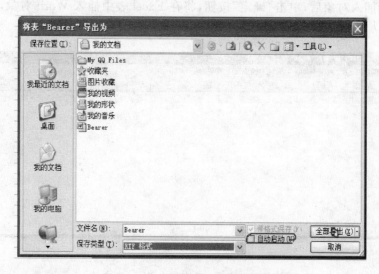

图 9-8　"将表导出为"对话框

③ 在"保存类型"框中,为输出数据选择格式。如果要保存原有数据格式的文档,单击"RTF 格式"。在文件名框中,指定新文件名称。单击"导出"。

注意:如果以 RTF 格式保存文档,选中"自动启动"复选框,则立即启动 Word 打开此文档。

### 9.2.2 在 Excel 2003 中导入其他组件中的数据

在 Excel 工作表中除了可以插入图片和各种图形外,还可以插入一些其他的对象。比如,Word 文档,Flash 文档,位图图像,音效和视频剪辑等。以 Word 文档为例,介绍插入其它对象的超链接步骤如下。

① 一个 Excel 工作表,单击"插入"菜单"对象"命令,弹出"对象"对话框。

② 在"新建"选项卡"对象类型"列表框中,选择一种对象类型,如"Word",如图 9 - 9 所示。

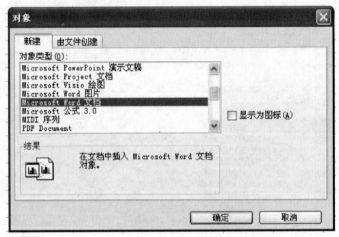

图 9 - 9 "对象"对话框之"新建"选项卡

③ 选择插入对象后,单击"确定"按钮,将在 Excel 表中插入 Word 对象,如图 9 - 10 所示。

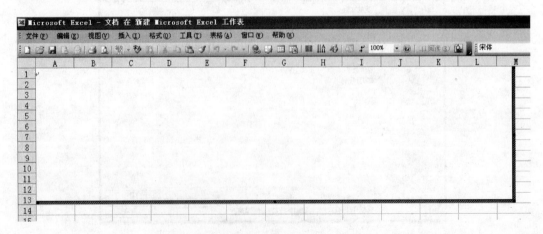

图 9 - 10 在 Excel 中建立 Word 新文档

④ 就可以在 Excel 中进行 Word 文档编辑了。编辑好后单击 Word 文档编辑区域外部，退出 Word 编辑状态，返回 Excel 编辑状态。如图 9 - 11 所示。

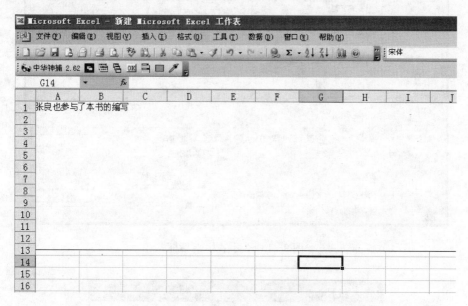

图 9 - 11　退出 Word 编辑状态

# 9.3　使用 Office 2003 组件发布数据信息

## 9.3.1　用 Excel 发布数据信息

Excel 可以发布静态或交互式电子表格和数据透视表。优点是用户可以保存和发表工作簿和各个页面。工作表对象包括 Excel 工具，可以直接进行数据操作。缺点是要在其它 Web 编辑页面中打开页面，增加内容。本节将介绍将 Excel 数据放到网页上的方法，具体步骤如下。

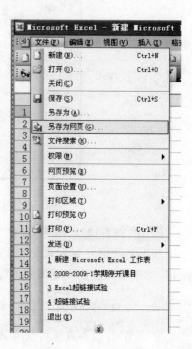

① 打开含有发布项的工作簿。

② 在菜单栏中单击"文件"菜单"另存为网页"命令，如图 9 - 12 所示。

③ 如果已选择要发布的项，或者要以非交互式发布整个工作簿，在弹出的"另存为"对话框中选择所需的选项，单击"保存"完成操作，如图 9 - 13 所示。

④ 否则，单击"发布"按钮。

⑤ 在"发布内容"的"选项"框中，单击要发布的内容，如图 9 - 14 所示。

图 9 - 12　"文件"菜单

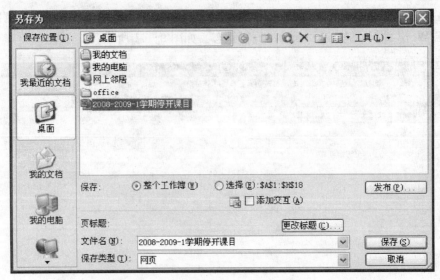

图 9-13 "另存为"对话框

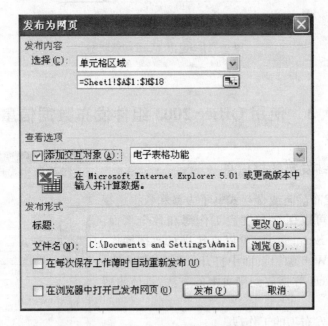

图 9-14 "发布为网页"对话框

⑥ 在"查看选项"栏中,选中"添加交互对象"复选框。

如果将数据发布为非交互式是希望用户只查看而不处理数据,可以在 Excel 中打开,编辑,保存后无法在浏览器中更改数据。

### 9.3.2  可在 Web 页上使用的窗体控件

要使 Web 成为真正可交互式的,信息必须是双方面的。Web 用户能够将信息发送到站点管理员处,站点管理员能够知道访问者的请求信息并与之互动。Web 窗体给访问者提供了途径,使他们可以更好地交互使用。

　　窗体可以添加到任何网页,单击"视图"菜单"工具栏"子菜单"Web 工具箱"命令,如图 9-15 所示,显示"Web 工具箱"控件。

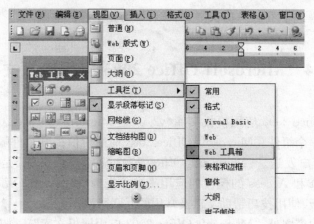

图 9-15　"编辑"菜单

　　窗体控件可以添加到任何网页中,在"Web 工具箱"处单击"窗体"控件时,Wed 会自动添加到窗体中,如图 9-16 所示。

　　Word 在"Web 工具"工作栏上为窗体的使用配置了 11 个内置控件。

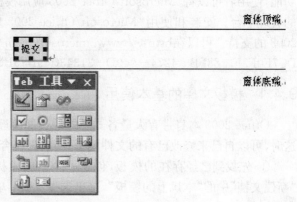

图 9-16　"Web 工具箱"

　　☑ 复选框:当允许用户在一个分组内选择多个选项时,使用复选框。

　　◎ 选项按钮:用户只能在一组选项中选择一个按钮。

　　下拉框:给用户提供一个特殊选项的一个列表,用户可以从中选择其一。例如,从城市下拉列表中选择其一来看天气预报。

　　列表框:类似与下拉框,都是提供一个选项列表以供选择,但是用户不用单击箭头打开,而是滚动按钮来打开列表。列表允许用户有多个选择,单击同时按 Shift 或 Ctrl 键就可以实现多项选择。

　　文本框:是用户输入文字的区域。

　　文本区:是具有滚动栏的更大的文字框,用户可以输入更多的文字来给予反馈或提供其它的信息。

　　提交用户:单击"提交"按钮才可以把输入的数据发送到 Web 服务器进行处理。

　　带图像提交:可以用图像来代替标准"提交"按钮,确保用户知道单击这个按钮来提交数据。

重新设置：用来清除当前窗体内的数据，使用户可以重新进行输入。

隐藏：是一个窗体区域，用户不可见，用来传递数据到 Web 服务器。例如，隐藏控件能够传递关于用户操作系统或 Web 浏览器的信息。

密码：用星号代替输入的文字，这样可以防止信息被泄漏。

# 9.4　Microsoft Office 2003 应用模板文库

Microsoft Office 2003 应用模板文库(v2.0)是 Microsoft Office 2003 应用价值提升套件(v2.0)中的一个组件。Microsoft Office 2003 应用价值提升套件随 Microsoft Office 2003 中文版向用户发送。"Microsoft Office 2003 应用模板文库"是一个整合 Word，Excel，PowerPoint 和 Access 的模板的应用平台。它为 Microsoft Office 2003 用户提供了大量的实用模板、使用技巧帮助文章及常用的互联网站点链接。

除了丰富的内容之外，"Microsoft Office 2003 应用模板文库"还具有灵活强大的管理功能，使用者可以将"Microsoft Office 2003 应用模板文库"作为自己的 Office 模板和内容的管理平台。安装和使用"Microsoft Office 2003 应用模板文库"需要 Microsoft Office 2003 的支持。可以在 http://www.microsoft.com/downloads/details.aspx? FamilyId＝DC7E0F3F－88FB－4274－949D－31343C49BF6B&displaylang＝zh-cn 上下载。

## 9.4.1　模板文库的基本使用

Office 2003 本身带有大量各式各样的文件模板，但有些在使用时可能并不尽如人意。这时，可以自己来修改已有的文件模板，使它更符合你的要求。具体步骤如下。

① 先找到已经存在的模板，创建一个新的模板，选择"文件"菜单"新建"命令，单击"新建文档"中的"本机上的模板"，这里选择"Doe1"单击确定。

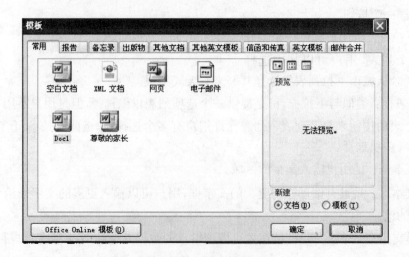

图 9-17　"模板"对话框

② 模板就会出现在新创建的文档中,然后对其进行修改,达到自己的要求。

### 9.4.2　模板文件的管理

在文档中有了新的模板后,应善于对这些模板文件进行管理,使模板文件操作变得更加方便快捷。管理样式和模板主要包括使用样式管理器管理样式,为样式设置快捷键,以及修改 Word 通用模板等操作。

**1. 使用样式管理器管理模板文件**

可以使用管理器对模板文件进行管理,包括模板文件的复制,删除与重命名。具体步骤如下。

① 单击"工具"菜单"模板和加载项"对话框,如图 9-18 所示。单击"管理器"按钮,弹出管理器对话框,如图 9-19所示。

② 如果要选用一个文档样式复制到其他文档中使用,单击右侧"关闭文件"按钮,此时按钮变为"打开文件"。

③ 在弹出的"打开"对话框中,将"文件按类型"改为"所有 Word 文档",选择要添加样式的文档,单击"打开"按钮。

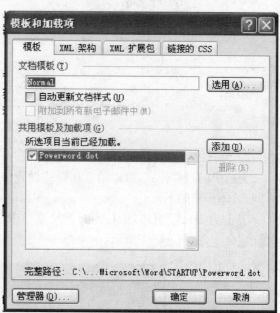

图 9-18　"模板和加载项"对话框

④ 返回"管理器"对话框,在对话框左侧选择要添加的样式,单击"复制"按钮,则选中的样式复制到打开的文档中,如图 9-20 所示。

⑤ 对右边的某个样式,可以选择后对其进行"删除","重命名"。

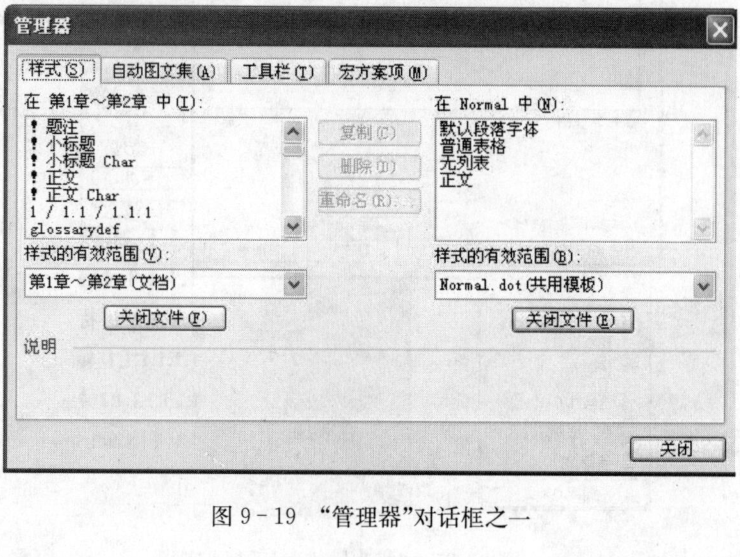

图 9-19　"管理器"对话框之一

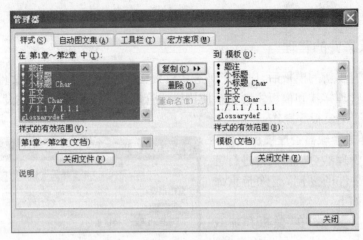

图 9-20 "管理器"对话框之二

### 2. 为样式设置快捷键

文档中的过多样式，可以给常用样式设置快捷键，这样可以在套用样式时节省大量的时间，具体步骤如下。

① 打开"样式"窗体，从右侧的下拉菜单中选择要修改的样式，在弹出的菜单中选择"修改"命令，如图 9-21 所示。

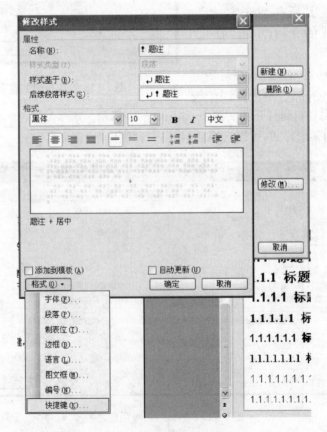

图 9-21 "修改样式"对话框

② 弹出修改样式对话框。单击"格式"按钮,从弹出的菜单中选择快捷键命令。

③ 在弹出的"自定义键盘"对话框,在该对话框中的"将更改保存在"下拉列表有两个选项,如图 9-22 所示。如果选择 Normal,对以后的新建文档都起作用,如果选择当前文档,仅对当前文档起作用。

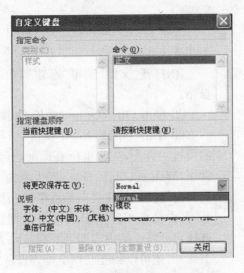

图 9-22 "自定义键盘"对话框之一

④ 选择号保存位置后,在"请按新快捷键"文本框中输入自定义的快捷键,单击左下角的"指定"按钮,如图 9-23 所示。

⑤ 单击"关闭"按钮,则快捷键设置完成。

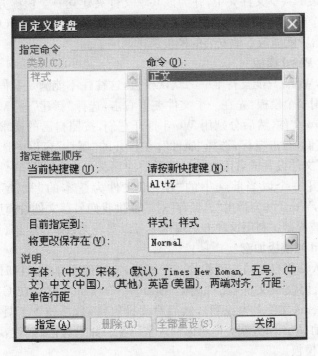

图 9-23 "自定义键盘"对话框之二

### 9.4.3  搜索相关的文档模板

图 9-24  "新建文档"
任务窗格

Microsoft 公司的 Web 站点还提供了更多模板，并且还在不断更新，因此可以在网上搜索新的模板来满足自己的需要。

要找到特定 Office 2003 应用程序的模板，可以按照如下步骤来实现。

① 打开"文件"菜单"新建"，右边弹出"新建文档"任务窗格。

② 单击 OfficeOnline 模板，如图 9-24 所示。

③ 单击"OfficeOnline 模板"链接后，直接链接到 Office 的模板主页上，在这里所有模板已经分门别类放置好了，有常用、Web 页、报告、备忘录、出版物、其他文件、信函和传真、英文向导模板等几类向导或模板，而且可以单击相应标签打开，其中会有相应模板文件名及模板描述信息，并可预览。选择自己需要的内容即可下载。除了在 Microsoft 的网站上下载外，还可以到互联网上搜索您所需要的模板。

### 9.4.4  应用模板文库使用的其他技术

**1. 共享模板**

对局域网中的用户来说，自定义模板可以让网络上的其他用户共享。具体做法是：将自定义模板放入某个共享文件夹中，并为该共享文件夹建立一个快捷方式。网络上的其他用户可以把这个快捷方式放入自己的 C:\ProgramFiles\MicrosoftOffice\Templates\2052 文件夹中，然后就能像本地安装的模板那样调用了。

**2. 使用多个 Word 模板**

默认情况下，Word 只能支持唯一的默认模板，这往往不能满足我们的需求。其实你可以让 Word 使用多个模板：先在一个文件夹下右击，选择"新建"→"Microsoft Word 文档"生成几个 Word 文件，然后分别用 Word 打开它们，按照自己的要求对这些文件进行处理，最后选中它们，右击鼠标，选择"属性"，在打开的"属性"窗口中选中"只读"前的小勾，把多个"模板"文件设置成只读文件。以后要应用某一个"模板"文件时，只要双击它，此时 Word 会打开一个以当前选中的"模板"文件为蓝本的"只读"文件，只要按下"<Ctrl>+S"键，Word 就会弹出"另保存"对话框供我们另存文件，而且原来"模板"文件中的内容并不会被覆盖。利用这种方法理论上可以实现无数个"模板"。

**3. 使用 Word 对模板加密**

如果不想别人使用自己精心创作的一个模板，又该怎么办呢？这时你可以对该模板进行加密：打开通用模板文件（文件名是 Normal. dot，通常可以在 C:\ProgramFiles\Microsoft\Templetas 文件夹中找到），然后对其设置密码，再按下工具栏上的"保存"按钮。以后每次启动 Word 时，就会提示你输入密码了。如果有密码当然可以使用，没有密码，就无法使用此模板。

**4. 恢复 Normal. dot 初始状态**

有时由于误操作，使 Normal. dot 模板发生了错误，无法打开文件，你可以通过系统的查找工具找到该文件，然后将其删除，这时 Word 会自动重建一个新的 Normal. dot 文件，并恢复正常。

## 习题九

1. 什么是超级链接？其作用是什么？
2. 如何在文档内部建立超链接？
3. 如何在不同类型文件间建立超链接？
4. 如何在 Word 中导入 Excel 表？
5. 如何在 Excel 中插入 Word 对象？
6. 如何将 Excel 数据信息发布到网页？
7. 如何在 Web 页上使用窗体控件？
8. 什么是模板文库？
9. 如何使用管理器管理模板文件？
10. 如何获取更多的文档模板？

# 第**10**章

## 文档与信息的安全保护

对于任何一个企业，任何一个信息工作者来说，对信息化办公中建立起来的数据文档进行保护非常重要。在 Microsoft Office 2003 中提供了多种保护文档、避免数据受到恶意破坏的方法，例如，文档的访问口令、数字签名、文档的分段保护等。

## 10.1　隐藏文档中的个人信息

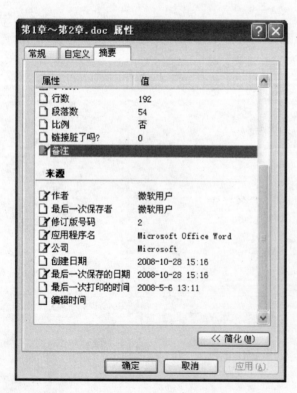

图 10-1　Office 文档属性

当使用 Microsoft Office 应用程序创建文档后，在文档属性的"摘要"选项卡中会自动保存一些与作者有关的信息，例如作者、单位等，如图 10-1 所示。这些信息就像个人隐私一样，在某些环境中不应显示出来。

在 Office 应用程序中提供了隐藏文档创作者个人信息的功能，当保存文档时，可以让 Word，Excel，PowerPoint 或 Access 删除个人信息。删除的信息包括文档作者、单位等属性。另外，作者的真实姓名会从所有注释、修订和宏中删除，并会被直接替换成"作者"字样。如果启动该特性，可以执行以下的操作。

① 点击"工具"下"选项"命令，打开"选项"对话框。

② 打开"安全性"选项卡，在"隐私选项"区域中选中"保存时从文件属性中删除个人信息"复选框，如下图

10-2所示。

③ 点击"确定",完成设置。

保存文档后,再次打开文档的"属性"对话框,会发现与作者相关的一些属性信息被删除了,这些信息包括以下内容。

① 文件属性中的作者、单位、最后保存者等信息。

② 与文档的批注或修订相关的姓名。

③ 文档的传递名单。

④ 由"电子邮件"生成的电子邮件信息标题。

⑤ 文件版本中的保存者信息。

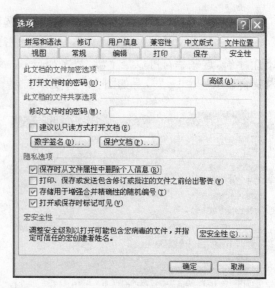

图 10-2　设置隐私选项

# 10.2　使用密码保护文档

文档保护,就是保护用户的文档免受未授权的人访问和修改,限制用户对文档的修改权以保护文档,也可以为文档添加多种保护级别的密码,以防止未授权用户解除文档保护。Microsoft Office 2003 应用程序提供了以下几种方法限制访问文档。

① 指定打开文档的密码。要安全防止未经授权的人打开文档,可为文档指定一个密码。

② 指定修改文档的密码。允许其他人打开文档,但是必须输入正确的密码才能够修改文档。如果没有修改密码的人修改了文档,则只有将文档重命名后才能保存修改。

③ 建议其他人以只读方式打开文档。可以建议,但不是要求用户必须以只读方式打开文档。如果以只读方式打开了文档并进行了修改,则只能将文档重新命名才可以保存该文档。如果以普通方式打开了文档并进行了修改,则可以使用原文件名来保存文档。

④ 指定传送供审阅的文档的密码。在准备送审文档时,可指定其他人只能用批注或修订(带修订标记)修改文档。要增加额外的安全性,可指定一个密码确保用户不能删除这种保护。

⑤ 指定使用表单域创建窗体的密码。要防止未经授权的用户在窗体的非指定区域输入信息,可为修改窗体内容指定密码。

注意:如果为文档设置了密码保护后,忘记了密码,该文档将无法打开、解除保护或从中恢复数据。最好在安全的地方保留相应的文档的密码列表。

## 10.2.1　设置文档的打开权限密码

为文档设置打开权限密码后,只有知道密码的人才有资格打开和阅读文档,其操作方法如下。

① 打开"工具"菜单的"选项"命令,单击"选项"对话框中"安全性"选项卡。

② 在"打开文件时的密码"文本框中输入密码。密码需区分大小写,并且最多只能有15 个字符,这些字符可以是字母、数字和符号。每向文本框中输入一个密码字符,文本框内就会显示一个"＊"号。如图 10-3 所示。

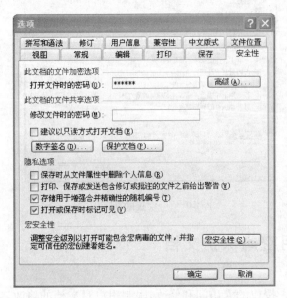

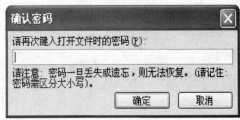

图 10-3  打开文档权限输入框          图 10-4  "确认密码"对话框

③ 单击"确定",打开"确认密码"对话框,如图 10-4 所示。

④ 向"请再次键入打开文件时的密码"文本框中再输入一遍密码,点击"确定"完成设置。

注意:点击"打开权限密码"文本框右侧的"高级",还可以选择加密算法,目前Microsoft Office 2003 最高可以支持 128 位长度的密钥,如图 10-5 所示。

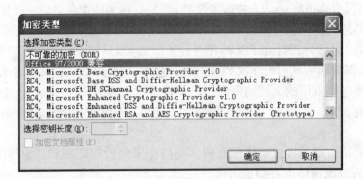

图 10-5  选择加密类型

密码设置完成后,保存并关闭该文档,再打开它,会打开一个"密码"对话框,如图10-6 所示,要求用户输入打开权限密码。

如果用户输入的密码不正确,此时 Word 不会打开文档,而是出现一个如图 10-7 所示的消息框,告诉用户密码不对,无法打开该文档。

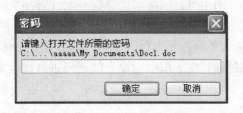

图 10-6　输入打开文档的密码　　　　　图 10-7　密码错误消息框

要删除一个文档的打开权限密码，可重新采取上面介绍的设置打开权限密码的方法，将密码设为空，然后重新保存文档即可。

## 10.2.2　设置文档的修改权限密码

有些文档允许所有的人阅读、复制，但又不希望无关人员随意修改原始内容，这时，可以设置文件的修改权限密码。设置修改权限密码后，不知道密码的用户同样能打开该文档，对文档进行修改，但将修改后的文档保存时，Microsoft Office 2003 会阻止它以同一名字存盘，必须存为另一名字的文档。这样就能既保证源文件不被修改，又能使别的用户阅读、复制该文件。

设置文档的修改权限密码方法和设置打开权限密码的方法基本相同，具体的操作步骤如下。

① 执行菜单栏中的"工具"菜单的"选项"命令，打开"选项"对话框中的"安全性"选项卡。

② 在"修改文件时的密码"文件框中输入密码。

③ 设置好密码后，单击"确定"按钮，出现"确认密码"对话框，要求确认修改权限密码，这里的操作步骤和确认打开权限密码的操作步骤一样。

现在测试修改权限密码的作用。先关闭文档，再打开这个文档，这时会弹出一个"密码"对话框，如图 10-8 所示。

在"密码"框中输入密码，如果输入的密码正确，单击"确认"按钮，就可以打开该文档，这时对文档的任何操作都不会与未设置修改权限密码的文档有什么不同。但是，如果输入密码不正确或不知道修改权限的密码时，只能单击"只读"按钮，才能打开该文档，此时，在该文档的标题栏上，文档名后标有"只读"字样。

只读文档和普通文档有一定的区别，如果用户对文档作了修改，再单击"常用"工具栏上的"保存"按钮，这时并不会直接保存文档，而是打开一个如图 10-9 所示的消息框。

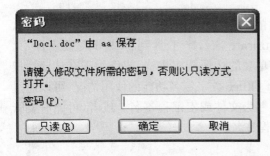

图 10-8　输入修改权限密码的"密码"对话框　　　图 10-9　只读文档保存时的提示消息

消息框告诉用户,当前文档是一个只读文件。单击"确定"按钮后,Microsoft Office 2003会打开一个"另存为"对话框,让用户以其他名字来保存修改后的文档。

如果用户希望修改或删除该密码,首先应输入正确的密码打开文档,然后点击"工具"菜单下的"选项",再点击"安全性",在"修改权限密码"文本框中对原先的密码进行修改或者删除,然后重新保存文档即可。

# 10.3 使用数字签名技术保护文档

数字签名是一种确保数据完整和原始性的方法。Microsoft Office 2003 允许通过使用"数字证书"对文件或宏进行数字签名,因此,可以把数字证书看成是文档的电子身份证。

使用"数字签名"以后有什么效果呢? 如果整个文件都被签名,任何人(包括用户自己)对文件进行修改的话,文件的签名都会被破坏。也就是说,"数字签名"将保证自签名以后该文件没有被修改过。

## 10.3.1 获取数字证书

数字证书可以从商业认证授权机构获得(例如 VeriSign. Inc. ),也可从企业内部安全管理员或信息技术专业人员那里获得。或者,用户可以使用 Selfcert. exe 工具自己创建数字签名。

**1. 商业认证授权机构**

若要从商业认证授权机构(例如 VeriSign. Inc. )获得数字证书,用户必须将申请提交Microsoft Security Advisor Web 站点。如果以开发者的身份,应向软件发布人申请 2 级或 3 级数字证书。

① 2 级数字证书是为以个人身份发布软件的人员设计的。此等级的数字证书对单个的发布人提供身份担保。

② 3 级数字证书是为发布软件的公司和其他组织设计的。此级别的数字证书对发布组织提供更高级的担保。3 级数字证书设计用来表示目前由软件的零售渠道提供的担保级别。3 级数字证书的申请人还必须符合根据 Dum & Bradstreet Financial Services 的等级评定标准确定的最小财务稳定性级别。

接收到数字证书后,系统会提供说明,即有关如何将数字证书安装在用户的计算机。

**2. 内部认证授权机构**

某些组织和公司可能具有充当它们自己的认证授权机构的安全管理员或组,并且这些组织和公司通过使用诸如 Micrtsoft Certificate Server 工具制作或分发数字证书。Microsoft Certificate Server 可在功能上充当单独的认证授权机构,或作为现有认证授权层次结构的一部分。根据你公司中 Microsoft Office 数字签名功能的使用情况,可以通过使用来自公司内部的认证授权机构的数字证书为文件或宏工程签名。或者,可能需要管理员通过使用经过核准的证书为文件和宏工程签名。

**3. Selfcert. exe 工具**

Selfcert. ext 工具是 Microsoft Office 提供的一种创建用户自己数字证书的方法,使用该工具可以非常方便地产生数字证书，从而完成对文档进行数签名的目的，Selfcert.exe工具的使用方法如下。

① 在 Microsoft windows 资源管理器中查找 Selfcert.exe 文件，通常情况下，它位于 Microsoft Office 2003 的安装路径下，找到该文件后，直接用鼠标双击这个应用程序，打开"创建数字证书"对话框，提法用户为证书输入姓名，如图 10-10 所示。

② 输入完成后，单击"确定"按钮，出现如图 10-11 所示的提示框，单击"确定"按钮，一份数字证书就创建完成了。

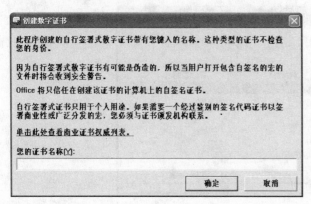

图 10-10　创建数字证书

图 10-11　证书创建成功

## 10.3.2　为文档签署数字证书

创建完成数字证书后，就可以使用这个数字证书为文档进行数字签名，避免文档遭到破坏。为文档签署数字证书的步骤如下。

① 打开要签署数字证书的文件。例如在 Word 2003 中打开一个 word 文档。

② 执行"工具"菜单中的"选项"命令，打开"选项"对话框中的"安全性"选项卡。

③ 单击"数字签名"按钮，打开如图 10-12 所示的"数字签名"对话框。在数字签名列表框中没有任何记录，说明该文件以前没有签署数字证书。

④ 在"数字签名"对话框中单击"添加"按钮，Word 2003 会提示在对文档进行数字签名前应选保存该文档，如图 10-13 所示。

⑤ 单击"是"按钮，打开"选择证书"对话框，如图 10-14 所示。在证书列表框中选择一个已经创建成功的数字证书，单击"确定"按钮，选择的数

图 10-12　"数字签名"对话框

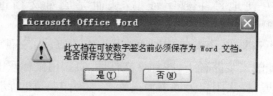

图 10-13　提示数字签名前保存文档

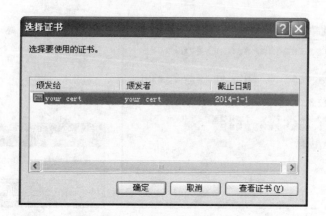

图 10-14　选择要使用的证书

字证书就会出现在"数字签名"对话框列表中,如图 10-15 所示。

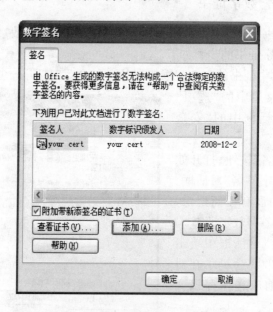

图 10-15　文档已添加一个数字签名

⑥ 在"数字签名"对话框中,选择签名列表中的一个数字证书,然后单击"查看证书"按钮,打开该数字证书,查看其属性,如图 10-16 所示。

⑦ 在"数字签名"对话框中单击"确定"按钮,这文档添加数字证书工作完成。此时,

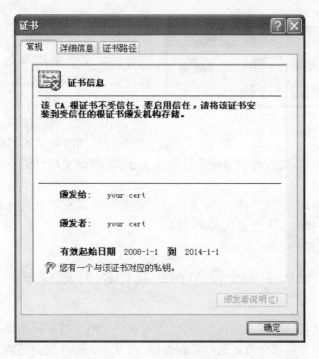

图 10 - 16　数字证书属性

在文档标题栏中文件名后面有一个"已签名"标记，如图 10 - 17 所示。

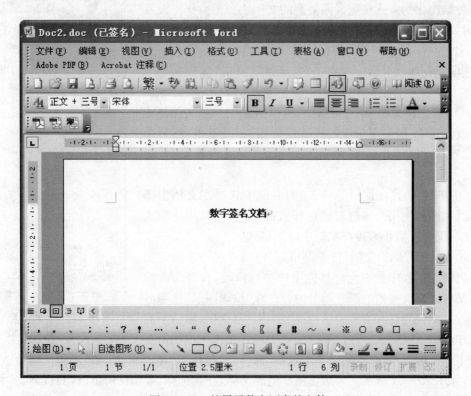

图 10 - 17　签署了数字证书的文件

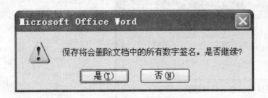

图 10-18　删除数字签名提示信息

签署了数字证书的文件,任何人(包括实施数字签名的用户本人)对其进行改动都会破坏这个签名,例如对上述文档进行修改后,保存该文档,Word 就会显示如图 10-18 所示的警告信息。

如果单击"是"按钮,Word 将保存文档,此时文档的数字签名将被破坏,再打开"数字签名"对话框,就会发现数字证书已经没有了,表明该文档已被修改过,文档所提供的信息可能不准确了。

有了数字签名,在创建文件、签署文件或传送文件时就有了个人标志,并且可以防止他人进行修改,文档的安全性也就大大提高了。

## 10.4　设置 Word 文档的分段保护

在多人进行文档协作的工作环境中,可能需要对文档中的不同部分进行单独的设置,要求不同的用户对不同部分有不同的编辑权限,在 Word 2003 之前的版本中,这样的要求是很难实现的。

Word 2003 提供了文档分段保护的功能,允许大量用户以一种结构化的方式在庞大而复杂的文档上分工协作。设置 Word 2003 文档分段保护的操作步骤如下。

① 在 Word 中打开需要保护的文档,然后点击"工具"下的"选项",在选项对话框中点击"安全性",点击"保护文档",打开"保护文档"任务窗格,如图 10-19 所示。

② 在"保护文档"任务窗格中,可以限定用户对文档格式的修改。选中"限制对选定的样式设置格式"复选框,然后单击"设置"链接,打开如图 10-20 所示的"格式设置限制"对话框。

③ 在"当前允许使用的样式"列表框中选择在文档中哪些样式允许被使用。通过对选定样式的限制,可以防止样式被更改,也可以防止直接在文档中应用格式。

④ 返回到"保护文档"任务窗格后,还可以进一步限定文档在流转的过程中是否允许其他用户参与修改,允许修改的用户又可以修改文档的哪一部分内容。在"编辑限制"选项区域中,选中"仅允许在文档中进行此类编辑"复选框,激活下面的操作种类下拉列表。在该下拉列表中设置允许用户如何在

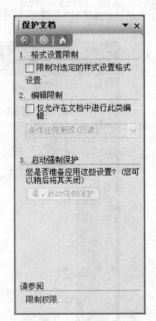

图 10-19　保护文档
任务窗格

文档中进行编辑操作,这些操作中包括"修订"、"批注"、"填写窗体"和"未作任何更改(只读)",如图 10-21 所示。为防止用户更改文档,在此选择"未作任何更改(只读)",这样所有访问该文档的人员都不能对该文档的任何部分进行修改。

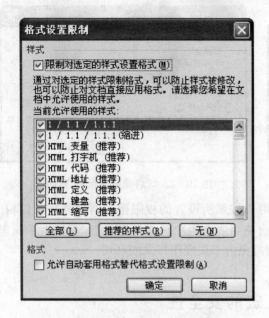

图 10-20　格式设置限制对话框

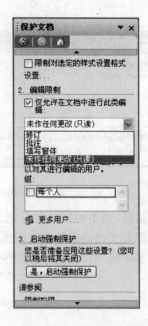

图 10-21　编辑限制

⑤ 如果在文档中,某一部分内容是允许打开文档的任何人都可以编辑的,则首先选中文档中可以被编辑的内容,然后选中"例外项"列表中的"每个人"复选框。

⑥ 如果文档中的某一部分内容仅允许特定的人编辑,则单击"更多用户"链接,打开"添加用户"对话框,如图 10-22 所示,然后输入需要编辑文档的用户名(多用户之间用分号分隔)。

⑦ 输入完毕单击"确定"按钮返回"保护文档"任务窗格。此时,输入的用户即被添加到"单个用户"下拉列表中。

⑧ 此时,就可以将一篇文档的不同部分的编辑权限分配给不同的用户。例如选中文档中需要编辑的部分内容,然后在"单个用户"列表中勾选可以编辑该内容的用户姓名。设置完毕后,可以看到针对不同用户的文档部分显示为不同的颜色,当在文档的某一部分单击鼠标时,即可在"单个用户"下拉列表中看到允许编辑该部分的个人。

⑨ 设置完成不同区域的编辑权限后,可以通过单击打开每个用户名旁的下三角按钮,打开下拉列表,从中可以查找此用户可以编辑的下一个区域、显示此用户可以编辑的所有区域或者删除此用户的所有编辑权限。

⑩ 全部设置完毕后,单击"启动强制保护"选项区域中的"是,启动强制保护"按钮,打开如图 10-23 所示的"启动强制保护"对话框,若要给文档指定密码,以便知道密码的用户能解除保护,那么可以选中"密码"单选按钮,在"新密码(可选)"文本框中输入密码,在"确认新密码"文本框中重复输入一次密码,若要加密文档,使只有文档的授权者才能解除保护,可以选中"用户验证"单选按钮。

提示:如果使用电子邮件地址将用户名添加到个人列表中,建议使用"密码"的加密方法保护文档;如果使用 Windows 用户账户将用户添加到个人列表中,建议使用"用户验证"的保护方法。

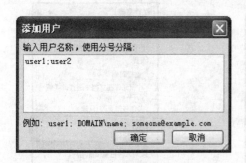

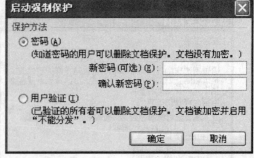

图 10-22　添加用户           图 10-23　"启动强制保护"对话框

这样,当不同用户打开此文档时,就可以按照所设置的权限范围对文档进行编辑了。采用部分文档内容编辑权限的方法可以避免当多个用户对文档进行修改时,由于疏忽而修改了不属于自己修改范围的部分,从而避免由于误操作带来的麻烦。

## 10.5　宏的安全性

宏,就是一段定义好的操作,它可以是一段程序代码(类似于 DOS 下的批处理命令),也可以是一连串的指令集合。宏的作用可以使频繁执行的动作自动化,按用户所设定好的要求,准确无误地执行。既能节省时间,提高工作效率,又能减少失误,起到事半功倍的作用。

但是恶意的软件开发者可以在 Office 文档中以宏的形式嵌入病毒代码,我们称之为宏病毒,一旦运行含有宏病毒的 Office 文档,有可能毁坏重要的数据文件和应用软件。因此用户应对宏的安全性加以重视。要避免宏病毒带来的危害,除了使用已知来源的文档外,还可以对 Microsoft Office 2003 应用程序中宏的安全性进行设置。

Microsoft Office 2003 应用程序在"宏"菜单中提供了一个"安全性"命令,该命令用于检查来自不安全来源(或者未识别来源)的宏。通过对宏的安全性进行设置,可以避免宏病毒对计算机的威胁。宏的安全性设置方法如下。

① 执行"工具"菜单中的"宏"下的"安全性"命令,打开"安全性"对话框,如图 10-24 所示。

② 在"安全性"对话框中,有两

图 10-24　安全性对话框

个选项卡："安全级"和"可靠发行商"。在"安全级"选项卡中,有 4 种安全级和选项,分别适用于 4 种不同的情况:

A. 将安全级设置为"非常高"时,宏将被禁用。

B. 安全级"高"通常适用于用户没有安装防病毒软件的时候。这时 Office 自身提供宏命令的安全性检查,只允许运行可靠来源的宏。如果对方的文件中包含无签名的宏,Office 打开文件时将自动禁用宏。如果是包含签名的宏,仅在选择信任作者和认证授权机构的情况下才启用宏。

C. 选择安全级为"中"时,用户可以根据所使用的宏命令是否安全来选择在打开文档时是否启用宏命令,如图 10-25 所示,如果选择启用宏,Office 对可能不安全的宏命令没有防止措施。

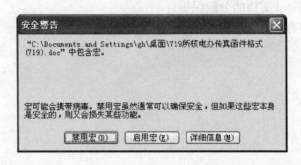

图 10-25　安全级为"中"时由用户确定是否启用宏提示窗

D. 安全级"低"时,Office 应用程序将不对宏做出任何检查。这种情况一般不建议使用。

在"可靠发行商"选项卡中,设置了可靠发行商的显示窗口,其中的内容主要是从安装的加载项和模板中获取。当安装 Microsoft Office 2003 时,也会提供一些可靠性发行商。在可靠性发行商窗口下面,有一个"信任所有安装的加载项和模板"选项,如果将其选中,则在安装新的加载项和模板时,窗口的内容就会增加,如图 10-26 所示。

图 10-26　"可靠发行商"选项卡

③ 设置"安全性"对话框中的安全级类别,并删除"可靠发行商"中的不安全项。

④ 单击"确定"按钮。

为了抵御那些可能包含在 Office 文档中的有害宏病毒,Office 2003 的安装时自动把 Outlook,Word,Execl 和 PowerPoint 的宏安全等级设置为"高",这样就不用担心宏病毒对计算机系统的侵扰了。

## 习题十

1. 如何隐藏文档中的个人信息?

2. 如何设置文档的打开权限密码?

3. 如何使用数字签名技术保护文档?

4. 如何设置 Word 文档的分段保护?

5. 宏的安全级有哪几种? 分别适用于什么情况?

# 附录 A

## Word 中的快捷键

### 查找 Word 快捷键的方法

掌握 Word 中的功能键用法会给我们的操作带来很大的便利,但功能键只是 Word 全部快捷键中的一部分,Word 中的快捷键简直太多了,全部记忆比较困难。下面介绍两种现用现查 Word 全部快捷键的方法。

① 启动 Word 2003 后,单击"工具"菜单并指向其中的"宏"选项,再单击其级联菜单中的"宏"命令,系统弹出"宏"对话框,在"宏的位置"一栏中选择"Word 命令",然后在"宏名字"列表中选择"ListCommands",单击"运行"命令,随后将出现一个对话框,选择"当前菜单和快捷键设置",单击"确定"后 Word 将以列表的方式展示其全部的快捷键,共 26 页、1024 条命令,可以将该列表打印出来。

可惜的是其中的内容全都是英文显示,不太懂英语的朋友可能对此并不满意,不过没关系,另有一种方法可以用中文的方式来显示 Word 快捷键。

② 单击"帮助"菜单中的"Microsoft Word 帮助"命令,在随后出现的搜索窗口中键入"快捷键",然后单击"搜索"按钮,在"请问您要做什么?"窗口中单击"快捷键"按钮,随后您将看到"Microsoft Word 帮助"的"快捷键"窗口,点击其中相应的选项,您将逐步看到 Word 中的全部快捷键设置(中文显示)。

### 常用快捷键

| 快捷键 | 作用 |
| --- | --- |
| Ctrl+Shift+Spacebar | 创建不间断空格 |
| Ctrl+ -(连字符) | 创建不间断连字符 |
| Ctrl+B | 使字符变为粗体 |
| Ctrl+I | 使字符变为斜体 |
| Ctrl+U | 为字符添加下划线 |
| Ctrl+Shift+< | 缩小字号 |

| | |
|---|---|
| Ctrl+Shift+> | 增大字号 |
| Ctrl+Q | 删除段落格式 |
| Ctrl+Spacebar | 删除字符格式 |
| Ctrl+C | 复制所选文本或对象 |
| Ctrl+X | 剪切所选文本或对象 |
| Ctrl+V | 粘贴文本或对象 |
| Ctrl+Z | 撤销上一操作 |
| Ctrl+Y | 重复上一操作 |

## 快捷键大全

### 1. 用于设置字符格式和段落格式的快捷键

| 快捷键 | 作用 |
|---|---|
| Ctrl+Shift+F | 改变字体 |
| Ctrl+Shift+P | 改变字号 |
| Ctrl+Shift+> | 增大字号 |
| Ctrl+Shift+< | 减小字号 |
| Ctrl+] | 逐磅增大字号 |
| Ctrl+[ | 逐磅减小字号 |
| Ctrl+D | 改变字符格式("格式"菜单中的"字体"命令) |
| Shift+F3 | 切换字母大小写 |
| Ctrl+Shift+A | 将所选字母设为大写 |
| Ctrl+B | 应用加粗格式 |
| Ctrl+U | 应用下划线格式 |
| Ctrl+Shift+W | 只给字、词加下划线,不给空格加下划线 |
| Ctrl+Shift+H | 应用隐藏文字格式 |
| Ctrl+I | 应用倾斜格式 |
| Ctrl+Shift+K | 将字母变为小型大写字母 |
| Ctrl+=(等号) | 应用下标格式(自动间距) |
| Ctrl+Shift++(加号) | 应用上标格式(自动间距) |
| Ctrl+Shift+Z | 取消人工设置的字符格式 |
| Ctrl+Shift+Q | 将所选部分设为 Symbol 字体 |
| Ctrl+Shift+*(星号) | 显示非打印字符 |
| Shift+F1(单击) | 需查看文字格式了解其格式的文字 |
| Ctrl+Shift+C | 复制格式 |
| Ctrl+Shift+V | 粘贴格式 |
| Ctrl+1 | 单倍行距 |
| Ctrl+2 | 双倍行距 |
| Ctrl+5 | 1.5 倍行距 |
| Ctrl+0 | 在段前添加一行间距 |

| Ctrl+E | 段落居中 |
| Ctrl+J | 两端对齐 |
| Ctrl+L | 左对齐 |
| Ctrl+R | 右对齐 |
| Ctrl+Shift+D | 分散对齐 |
| Ctrl+M | 左侧段落缩进 |
| Ctrl+Shift+M | 取消左侧段落缩进 |
| Ctrl+T | 创建悬挂缩进 |
| Ctrl+Shift+T | 减小悬挂缩进量 |
| Ctrl+Q | 取消段落格式 |
| Ctrl+Shift+S | 应用样式 |
| Alt+Ctrl+K | 启动"自动套用格式" |
| Ctrl+Shift+N | 应用"正文"样式 |
| Alt+Ctrl+1 | 应用"标题 1"样式 |
| Alt+Ctrl+2 | 应用"标题 2"样式 |
| Alt+Ctrl+3 | 应用"标题 3"样式 |
| Ctrl+Shift+L | 应用"列表"样式 |

## 2. 用于编辑和移动文字及图形的快捷键

◆删除文字和图形

| 快捷键 | 作用 |
| Backspace | 删除左侧的一个字符 |
| Ctrl+Backspace | 删除左侧的一个单词 |
| Delete | 删除右侧的一个字符 |
| Ctrl+Delete | 删除右侧的一个单词 |
| Ctrl+X | 将所选文字剪切到"剪贴板" |
| Ctrl+Z | 撤销上一步操作 |
| Ctrl+F3 | 剪切至"图文场" |

◆复制和移动文字及图形

| 快捷键 | 作用 |
| Ctrl+C | 复制文字或图形 |
| F2,定位插入点,并按 Enter 键 | 移动选取的文字或图形 |
| Alt+F3 | 创建"自动图文集"词条 |
| Ctrl+V | 粘贴"剪贴板"的内容 |
| Ctrl+Shift+F3 | 粘贴"图文场"的内容 |
| Alt+Shift+R | 复制文档中上一节所使用的页眉或页脚 |

◆插入特殊字符

| 快捷键 | 作用 |
| Ctrl+F9 | 插入域 |
| Shift+Enter | 换行符 |

| | |
|---|---|
| Ctrl+Enter | 分页符 |
| Ctrl+Shift+Enter | 列分隔符 |
| Ctrl+ - | 可选连字符 |
| Ctrl+Shift+ - | 不间断连字符 |
| Ctrl+Shift+空格 | 不间断空格 |
| Alt+Ctrl+C | 版权符号 |
| Alt+Ctrl+R | 注册商标符号 |
| Alt+Ctrl+T | 商标符号 |
| Alt+Ctrl+.（句点） | 省略号 |

◆选定文字和图形

选定文本的方法是：按住 Shift 键并按能够移动插入点的键。

| 快捷键 | 将选定范围扩展至 |
|---|---|
| Shift+→ | 右侧的一个字符 |
| Shift+← | 左侧的一个字符 |
| Ctrl+Shift+→ | 单词结尾 |
| Ctrl+Shift+← | 单词开始 |
| Shift+End | 行尾 |
| Shift+Home | 行首 |
| Shift+↓ | 下一行 |
| Shift+↑ | 上一行 |
| Ctrl+Shift+↓ | 段尾 |
| Ctrl+Shift+↑ | 段首 |
| Shift+Page Down | 下一屏 |
| Shift+Page Up | 上一屏 |
| Ctrl+Shift+Home | 文档开始处 |
| Ctrl+Shift+End | 文档结尾处 |
| Alt+Ctrl+Shift+Page Down | 窗口结尾 |
| Ctrl+A | 包含整篇文档 |
| Ctrl+Shift+F8+↑或↓ | 纵向文本块（按 Esc 键取消选定模式） |
| F8+箭头键 | 文档中的某个具体位置（按 Esc 键取消选定模式） |

◆选定表格中的文字和图形

| 快捷键 | 作用 |
|---|---|
| Tab 键 | 选定下一单元格的内容 |
| Shift+Tab | 选定上一单元格的内容 |
| 按住 Shift 键并重复 | 按某箭头键将所选内容扩展到相邻单元格 |
| Ctrl+Shift+F8 然后按箭头键 | 扩展所选内容（或块） |
| Shift+F8 | 缩小所选内容 |
| Alt+数字键盘上的 5 | 选定整张表格 |

（Num Lock 键需处于关闭状态）

## 功能键

### ◆移动插入点

| 功能键 | 作用 | Alt+功能键 | Shift+功能键 | Ctrl+功能键 | Ctrl+Shift+功能键 | Alt+Shift+功能键 | Ctrl+Alt+功能键 |
|---|---|---|---|---|---|---|---|
| F1 | 获得联机帮助或Office助手 | 前往下一个域 | 启动上下文相关帮助或显示格式 | | | 前往前一个域 | Microsoft系统信息 |
| F2 | 移动文字或图形 | | 复制文本 | 打印预览 | | 保存 | 打开 |
| F3 | 插入自动图文集词条（在Word显示该词条之后） | 创建自动图文集词条 | 改变字母大小写 | 剪切至图文场 | 插入图文场的内容 | | |
| F4 | 重复上一项操作 | 退出Word | 重复"查找"或"定位"操作 | 关闭窗口 | | | |
| F5 | 选择"编辑"菜单中的"定位"命令 | 还原程序窗口大小 | 移动到上一处修订 | 还原文档窗口的大小 | 编辑书签 | | |
| F6 | 前往下一个窗格或框架 | 前往下一个窗格或框架 | 前往上一个窗格或框架 | 前往下一个窗口 | 前往上一个窗口 | | |
| F7 | 选择"工具"菜单中的"拼写和语法"命令 | 查找下一处拼写或语法错误 | 选择"同义词库"命令 | 选择"控制"菜单上的"移动"命令 | 更新Word源文档中的链接信息 | | |
| F8 | 扩展所选内容 | 运行宏 | 缩小所选内容 | 选择"控制"菜单上的"大小"命令 | 扩展所选区域或块（然后按箭头键） | | |
| F9 | 更新选定域 | 在所有域代码和它们的结果之间进行切换 | 在域代码和其结果之间进行切换 | 插入空域 | 取消域的链接 | 在显示域结果的域中运行Gotobutton或Macrobutton | |
| F10 | 激活菜单栏 | 将程序窗口最大化 | 显示快捷菜单 | 将文档窗口最大化 | 激活标尺 | | |
| F11 | 前往下一个域 | 显示Microsoft Visual Basic代码 | 前往上一个域 | 锁定域 | 取消对域的锁定 | 显示Microsoft Visual Studio代码 | |
| F12 | 另存为 | | 保存 | 打开 | 打印 | | |

# 附录 B

---

# Excel 函数手册

## 一、函数应用基础

### （一）函数和公式

#### 1. 什么是函数

Excel 函数即是预先定义，执行计算、分析等处理数据任务的特殊公式。以常用的求和函数 SUM 为例，它的语法是

"SUM(number1,number2,…)"。

其中"SUM"称为函数名称，一个函数只有唯一的一个名称，它决定了函数的功能和用途。函数名称后紧跟左括号，接着是用逗号分隔的称为参数的内容，最后用一个右括号表示函数结束。

参数是函数中最复杂的组成部分，它规定了函数的运算对象、顺序或结构等。使得用户可以对某个单元格或区域进行处理，如分析存款利息、确定成绩名次、计算三角函数值等。按照函数的来源，Excel 函数可以分为内置函数和扩展函数两大类。前者只要启动了Excel，用户就可以使用它们；而后者必须通过单击"工具→加载宏"菜单命令加载，然后才能像内置函数那样使用。

#### 2. 什么是公式

函数与公式既有区别又互相联系。如果说前者是 Excel 预先定义好的特殊公式，后者就是由用户自行设计对工作表进行计算和处理的公式。以公式"＝SUM(E1:H1) ＊A1＋26"为例，它要以等号"＝"开始，其内部可以包括函数、引用、运算符和常量。上式中的"SUM(E1:H1)"是函数，"A1"则是对单元格 A1 的引用（使用其中存储的数据），"26"则是常量，"＊"和"＋"则是算术运算符（另外还有比较运算符、文本运算符和引用运算符）。

如果函数要以公式的形式出现，它必须有两个组成部分，一个是函数名称前面的等号，另一个则是函数本身。

## （二）函数的参数

函数右边括号中的部分称为参数，假如一个函数可以使用多个参数，那么参数与参数之间使用半角逗号进行分隔。参数可以是常量（数字和文本）、逻辑值（例如 TRUE 或 FALSE）、数组、错误值（例如♯N/A）或单元格引用（例如 E1：H1），甚至可以是另一个或几个函数等。参数的类型和位置必须满足函数语法的要求，否则将返回错误信息。

### 1. 常量

常量是直接输入到单元格或公式中的数字或文本，或由名称所代表的数字或文本值，例如数字"2890.56"、日期"2003－8－19"和文本"黎明"都是常量。但是公式或由公式计算出的结果都不是常量，因为只要公式的参数发生了变化，它自身或计算出来的结果就会发生变化。

### 2. 逻辑值

逻辑值是比较特殊的一类参数，它只有 TRUE（真）或 FALSE（假）两种类型。例如在公式"＝IF(A3＝0,'''',A2/A3)"中，"A3＝0"就是一个可以返回 TRUE（真）或 FALSE（假）两种结果的参数。当"A3＝0"为 TRUE（真）时在公式所在单元格中填入"0"，否则在单元格中填入"A2/A3"的计算结果。

### 3. 数组

数组用于可产生多个结果，或可以对存放在行和列中的一组参数进行计算的公式。Excel 中有常量和区域两类数组。前者放在"{ }"（按下"＜Ctrl＞＋＜Shift＞＋＜Enter＞"组合键自动生成）内部，而且内部各列的数值要用逗号","隔开，各行的数值要用分号";"隔开。假如你要表示第 1 行中的 56,78,89 和第 2 行中的 90,76,80，就应该建立一个 2 行 3 列的常量数组"{56,78,89;90,76,80}"。区域数组是一个矩形的单元格区域，该区域中的单元格共用一个公式。例如公式"＝TREND(B1：B3,A1：A3)"作为数组公式使用时，它所引用的矩形单元格区域"B1：B3,A1：A3"就是一个区域数组。

### 4. 错误值

使用错误值作为参数的主要是信息函数，例如"ERROR. TYPE"函数就是以错误值作为参数。它的语法为"ERROR. TYPE(error_val)"，如果其中的参数是♯NUM!，则返回数值"6"。

### 5. 单元格引用

单元格引用是函数中最常见的参数，引用的目的在于标识工作表单元格或单元格区域，并指明公式或函数所使用的数据的位置，便于它们使用工作表各处的数据，或者在多个函数中使用同一个单元格的数据。还可以引用同一工作簿不同工作表的单元格，甚至引用其他工作簿中的数据。根据公式所在单元格的位置发生变化时，单元格引用的变化情况，我们可以引用分为相对引用、绝对引用和混合引用 3 种类型。以存放在 F2 单元格中的公式"＝SUM(A2：E2)"为例，当公式由 F2 单元格复制到 F3 单元格以后，公式中的引用也会变化为"＝SUM(A3：E3)"。若公式自 F 列向下继续复制，"行标"每增加 1 行，公式中的行标也自动加 1。如果上述公式改为"＝SUM($A$3：$E$3)"，则无论公式复制到何处，其引用的位置始终是"A3：E3"区域。混合引用有"绝对列和相对行"，或是

"绝对行和相对列"两种形式。前者如"＝SUM($A3：$E3)"，后者如"＝SUM(A$3：E$3)"。上面的几个实例引用的都是同一工作表中的数据，如果要分析同一工作簿中多张工作表上的数据，就要使用三维引用。假如公式放在工作表 Sheet1 的 C6 单元格，要引用工作表 Sheet2 的"A1：A6"和 Sheet3 的"B2：B9"区域进行求和运算，则公式中的引用形式为"＝SUM(Sheet2！A1：A6,Sheet3！B2：B9)"。也就是说三维引用中不仅包含单元格或区域引用，还要在前面加上带"！"的工作表名称。假如你要引用的数据来自另一个工作簿，如工作簿 Book1 中的 SUM 函数要绝对引用工作簿 Book2 中的数据，其公式为"＝SUM([Book2]Sheet1！SA S1：SA S8,[Book2]Sheet2！SB S1：SB S9)"，也就是在原来单元格引用的前面加上"[Book2]Sheet1！"。放在中括号里面的是工作簿名称，带"！"的则是其中的工作表名称。即是跨工作簿引用单元格或区域时，引用对象的前面必须用"！"作为工作表分隔符，再用中括号作为工作簿分隔符。不过三维引用的要受到较多的限制，例如不能使用数组公式等。提示：上面介绍的是 Excel 默认的引用方式，称为"A1 引用样式"。如果你要计算处在"宏"内的行和列，必须使用"R1C1 引用样式"。在这种引用样式中，Excel 使用"R"加"行标"和"C"加"列标"的方法指示单元格位置。启用或关闭 R1C1 引用样式必须单击"工具→选项"菜单命令，打开对话框的"常规"选项卡，选中或清除"设置"下的"R1C1 引用样式"选项。由于这种引用样式很少使用，限于篇幅本文不做进一步介绍。

### 6. 嵌套函数

除了上面介绍的情况外，函数也可以是嵌套的，即一个函数是另一个函数的参数，例如"＝IF(OR(RIGHTB(E2,1)="1",RIGHTB(E2,1)="3",RIGHTB(E2,1)="5",RIGHTB(E2,1)="7",RIGHTB(E2,1)="9"),"男","女")"。其中公式中的 IF 函数使用了嵌套的 RIGHTB 函数，并将后者返回的结果作为 IF 的逻辑判断依据。

### 7. 名称和标志

为了更加直观地标识单元格或单元格区域，我们可以给它们赋予一个名称，从而在公式或函数中直接引用。例如："B2：B46"区域存放着学生的物理成绩，求解平均分的公式一般是"＝AVERAGE(B2：B46)"。在给 B2：B46 区域命名为"物理分数"以后，该公式就可以变为"＝AVERAGE(物理分数)"，从而使公式变得更加直观。给一个单元格或区域命名的方法是：选中要命名的单元格或单元格区域，鼠标单击编辑栏顶端的"名称框"，在其中输入名称后回车。也可以选中要命名的单元格或单元格区域，单击"插入→名称→定义"菜单命令，在打开的"定义名称"对话框中输入名称后确定即可。如果你要删除已经命名的区域，可以按相同方法打开"定义名称"对话框，选中你要删除的名称删除即可。由于 Excel 工作表多数带有"列标志"。例如一张成绩统计表的首行通常带有"序号"、"姓名"、"数学"、"物理"等"列标志"（也可以称为字段），如果单击"工具→选项"菜单命令，在打开的对话框中单击"重新计算"选项卡，选中"工作簿选项"选项组中的"接受公式标志"选项，公式就可以直接引用"列标志"了。例如"B2：B46"区域存放着学生的物理成绩，而 B1 单元格已经输入了"物理"字样，则求物理平均分的公式可以写成"＝AVERAGE(物理)"。需要特别说明的是，创建好的名称可以被所有工作表引用，而且引用时不需要在名称前面添加工作表名（这就是使用名称的主要优点），因此名称引用实际上是一种绝对引用。但是公式引用"列标志"时的限制较多，它只能在当前数据列的下方引用，不能跨越工作表引用,但是引用"列标志"的公式在一定条件下可以复制。从本质上讲,名称和标志都是单元格引用的一种方式。因为它们不是文本,使用时名称和标志都不能添加引号。

## (三) 函数输入方法

对 Excel 公式而言,函数是其中的主要组成部分,因此公式输入可以归结为函数输入的问题。

① "插入函数"对话框"插入函数"对话框是 Excel 输入公式的重要工具,以公式"＝SUM(Sheet2! A1:A6,Sheet3! B2:B9)"为例,Excel 输入该公式的具体过程是:首先选中存放计算结果(即需要应用公式)的单元格,单击编辑栏(或工具栏)中的"fx"按钮,则表示公式开始的"＝"出现在单元格和编辑栏,然后在打开的"插入函数"对话框中的"选择函数"列表找到"SUM"函数。如果你需要的函数不在里面,可以打开"或选择类别"下拉列表进行选择。最后单击"确定"按钮,打开"函数参数"对话框。对 SUM 函数而言,它可以使用从 number1 开始直到 number30 共 30 个参数。对上面的公式来说,首先应当把光标放在对话框的"number1"框中,单击工作簿中的"Sheet2!"工作表标签,"Sheet2!"即可自动进入其中,接着鼠标拖动选中你要引用的区域即可。接着用鼠标单击对话框的"number2"框,单击工作簿中的"Sheet3!"工作表标签,其 2 名称"Sheet3!"即可自动进入其中,再按相同方法选择要引用的单元格区域即可。

上述方法的最大优点就是引用的区域很准确,特别是三维引用时不容易发生工作表或工作簿名称输入错误的问题。

② 编辑栏输入如果你要套用某个现成公式,或者输入一些嵌套关系复杂的公式,利用编辑栏输入更加快捷。

首先选中存放计算结果的单元格;鼠标单击 Excel 编辑栏,按照公式的组成顺序依次输入各个部分,公式输入完毕后,单击编辑栏中的"输入"(即"√")按钮(或回车)即可。手工输入时同样可以采取上面介绍的方法引用区域,以公式"＝SUM(Sheet2! A1:A6,Sheet3! B2:B9)"为例,你可以先在编辑栏中输入"＝SUM()",然后将光标插入括号中间,再按上面介绍的方法操作就可以引用输入公式了。但是分隔引用之间的逗号必须用手工输入,而不能像"插入函数"对话框那样自动添加。

# 二、函数速查一览

## (一) 数据库函数

### 1. DAVERAGE

用途:返回数据库或数据清单中满足指定条件的列中数值的平均值。

语法:DAVERAGE(database,field,criteria)

参数:Database 构成列表或数据库的单元格区域。Field 指定函数所使用的数据列。Criteria 为一组包含给定条件的单元格区域。

### 2. DCOUNT

用途：返回数据库或数据清单的指定字段中，满足给定条件并且包含数字的单元格数目。

语法：DCOUNT(database,field,criteria)

参数：Database 构成列表或数据库的单元格区域。Field 指定函数所使用的数据列。Criteria 为一组包含给定条件的单元格区域。

### 3. DCOUNTA

用途：返回数据库或数据清单指定字段中满足给定条件的非空单元格数目。

语法：DCOUNTA(database,field,criteria)

参数：Database 构成列表或数据库的单元格区域。Field 指定函数所使用的数据列。Criteria 为一组包含给定条件的单元格区域。

### 4. DGET

用途：从数据清单或数据库中提取符合指定条件的单个值。

语法：DGET(database,field,criteria)

参数：Database 构成列表或数据库的单元格区域。Field 指定函数所使用的数据列。Criteria 为一组包含给定条件的单元格区域。

### 5. DMAX

用途：返回数据清单或数据库的指定列中，满足给定条件单元格中的最大数值。

语法：DMAX(database,field,criteria)

参数：Database 构成列表或数据库的单元格区域。Field 指定函数所使用的数据列。Criteria 为一组包含给定条件的单元格区域。

### 6. DMIN

用途：返回数据清单或数据库的指定列中满足给定条件的单元格中的最小数字。

语法：DMIN(database,field,criteria)

参数：Database 构成列表或数据库的单元格区域。Field 指定函数所使用的数据列。Criteria 为一组包含给定条件的单元格区域。

### 7. DPRODUCT

用途：返回数据清单或数据库的指定列中，满足给定条件单元格中数值乘积。

语法：DPRODUCT(database,field,criteria)

参数：同上

### 8. DSTDEV

用途：将列表或数据库的列中满足指定条件的数字作为一个样本，估算样本总体的标准偏差。

语法：DSTDEV(database,field,criteria)

参数：同上

### 9. DSTDEVP

用途：将数据清单或数据库的指定列中，满足给定条件单元格中的数字作为样本总体，计算总体的标准偏差。

语法：DSTDEVP(database,field,criteria)

参数：同上

### 10. DSUM

用途：返回数据清单或数据库的指定列中，满足给定条件单元格中的数字之和。

语法：DSUM(database,field,criteria)

参数：同上

### 11. DVAR

用途：将数据清单或数据库的指定列中满足给定条件单元格中的数字作为一个样本，估算样本总体的方差。

语法：DVAR(database,field,criteria)

参数：同上

### 12. DVARP

用途：将数据清单或数据库的指定列中满足给定条件单元格中的数字作为样本总体，计算总体的方差。

语法：DVARP(database,field,criteria)

参数：同上

### 13. GETPIVOTDATA

用途：返回存储在数据透视表报表中的数据。如果报表中的汇总数据可见，则可以使用函数 GETPIVOTDATA 从数据透视表报表中检索汇总数据。

语法：GETPIVOTDATA(pivot_table,name)

参数：Data_field 为包含要检索的数据的数据字段的名称（放在引号中）。Pivot_table 在数据透视表中对任何单元格、单元格区域或定义的单元格区域的引用，该信息用于决定哪个数据数据透视表包含要检索的数据。Field1,Item1,Field2,Item 2 为 1～14 对用于描述检索数据的字段名和项名称，可以任意次序排列。

## （二）日期与时间函数

### 1. DATE

用途：返回代表特定日期的序列号。

语法：DATE(year,month,day)

参数：year 为 1～4 位，根据使用的日期系统解释该参数。默认情况下，Excel for Windows 使用 1900 日期系统，而 Excel for Macintosh 使用 1904 日期系统。Month 代表每年中月份的数字。如果所输入的月份大于 12，将从指定年份的一月份执行加法运算。Day 代表在该月份中第几天的数字。如果 day 大于该月份的最大天数时，将从指定月份的第一天开始往上累加。（注意：Excel 按顺序的序列号保存日期，这样就可以对其进行计算。如果工作簿使用的是 1900 日期系统，则 Excel 会将 1900 年 1 月 1 日保存为序列号 1。）同理，会将 1998 年 1 月 1 日保存为序列号 35796，因为该日期距离 1900 年 1 月 1 日为 35 795 天。

实例：如果采用 1900 日期系统（Excel 默认），则公式"＝DATE(2001,1,1)"返回 36892。

### 2. DATEVALUE

用途：返回 date_text 所表示的日期的序列号。该函数的主要用途是将文字表示的

日期转换成一个序列号。

语法：DATEVALUE(date_text)

参数：Date_text 是用 Excel 日期格式表示日期的文本。在使用 1900 日期系统中，date_text 必须是 1900 年 1 月 1 日到 9999 年 12 月 31 日之间的一个日期；而在 1904 日期系统中，date_text 必须是 1904 年 1 月 1 日到 9999 年 12 月 31 日之间的一个日期。如果 date_text 超出上述范围，则函数 DATEVALUE 返回错误值♯VALUE!。如果省略参数 date_text 中的年代，则函数 DATEVALUE 使用电脑系统内部时钟的当前年代，且 date_text 中的时间信息将被忽略。

实例：公式"＝DATEVALUE("2001/3/5")"返回 36955，"＝DATEVALUE("2-26")"返回 36948。

### 3. DAY

用途：返回用序列号（整数 1～31）表示的某日期的天数，用整数 1～31 表示。

语法：DAY(serial_number)

参数：Serial_number 是要查找的天数日期，它有多种输入方式：带引号的文本串（如 "1998/01/30"）、序列号（如 1900 日期系统的 35825 表示的 1998 年 1 月 30 日），以及其他公式或函数的结果（如 DATEVALUE("1998/1/30")）。

实例：公式"＝DAY("2001/1/27")"返回 27，"＝DAY(35825)"返回 30，"＝DAY(DATEVALUE("2001/1/25"))"返回 25。

### 4. DAYS360

用途：按照一年 360 天的算法（每个月 30 天，一年共计 12 个月），返回两日期间相差的天数。

语法：DAYS360(start_date,end_date,method)

参数：Start_date 和 end_date 是用于计算期间天数的起止日期。如果 start_date 在 end_date 之后，则 DAYS360 将返回一个负数。日期可以有多种输入方式：带引号的文本串、序列号，以及其他公式或函数的结果。Method 是一个逻辑值，它指定了在计算中是采用欧洲方法还是美国方法。若为 FALSE 或忽略，则采用美国方法（如果起始日期是一个月的 31 日，则等于同月的 30 日。如果终止日期是一个月的 31 日，并且起始日期早于 30 日，则终止日期等于下一个月的 1 日，否则，终止日期等于本月的 30 日）。若为 TRUE 则采用欧洲方法（无论是起始日期还是终止日期为一个月的 31 号，都将等于本月的 30 号）。

实例：公式"＝DAYS360("1998/2/1","2001/2/1")"返回 1080。

### 5. EDATE

用途：返回指定日期（start_date）之前或之后指定月份的日期序列号。

语法：EDATE(start_date,months)

参数：Start_date 参数代表开始日期，它有多种输入方式：带引号的文本串、序列号，以及其他公式或函数的结果。Months 为在 start_date 之前或之后的月份数，未来日期用正数表示，过去日期用负数表示。实例：公式"＝EDATE("2001/3/5",2)"返回 37016 即 2001 年 5 月 5 日，"＝EDATE("2001/3/5",－6)"返回 36774 即 2000 年 9 月 5 日。

### 6. EOMONTH

用途：返回 start-date 之前或之后指定月份中最后一天的序列号。

语法：EOMONTH(start_date,months)

参数：Start_date 参数代表开始日期,它有多种输入方式:带引号的文本串、序列号,以及其他公式或函数的结果。Month 为 start_date 之前或之后的月份数,正数表示未来日期,负数表示过去日期。实例:公式"=EOMONTH("2001/01/01",2)"返回 36981 即 2001 年 3 月 31 日,"=EOMONTH("2001/01/01",−6)"返回 36738 即 2000 年 7 月 31 日。

### 7. HOUR

用途:返回时间值的小时数。即介于 0(12:00 A. M. )~23(11:00 P. M. ) 之间的一个整数。

语法:HOUR(serial_number)

参数:Serial_number 表示一个时间值,其中包含着要返回的小时数。它有多种输入方式:带引号的文本串(如 "6:45 PM")、十进制数(如 0.781 25 表示 6:45PM)或其他公式或函数的结果(如 TIMEVALUE("6:45 PM"))。实例:公式"=HOUR("3:30:30 PM")"返回 15,"=HOUR(0.5)"返回 12 即 12:00:00 AM,"=HOUR(29 747.7)"返回 16。

### 8. MINUTE

用途:返回时间值中的分钟,即介于 0~59 之间的一个整数。

语法:MINUTE(serial_number)

参数:Serial_number 是一个时间值,其中包含着要查找的分钟数。时间有多种输入方式:带引号的文本串(如 "6:45 PM")、十进制数(如 0.781 25 表示 6:45 PM)或其他公式或函数的结果(如 TIMEVALUE("6:45 PM"))。实例:公式"=MINUTE("15:30:00")"返回 30, "=MINUTE(0. 06)"返回 26,"=MINUTE(TIMEVALUE("9:45 PM"))"返回 45。

### 9. MONTH

用途:返回以序列号表示的日期中的月份,它是介于 1(一月)和 12(十二月)之间的整数。

语法:MONTH(serial_number)

参数:Serial_number 表示一个日期值,其中包含着要查找的月份。日期有多种输入方式:带引号的文本串、序列号,以及其他公式或函数的结果(如 DATEVALUE("1998/1/30"))等。实例:公式"=MONTH("2001/02/24")"返回 2,"=MONTH(35825)"返回 1,"=MONTH(DATEVALUE("2000/6/30"))"返回 6。

### 10. NETWORKDAYS

用途:返回参数 start-data 和 end-data 之间完整的工作日(不包括周末和专门指定的假期)数值。

语法:NETWORKDAYS(start_date,end_date,holidays)

参数:Start_date 代表开始日期,End_date 代表终止日;

Holidays 是表示不在工作日历中的一个或多个日期所构成的可选区域,法定假日以及其他非法定假日。此数据清单可以是包含日期的单元格区域,也可以是由代表日期的序列号所构成的数组常量。函数中的日期有多种输入方式:带引号的文本串、序列号、其他公式或函数的结果。

注意:该函数只有加载"分析工具库"以后方能使用。

**11. NOW**

用途：返回当前日期和时间所对应的序列号。

语法：NOW()

参数：无

实例：如果正在使用的是 1900 日期系统,而且计算机的内部时钟为 2001 - 1 - 28 12:53,则公式"=NOW()"返回 36 919.54。

**12. SECOND**

用途：返回时间值的秒数(为 0~59 之间的一个整数)。

语法：SECOND(serial_number)

参数：Serial_number 表示一个时间值,其中包含要查找的秒数。关于时间的输入方式见上文的有关内容。实例：公式"=SECOND(''3:30:26 PM'')"返回 26,"=SECOND(0.016)"返回 2。

**13. TIME**

用途：返回某一特定时间的小数值,它返回的小数值从 0 到 0.999 999 99 之间,代表 0:00:00(12:00:00 A. M)到 23:59:59(11:59:59 P. M) 之间的时间。

语法：TIME(hour,minute,second)

参数：Hour 是 0 到 23 之间的数,代表小时；Minute 是 0 到 59 之间的数,代表分；Second 是 0~59 之间的数,代表秒。实例：公式"=TIME(12,10,30)"返回序列号 0.51,等价于 12:10:30 PM。"=TIME(9,30,10)"返回序列号 0.40,等价于 9:30:10 AM。"=TEXT(TIME(23,18,14),''h:mm:ss AM/PM'')"返回 11:18:14 PM。

**14. TIMEVALUE**

用途：返回用文本串表示的时间小数值。该小数值为从 0~0.999 999 999 的数值,代表从 0:00:00 (12:00:00 AM) 到 23:59:59 (11:59:59 PM) 之间的时间。

语法：TIMEVALUE(time_text)

参数：Time_text 是一个用 Excel 时间格式表示时间的文本串(如 ''6:45 PM'' 和 ''18:45'' 等)。实例：公式"=TIMEVALUE(''3:30 AM'')"返回 0.145 833 333,"=TIMEVALUE(''2001/1/26 6:35 AM'')"返回 0.274 305 556。

**15. TODAY**

用途：返回系统当前日期的序列号。

语法：TODAY()

参数：无

实例：公式"=TODAY()"返回 2001 - 8 - 28(执行公式时的系统时间)。

**16. WEEKDAY**

用途：返回某日期的星期数。在默认情况下,它的值为 1(星期天)~7(星期六)之间的一个整数。

语法：WEEKDAY(serial_number,return_type)

参数：Serial_number 是要返回日期数的日期,它有多种输入方式：带引号的文本串、序列号,以及其他公式或函数的结果(如 DATEVALUE(''2000/1/30''))。Return_type 为确定返回值类型的数字,数字 1 或省略则 1~7 代表星期天到数星期六,数字 2 则 1~7

代表星期一到星期天,数字 3 则 0～6 代表星期一到星期天。

实例:公式"=WEEKDAY("2001/8/28",2)"返回 2(星期二),"=WEEKDAY ("2003/02/23",3)"返回 6(星期日)。

**17. WEEKNUM**

用途:返回一个数字,该数字代表一年中的第几周。

语法:WEEKNUM(serial_num,return_type)

参数:Serial_num 代表一周中的日期。应使用 DATE 函数输入日期,或者将日期作为其他公式或函数的结果输入。Return_type 为一数字,确定星期计算从哪一天开始。默认值为 1。

**18. WORKDAY**

用途:返回某日期(起始日期)之前或之后相隔指定工作日(不包括周末和专门指定的假日)的某一日期的值,并扣除周末或假日。

语法:WORKDAY(start_date,days,holidays)

参数:Start_date 为开始日期;Days 为 Start_date 之前或之后不含周末及节假日的天数;Days 是正值将产生未来日期、负值产生过去日期;Holidays 为可选的数据清单,表示需要从工作日历中排除的日期值(如法定假日或非法定假日)。此清单可以是包含日期的单元格区域,也可以是由代表日期的序列号所构成的数组常量。日期有多种输入方式:带引号的文本串、序列号,以及其他公式或函数的结果。

**19. YEAR**

用途:返回某日期的年份。其结果为 1900～9999 之间的一个整数。

语法:YEAR(serial_number)

参数:Serial_number 是一个日期值,其中包含要查找的年份。日期有多种输入方式:带引号的文本串、序列号,以及其他公式或函数的结果。实例:公式"=YEAR ("2000/8/6")返回 2000","=YEAR("2003/05/01")"返回 2003,"=YEAR(35825)"返回 1998。

**20. YEARFRAC**

用途:返回 start_date 和 end_date 之间的天数占全年天数的百分比。

语法:YEARFRAC(start_date,end_date,basis)

参数:Start_date 表示开始日期,End_date 代表结束日期。函数中的日期有多种输入方式:带引号的文本串、序列号,以及其他公式或函数的结果。Basis 表示日计数基准类型,其中 0 或省略为 US(NASD)30/360,1 为实际天数/实际天数,2 为实际天数/360,3 为实际天数/365,4 为欧洲 30/360。实例:公式"=YEARFRAC("2001/01/31","2001/06/30",0)"返回 0.416 666 667,"=YEARFRAC("2001/01/25", "2001/09/27")"返回 0.672 22。

## (三) 外部函数

**1. EUROCONVERT**

用途:将数字转换为欧元形式,将数字由欧元形式转换为欧盟成员国货币形式,或利用欧元作为中间货币将数字由某一欧盟成员国货币转化为另一欧盟成员国货币的形式

（三角转换关系）。

语法：EUROCONVERT（number，source，target，full_precision，triangulation_precision）

参数：Number 为要转换的货币值，或对包含该值的单元格的引用。Source 是由三个字母组成的字符串，或对包含字符串的单元格的引用，该字符串对应于源货币的 ISO 代码。EUROCONVERT 函数中可以使用下列货币代码：

国家/地区 基本货币单位 ISO 代码比利时 法郎 BEF 卢森堡 法郎 LUF 德国 德国马克 DEM 西班牙 西班牙比塞塔 ESP 法国 法郎 FRF 爱尔兰 爱尔兰磅 IEP 意大利 里拉 ITL 荷兰 荷兰盾 NLG 奥地利 奥地利先令 ATS 葡萄牙 埃斯库多 PTE 芬兰 芬兰马克 FIM 希腊 德拉克马 GRD 欧盟成员欧元 EUR。

**2. SQL. REQUEST**

用途：与外部数据源连接，从工作表运行查询，然后 SQL. REQUEST 将查询结果以数组的形式返回，而无需进行宏编程。

语法：SQL. REQUEST（connection_string，output_ref，driver_prompt，query_text，col_names_logical）

参数：Connection_string 提供信息，如数据源名称、用户 ID 和密码等。Output_ref 对用于存放完整的连接字符串的单元格的引用。Driver_prompt 指定驱动程序对话框何时显示以及何种选项可用。Column_names_logical 指示是否将列名作为结果的第一行返回。如果要将列名作为结果的第一行返回，请将该参数设置为 TRUE。如果不需要将列名返回，则设置为 FALSE。如果省略 column_names_logical，则 SQL. REQUEST 函数不返回列名。

## （四）工程函数

### 1. BESSELI

用途：返回修正 Bessel 函数值，它与用纯虚数参数运算时的 Bessel 函数值相等。

语法：BESSELI(x,n)

参数：X 为参数值。N 为函数的阶数。如果 n 非整数，则截尾取整。

### 2. BESSELJ

用途：返回 Bessel 函数值。

语法：BESSELJ(x,n)

参数：同上

### 3. BESSELK

用途：返回修正 Bessel 函数值，它与用纯虚数参数运算时的 Bessel 函数值相等。

语法：BESSELK(x,n)

参数：同上

### 4. BESSELY

用途：返回 Bessel 函数值，也称为 Weber 函数或 Neumann 函数。

语法：BESSELY(x,n)

参数：同上

**5. BIN2DEC**

用途：将二进制数转换为十进制数。

语法：BIN2DEC(number)

参数：Number 待转换的二进制数。Number 的位数不能多于 10 位(二进制位)，最高位为符号位，后 9 位为数字位。负数用二进制数补码表示。

**6. BIN2HEX**

用途：将二进制数转换为十六进制数。

语法：BIN2HEX(number,places)

参数：Number 为待转换的二进制数。Number 的位数不能多于 10 位(二进制位)，最高位为符号位，后 9 位为数字位。负数用二进制数补码表示；Places 为所要使用的字符数。如果省略 places，函数 DEC2BIN 用能表示此数的最少字符来表示。

**7. BIN2OCT**

用途：将二进制数转换为八进制数。

语法：BIN2OCT(number,places)

参数：Number 为待转换的二进制数；Places 为所要使用的字符数。

**8. COMPLEX**

用途：将实系数及虚系数转换为 x＋yi 或 x＋yj 形式的复数。

语法：COMPLEX(real_num,i_num,suffix)

参数：Real_num 为复数的实部，I_num 为复数的虚部，Suffix 为复数中虚部的后缀，省略时则认为它为 i。

**9. CONVERT**

用途：将数字从一个度量系统转换到另一个度量系统中。

语法：CONVERT(number,from_unit,to_unit)

参数：Number 是以 from_units 为单位的需要进行转换的数值。From_unit 是数值 number 的单位。To_unit 是结果的单位。

**10. DEC2BIN**

用途：将十进制数转换为二进制数。

语法：DEC2BIN(number,places)

参数：Number 是待转换的十进制数。Places 是所要使用的字符数，如果省略 places，函数 DEC2OCT 用能表示此数的最少字符来表示。

# 附录 C

# Excel 常见错误及其解决方法

Excel 经常会显一些错误值信息，如♯N/A!、♯VALUE!、♯DIV/O! 等。出现这些错误的原因有很多种，最主要是由于公式不能计算正确结果。例如，在需要数字的公式中使用文本、删除了被公式引用的单元格，或者使用了宽度不足以显示结果的单元格。以下是几种 Excel 常见的错误及其解决方法。

**1. ♯♯♯♯♯!**

原因：如果单元格所含的数字、日期或时间比单元格宽，或者单元格的日期时间公式产生了一个负值，就会产生♯♯♯♯♯! 错误。

解决方法：如果单元格所含的数字、日期或时间比单元格宽，可以通过拖动列表之间的宽度来修改列宽。如果使用的是 1900 年的日期系统，那么 Excel 中的日期和时间必须为正值，用较早的日期或者时间值减去较晚的日期或者时间值就会导致♯♯♯♯♯! 错误。如果公式正确，也可以将单元格的格式改为非日期和时间型来显示该值。

**2. ♯VALUE!**

当使用错误的参数或运算对象类型时，或者当公式自动更正功能不能更正公式时，将产生错误值♯VALUE!。

原因一：在需要数字或逻辑值时输入了文本，Excel 不能将文本转换为正确的数据类型。

解决方法：确认公式或函数所需的运算符或参数正确，并且公式引用的单元格中包含有效的数值。例如：如果单元格 A1 包含一个数字，单元格 A2 包含文本"学籍"，则公式"＝A1＋A2"将返回错误值♯VALUE!。可以用 SUM 工作表函数将这两个值相加（SUM 函数忽略文本）："＝SUM(A1:A2)"。

原因二：将单元格引用、公式或函数作为数组常量输入。

解决方法：确认数组常量不是单元格引用、公式或函数。

原因三：赋予需要单一数值的运算符或函数一个数值区域。

解决方法：将数值区域改为单一数值。修改数值区域，使其包含公式所在的数据行或列。

**3. ♯DIV/0!**

当公式被零除时，将会产生错误值♯DIV/0!。

原因一：在公式中，除数使用了指向空单元格或包含零值单元格的单元格引用（在 Excel 中如果运算对象是空白单元格，Excel 将此空值当作零值）。

解决方法：修改单元格引用，或者在用作除数的单元格中输入不为零的值。

原因二：输入的公式中包含明显的除数零，例如：＝5/0。

解决方法：将零改为非零值。

**4. ♯NAME?**

在公式中使用了 Excel 不能识别的文本时将产生错误值♯NAME?。

原因一：删除了公式中使用的名称，或者使用了不存在的名称。

解决方法：确认使用的名称确实存在。选择菜单"插入"/"名称"/"定义"命令，如果所需名称没有被列出，请使用"定义"命令添加相应的名称。

原因二：名称的拼写错误。

解决方法：修改拼写错误的名称。

原因三：在公式中使用标志。

解决方法：选择菜单中"工具"/"选项"命令，打开"选项"对话框，然后单击"重新计算"标签，在"工作簿选项"下，选中"接受公式标志"复选框。

原因四：在公式中输入文本时没有使用双引号。

解决方法：Excel 将其解释为名称，而不理会用户准备将其用作文本的想法，将公式中的文本括在双引号中。例如：下面的公式将一段文本"总计："和单元格 B50 中的数值合并在一起："＝" 总计："&B50"。

原因五：在区域的引用中缺少冒号。

解决方法：确认公式中，使用的所有区域引用都使用冒号。例如：SUM(A2:B34)。

**5. ♯N/A**

原因：当在函数或公式中没有可用数值时，将产生错误值♯N/A。

解决方法：如果工作表中某些单元格暂时没有数值，请在这些单元格中输入"♯N/A"，公式在引用这些单元格时，将不进行数值计算，而是返回♯N/A。

**6. ♯REF!**

当单元格引用无效时将产生错误值♯REF!。

原因：删除了由其他公式引用的单元格，或将移动单元格粘贴到由其他公式引用的单元格中。

解决方法：更改公式或者在删除或粘贴单元格之后，立即单击"撤消"按钮，以恢复工作表中的单元格。

**7. ♯NUM!**

当公式或函数中某个数字有问题时将产生错误值♯NUM!。

原因一：在需要数字参数的函数中使用了不能接受的参数。

解决方法：确认函数中使用的参数类型正确无误。

原因二：使用了迭代计算的工作表函数，例如：IRR 或 RATE，并且函数不能产生有效的结果。

解决方法：为工作表函数使用不同的初始值。

原因三：由公式产生的数字太大或太小，Excel 不能表示。

解决方法：修改公式，使其结果在有效数字范围之间。

**8. ♯NULL!**

当试图为两个并不相交的区域指定交叉点时将产生错误值♯NULL!。

原因：使用了不正确的区域运算符或不正确的单元格引用。

解决方法：如果要引用两个不相交的区域，请使用联合运算符逗号(,)。公式要对两个区域求和，请确认在引用这两个区域时，使用逗号。如：SUM(A1:A13,D12:D23)。如果没有使用逗号，Excel将试图对同时属于两个区域的单元格求和，但是由于A1:A13和D12:D23并不相交，所以它们没有共同的单元格。

小技巧：要想在显示单元格值或单元格公式之间来回切换，只需按下CTRL+`(位于<TAB>键上方)。